塑料激光焊接技术

王传洋　乔海玉　著

康继飞　万国强　主审

科学出版社

北　京

内 容 简 介

塑料激光焊接技术是一种新型的无接触绿色塑料连接方式，具有焊接速度快、热影响区小、无残渣、键合强度高、焊缝变形小等诸多优点，广泛应用于汽车零件、医疗器械、电子封装等领域。本书系统阐述了塑料激光焊接过程中涉及的原理、技术与装备，具体包括塑料激光焊接方法及原理、装备及系统，可焊接塑料性质、焊接工艺参数及被焊样品表面质量对焊接性能的影响，焊接过程模拟仿真及监控技术等内容，部分内容反映了作者研究团队的前沿研究工作。

本书可以作为智能制造、机械工程及自动化、材料成型及控制工程等相关专业学生的参考资料，也可作为塑料零件开发设计人员、制造人员、生产管理人员等的学习和参考用书。

图书在版编目(CIP)数据

塑料激光焊接技术 / 王传洋，乔海玉著. —北京：科学出版社，2023.9

ISBN 978-7-03-076117-0

Ⅰ. ①塑…　Ⅱ. ①王…　②乔…　Ⅲ. ①塑料粘合-激光焊
Ⅳ. ①TQ320.67

中国国家版本馆CIP数据核字(2023)第149535号

责任编辑：陈　婕　纪四稳 / 责任校对：崔向琳
责任印制：赵　博 / 封面设计：陈　敬

科学出版社 出版
北京东黄城根北街16号
邮政编码：100717
http://www.sciencep.com
北京厚诚则铭印刷科技有限公司印刷
科学出版社发行　各地新华书店经销
*
2023年9月第　一　版　开本：720×1000　1/16
2024年9月第三次印刷　印张：14 1/4
字数：284 000

定价：108.00元

前 言

塑料作为一种性能优异的可再生非金属材料，日益广泛地应用在汽车、航空、通信、电力、微机电系统、包装和医疗等领域的零件设计和制造上，塑料部件越来越多地取代了传统的金属部件。随着器件形状的复杂化和精密化，注塑与挤压等塑料成型技术受限，即一些大尺寸、结构复杂及不相容材料的零件无法一次成型，需要通过塑料连接才能实现。因此，塑料连接技术逐渐成为材料成型制造领域的研究热点。

塑料激光焊接技术最早出现在 20 世纪 70 年代，属于精密高质量的塑料连接方法，它弥补了传统焊接方法的不足。经过近几十年材料、加工工艺水平及激光技术的各方面协同发展，塑料激光焊接技术目前在欧美、日本等发达国家和地区广泛应用。我国在这一领域起步较晚，研究和应用与国外尚有较大差距。国内缺少专门介绍激光透射焊接机理、工艺参数及影响、数值模拟与仿真、吸收剂影响及焊接装备等方面的专业书籍。

本书在总结作者研究团队十五年来在塑料激光透射焊接领域的研究成果并借鉴国内外相关研究最新科研成果的基础上撰写而成，得到了国家自然科学基金项目(51475315、52075354)的支持，突出了新颖性、先进性和科学性的特点。

全书共 6 章，具体内容如下：

第 1 章主要对塑料激光焊接技术的应用领域、发展现状及趋势、分类和原理等内容进行介绍，使读者对塑料激光焊接技术有一个全面了解，为后续介绍焊接装备、焊接工艺及模拟仿真奠定基础。

第 2 章重点对激光透射焊接装备及系统进行详细介绍，主要涉及激光的物理特性、激光器种类、焊接装备及系统组成等方面。

第 3 章从应用领域、受热性质、凝聚态结构及透光性等方面介绍塑料的分类，并详细介绍可焊接材料及其物理性质，使读者建立对可焊接塑料的整体认识；根据材料性质重点分析其可焊性，并给出焊接案例。

第 4 章重点介绍激光功率、扫描速度、光束整形、夹紧力等工艺参数对焊接力学性能、宏观及微观形貌、残余应力的影响，并揭示影响机制；阐述响应曲面法在焊接工艺参数优化中的具体应用。

第 5 章分别从样品厚度和表面质量与激光的作用机理、温度场变化以及焊接质量表征等几个方面进行介绍，以便读者理解被焊样品本身性质对焊接质量的影响。

第 6 章重点介绍焊接过程模拟仿真及监控技术，通过实例详细介绍焊接过程中温度场分布、热降解行为、热流耦合、热力耦合的相关研究成果，同时对现有红外热成像、高温计、光学相干层析成像、可见光成像、红外成像及光谱分析等监控技术进行阐述。

本书第 1、2、4、6 章由王传洋教授撰写，第 3、5 章由乔海玉博士撰写，全书由王传洋教授统稿，康继飞、万国强主审。本书的研究工作是作者王传洋指导的博士研究生和硕士研究生共同合作完成的，博士研究生于晓东、陈雅妮参与了本书部分章节的整理。在撰写本书过程中，参阅了作者论文和作者研究团队博士及硕士研究生发表的论文和学位论文，以及国内外同行的教材、手册和期刊文献，在此谨致谢意。

由于作者水平有限，书中难免存在疏漏或不足之处，敬请读者批评指正。

王传洋

2022 年 11 月于苏州

目　录

第1章 绪 论

塑料激光焊接技术是一种新型的无接触绿色塑料连接方式，在新能源汽车、医疗器械、通信及微电子等领域具有广阔的应用前景。因此，本章首先介绍塑料激光焊接的应用领域、发展现状及趋势；然后介绍激光焊接技术的分类；最后以激光透射焊接为例，介绍焊接原理等内容。

1.1 塑料激光焊接技术的应用

塑料是一种非金属材料，具有质量轻、力学性能好、易加工等优良特性，广泛应用于航空航天、交通运输、微机电系统、包装和医疗等领域的零件设计及制造。随着低成本、减重理念在全球工业生产中的贯彻以及精益制造技术的迅猛发展，塑料部件越来越广泛地取代了传统的金属部件[1]。

注塑和挤压都是比较传统的塑料生产工艺，不适用于一些大尺寸、形状不规则、结构复杂的塑料件的一次成型。为了降低生产成本、缩短加工周期、实现复杂结构塑料件制造，可以将原料注塑成多个简单塑料件，然后经过连接组合成复杂塑料件，由此塑料连接技术应运而生。塑料连接的方式主要有铆接、胶接及焊接。铆接的密封性较差且强度和表面质量不易达标；胶接的工艺效率较低，污染较大；相较于这两种连接方式，焊接通过对零件接触面进行加热使塑料发生熔融，最后实现冷却凝固成型，具有强度高、寿命长、无污染、密封性好等优点，兼具优越的工业属性[2]。塑料焊接技术主要包括热板焊接法[3]、热气焊接法[4]、电磁感应焊接法[5]、电阻感应焊接法[6]、摩擦焊接法[7]、超声波焊接法[8,9]、射频焊接法及激光焊接法[10,11]。热板焊接法通过热传导、热对流和热辐射加热等方式促使塑料件表面熔融并形成焊缝，最终实现塑料件之间的连接，该方法的局限性在于焊接速度慢、焊接材料容易和热板黏结在一起。热气焊接法通过焊枪加热将压缩气体或惰性气体喷到塑料表面，使得塑料熔融并结合，该方法适用于焊接大型复杂构件，不足之处在于焊接质量过度依赖操作人员的经验。电磁感应焊接法利用金属导体在磁场作用下产生的热量促进被焊接材料的熔融，待材料熔化后填充待焊表面从而形成焊缝，该方法的缺点在于嵌入物的存在会影响焊接强度。电阻感应焊接法利用电流通过焊接件及接触处产生的电阻热作为热源对塑料件进行局部加热，同时加压进行焊接，该方法的缺点是焊接件的接头力学性能不高。摩擦焊接法利用热塑性塑料之间相互摩擦所生成的摩擦热使摩擦面受热熔融，经加压并冷却后，最终实现塑料连接，该方法的缺点是焊接过程中的溢料不容易控制。超声波焊接法是将高频振动波传递到两个需焊接的塑料表面，在加压的情况下，使两个塑料表面相互摩擦并形成分子层之间的熔合，该方法的缺点是焊接过程的参数检测难度较大。射频焊接法不需要中间介质且加热快，但使用高频会对人和周围环境造成污染。

激光焊接法，即塑料激光焊接技术，是一种新型的无接触绿色塑料连接方式，具有焊接速度快、热影响区小、连接强度高、焊缝变形小等优点。相比于传统的机械连接，激光焊接无须打孔，避免了对基体的破坏，同时避免了使用连接部件导致的零件增重。相比于胶接，激光焊接没有引入新物质，且无挥发物，更加安全。因此，塑料激光焊接技术在汽车零件、医疗器械、电子元件及包装容器等领域广泛应用[12]。激光透射焊接技术是让激光透过上层塑料件，被上层塑料件和下层塑料件(添加一定量的吸收剂)的接合面或者塑料件内部的塑料吸收并转化成热量，塑料在热集中区域熔化，热熔融状态下的塑料大分子在键合压力和热膨胀的作用下相互扩散和缠结，产生范德瓦耳斯力并形成强的键合。因此，塑料激光焊接技术在巨大的塑料需求市场中具有良好的应用前景。

1. 汽车行业

塑料激光焊接技术具有自动化水平高、焊缝美观、热影响区小等特点，因此适用于汽车零件的制造，如阀体、仪表盘、保险杠、涡流风扇、360°摄像头、自动门锁、电子驻车控制器、燃油喷嘴、变挡机架、发动机传感器、驾驶室机架、液压油箱、过滤架、前灯和尾灯等。该技术在汽车方面的应用还包括进气歧管、排气歧管以及辅助水泵的制造。图 1.1 为汽车零件实物图。

(a) 汽车仪表盘

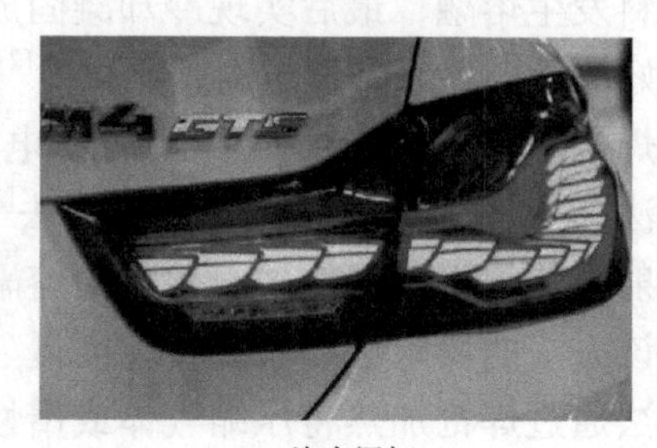

(b) 汽车尾灯

图 1.1　汽车零件实物图

2. 医疗器械

由于塑料激光焊接技术具有非接触、无污染和绿色环保的特点，故在医疗器械领域得到了广泛的应用，如医疗微流控芯片、血液分析仪、液体储槽、液体过滤器材、医疗软管连接头、造口术袋子、助听器、移植体和肠衣等的制造。图 1.2 为医疗器械实物图。

(a) 医疗微流控芯片

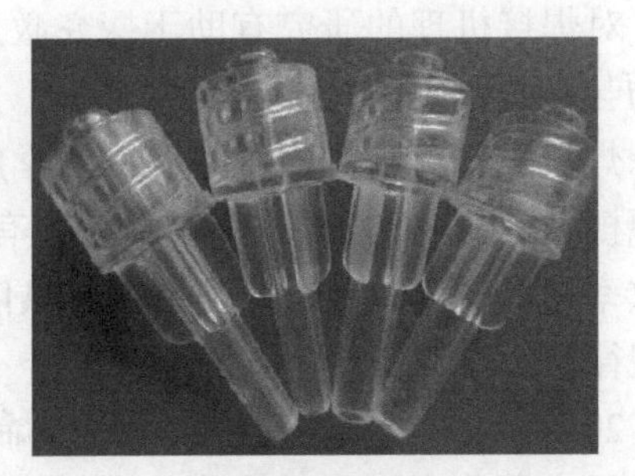

(b) 医疗软管连接头

图 1.2 医疗器械实物图

3. 电子行业

塑料激光焊接技术不仅可以保障塑料件的强度，同时具有较好的导电性和密封性，不会对精密的电子元器件造成损害，因此多用于制造连接传感器和开关的部件、摄像头、鼠标、移动电话、连接器以及电子外壳等。图 1.3 为电子器件实物图。

(a) 摄像头

(b) 电子外壳

图 1.3 电子器件实物图

1.2 塑料激光焊接技术发展现状及趋势

1.2.1 塑料激光焊接技术发展现状

塑料激光焊接技术最早出现在 20 世纪 70 年代，可以在某些特定领域有效弥补传统焊接方法的不足，属于精密高质量塑料焊接方法。随着材料、产品结构、夹具、激光系统以及工艺水平的发展，塑料激光焊接技术目前已经取得广泛应用。国内外关于塑料激光焊接技术的研究主要集中在以下五个方面。

1）焊接机理

对焊接机理的研究有助于探究激光光束与聚合物、激光光束与吸收剂、聚合物与吸收剂之间的相互反应过程，为实际研究和数值模拟提供相应的理论指导。焊接机理涵盖焊接中涉及的数学解析模型、光学模型、热传导模型、移动热源模型、接头成型原理等，此外还有材料光学参数（透射率、反射率、散射率、吸收率）和热物理特性参数（密度、热传导率、比热容、热扩散系数）随温度的变化规律。

2002 年，Becker 等[13]发现聚丙烯（polypropylene，PP）吸光试件表面的光束能量呈高斯分布，通过构建相应的体热源模型建立有限元仿真的基础，并借助有限元分析，证明在熔化深度的基础上，采用轮廓法描述聚丙烯激光传输焊接过程中加热的可能性。2005 年，Ilie 等[14]在蒙特卡罗法及米氏散射理论的基础上建立激光光束透过无定形聚合物的散射分布模型，揭示了激光能量在聚合物内部及上下层交界面的分布规律。2014 年，Hohmann 等[15]通过建立激光路径追踪模型预测了激光透过玻璃纤维聚合物后的能量分布，发现其与实际结果具有良好的一致性。

2）工艺参数及焊接质量

由于焊接质量与工艺参数密切相关，对工艺参数的研究可以辅助获取更佳的焊接质量。对激光透射焊接过程影响较大的工艺参数主要有激光功率、焊接速度、吸收剂、离焦量、光斑直径和激光波长等。对焊接质量的评估主要侧重在焊接强度、焊缝形貌和熔池尺寸等方面。常用的探究试验方法包括单因素控制变量法、响应曲面法（response surface method，RSM）、人工神经网络（artificial neural network，ANN）法等。以上方法可以帮助分析焊接工艺参数对焊接质量属性的影响，对实际工业生产具有重要的指导作用。

近年来，国内外对焊接工艺参数的研究取得了较多成果。王霄等[16]采用极差优化法对激光透射焊接聚丙烯进行了研究，并分析了工艺参数对焊接质量的影响，研究结果表明，焊接速度对焊接强度的影响最大，激光器频率的影响次之，激光功率的影响最小。Acherjee 等[17]采用响应曲面法分析了焊接速度、激光功率、夹紧力和光斑直径对聚甲基丙烯酸甲酯（polymethyl methacrylate，PMMA）和丙烯酸酯焊接强度与焊缝宽度的影响，并建立了工艺参数与焊缝输出变量之间的数学关系，结果表明所建立的模型能够充分预测在焊接参数下的响应。张成等[18]分别采用响应曲面法和遗传算法-人工神经元网络（genetic algorithm-artificial neural network, GA-ANN）法两种优化方法建立数学关系模型并进行对比，发现 GA-ANN 法比响应曲面法建立的模型的预测准确性要高。Kumar 等[19]采用田口优化算法开展了激光透射焊接聚丙烯试验，分析了各工艺参数与焊接质量之间的影响及信噪比，发现夹紧力对两者的影响最大。

3) 数值模拟

数值模拟方法中常用的是有限元法，也称为有限单元法，它通过将求解区域划分成数量有限的单元组合，用每个单元内的近似函数来分段表示研究对象的场分布情况，使无限自由度的复杂问题转化为有限自由度的单元求解问题。在对求解区域划分单元后，对每个单元分别计算，统合起来得到最终解析结果。塑料激光焊接技术的数值模拟主要包括构建热源模型和焊接过程的数学模型，对温度场、应力场、流场等进行模拟，分析焊接工艺参数对焊接质量的影响。常用的有限元软件主要有 ANSYS、ABAQUS 和 COMSOL 等，使用软件对激光透射焊接过程进行模拟仿真，能够达到有效预测焊缝、监控焊接过程变化趋势、缩短试验次数的目的。

2006 年，Whalen 等[20]分别采用双曲线球热源模型和傅里叶热源模型进行数值模拟，探究聚合物薄膜的材料属性和激光分布对数值模拟结果的影响规律。2010 年，Labeas 等[21]对复合基聚合物激光透射焊接过程进行热-力耦合数值模拟，分析焊接工艺参数与熔池最大温度的关系，探究热应力、热应变和材料自身扭曲变形的变化规律，优化激光透射焊接过程，这种数值模拟为温度、热应力和应变场提供了可靠估计，减少了试验工作量。2016 年，Wang 等[22]利用热重分析(thermogravimetry analysis，TGA)数据，采用非线性模型拟合方法得到材料的动力学三元组(频率因子、活化能和反应模型)，并对激光透射焊接聚碳酸酯(polycarbonate，PC)和尼龙 66(nylon-66，PA66)的热降解行为进行数值模拟，发现模拟结果与试验结果相吻合，该模型能较好地预测聚合物的热降解行为。

4) 吸收剂

由于塑料的透光性较高，在激光透射焊接过程中需要添加吸收剂提高塑料对光束能量的吸收。吸收剂材料主要包括金属类和非金属类，常见的吸收剂种类有金属材料[23]、炭黑(carbon black，CB)[24]、Clearweld[25]、玻璃纤维(fiberglass，GF)[26]等。添加吸收剂的方法有三种：注塑掺入、表面涂敷和中间层置入。

吸收剂种类和添加方式的研究有助于改善焊接材料的光学特性，对于提高焊接质量、拓宽激光透射焊接材料选择面和工程应用具有重要作用。

2002 年，Sato 等[10]对各种不同颜色的热塑性塑料进行了激光透射焊接试验，提出光学性能影响激光能量的吸收率，吸收剂的光学性能应当作为影响焊接强度的重要因素。2008 年，Katayama 等[27]开展激光焊接 304 不锈钢与聚对苯二甲酸乙二醇酯(polyethylene glycol terephthalate，PET)的研究，发现聚合物与金属之间的机械连接行为和化学反应都是形成牢固焊接接头的主要原因，从而证实了金属作为吸收剂的可行性。2014 年，Rodríguez-Vidal 等[28]在丙烯腈-丁二烯-苯乙烯共聚物(acrylonitrile butadiene styrene，ABS)中掺入碳纳米(carbon nanotube，CNT)管作为吸收剂，研究了激光透射焊接工艺参数和碳纳米管浓度对焊接质量及接头成型机理的影响。

5)焊接装备

依据激光器发生光源的不同，可将激光透射焊接设备分为Nd:YAG激光器、半导体激光器、光纤激光器和 CO_2 激光器。Nd:YAG 激光器波长为 1064nm，属于近红外区波段，具有光束质量好、透射率高的特点，可实现较厚材料的稳定焊接。半导体激光器发射的激光波长在 800～1000nm，特点是光斑峰值功率较低，适用于热敏感性高的塑料焊接。CO_2 激光器产生的激光波长能达到 10.6μm，焊接时热作用区深度较深，易在焊接表面留下较明显的痕迹，因此主要应用于薄膜焊接[29]。

龚飞[30]分别使用 Nd:YAG 激光器和半导体激光器进行塑料透射焊接聚丙烯试验，通过对比接头强度，发现能量分布均匀的半导体激光器更适用于塑料焊接。章建胜等[31]采用半导体激光器开展激光透射焊接透明聚丙烯试验研究。肖海霞等[32]分别采用光纤激光器与半导体激光器对塑料聚丙烯进行焊接工艺试验，通过分析两种激光器的光学差异，发现半导体激光器的功率在光斑范围内均匀分布，有利于提高焊接接头的拉力。

1.2.2　塑料激光焊接技术发展趋势

塑料激光焊接技术发展趋势表现在以下三个方面。

1)透明不相容塑料的连接

不相容塑料的连接可以充分利用被连接材料不同的化学、力学和热学性能，形成兼具两种材料特性的优异性能产品，进一步提升制品的可靠性并有效拓展其应用领域，达到降低材料成本、提高经济效益的目的。因此，不相容塑料的连接呈现出广阔的发展前景[33-35]。但不相容塑料之间分子结构、碳链、玻璃化转变温度、分子链间结合力、熔体熔融指数以及光学性能等物理特性的差异，造成连接性差和连接强度不高等问题。当下透明不相容塑料的连接广泛应用于高端医疗器械(如微流体芯片)和精密光学传感器等领域，激光透射焊接是实现不相容塑料连接的主要方式。

Liu 等[26]采用冷喷技术在玻璃增强尼龙 66(glass fiber-reinforced polyamide 66，GFR-PA66)表面喷涂 20μm 厚的铝膜作为吸收层，使得相容性较差的 GFR-PA66 与

PC 焊接成功，并发现焊接接头的抗拉强度得到显著提高。此外，通过使用磁控溅射技术，以 PA66 溅射的 2μm 厚铝薄膜为过渡层和吸收层，成功地焊接了相容性差异较大的透明聚氯乙烯(polyvinyl chloride，PVC)和 PA66，并分析了异质材料的焊接机理[36]。

2)实时过程监控系统的开发

对焊接过程的监控可以帮助研究人员及时有效地观察焊接过程中出现的问题和状况，有利于减少缺陷和提高焊接质量，达到降低制造成本的目的。因此，利用现有的系统和设备，结合动态过程控制的反馈控制系统，开发出一种快速、准确、经济有效的实时过程监控系统，对辅助分析塑料激光焊接技术具有可观的发展前景。

Devrient 等[37]利用高温测量系统对激光透射焊接 PMMA 过程中的温度进行了测量，这对提高材料的抗拉强度具有重要意义。Schmitt 等[38]使用光学相干层析技术观察激光透射焊接 PMMA 焊缝缺陷，并集成了测量系统对焊缝缺陷进行检测，在短时间内获得了提高焊接质量的优化工艺参数并判断出激光焊接的条件。

3)焊接过程的建模和优化

激光透射焊接过程的建模和优化是深入探究力学和参数效应的重要方法，可以对实际焊接情况进行辅助分析，并最终达到获得最佳焊接质量且有效提高经济效益的目的。

刘海华[39]采用ANSYS仿真软件对激光透射焊接PC过程进行温度场与流场模拟及分析，分析了焊接工艺参数对温度场与流场的影响规律。王超[40]使用 COMSOL 仿真软件对基于锌粉吸收剂的激光透射焊接聚芳砜(polyarylsulfone，PASF)的焊接过程进行数值模拟，通过对比模拟和试验结果验证了模型的准确性，并分析了温度场及流场的结果。

1.3 塑料激光焊接技术分类

1.3.1 轮廓焊接

轮廓焊接又称顺序型轴线焊接，焊接时零件和激光束按照制定好的路线进行相对移动。轮廓焊接示意图如图 1.4 所示。在焊接过程中，零件的相对移动通过旋转轴、线性轴或机器人实现，焊接材料随着激光沿路径的前进方向依次融合，从而完成焊接[41]。在这种焊接方式下，焊缝宽度主要取决于激光模式和聚焦系统，其大小在零点几毫米到几毫米不等。轮廓焊接对焊接件的尺寸没有要求，即使是对大于 1m 的部件也可以加工。因此，轮廓焊接具有灵活性较好、自由度高的特点，适用于焊接各种形状复杂的二维或三维焊接件。

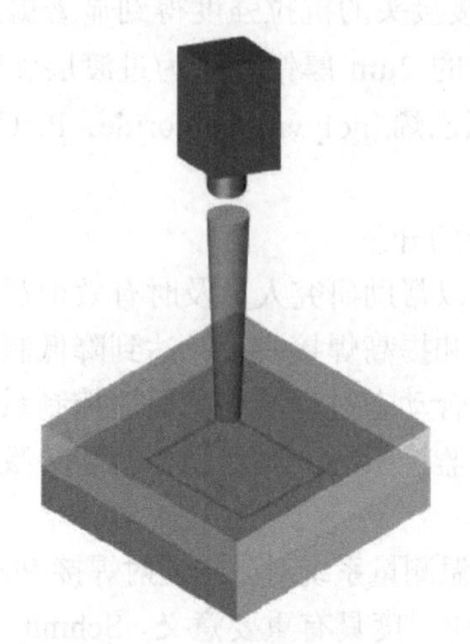

图 1.4　轮廓焊接示意图

1.3.2　同步焊接

同步焊接是指焊缝处同时受到一束或多束激光辐射，此时焊缝的长度不受限制，焊缝也可以不在一个平面上，只要夹具的压力沿整个焊缝均匀分布即可。同步焊接示意图如图 1.5 所示。同步焊接可以应用于平面焊接和球面的曲线焊接，通过光学部件对光束进行调整和控制，使激光辐射能量均匀分布在焊缝上[41]，适合于批量生产或焊接时间短的应用场景，缺点在于激光头必须根据工件的焊接区域的形状定制。

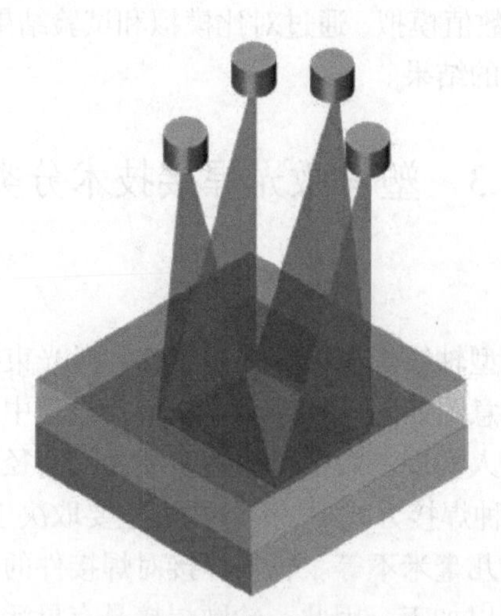

图 1.5　同步焊接示意图

1.3.3 准同步焊接

准同步焊接结合了轮廓焊接和同步焊接的特点。相对于轮廓焊接，该方式具有更快的光束扫描速度和更短的循环时间，可以同时加热熔化整个焊缝，从而对焊缝的加热更加均匀，还能补偿焊接工件的几何尺寸误差，可以有效减少焊接过程中的飞溅现象。准同步焊接示意图如图 1.6 所示，适合焊接时间要求短、尺寸较小的零件，或为了质量控制需要监控焊接轨迹的焊接。准同步焊接方式非常适用于汽车传感器电子产品的焊接[41]，例如，采用 LaserQuipment®焊接系统在 3s 内完成长度 100mm 的焊接。所有激光防护装置和焊接监测装置都集成在这个焊接系统中，而且还配有一套专用的夹具。

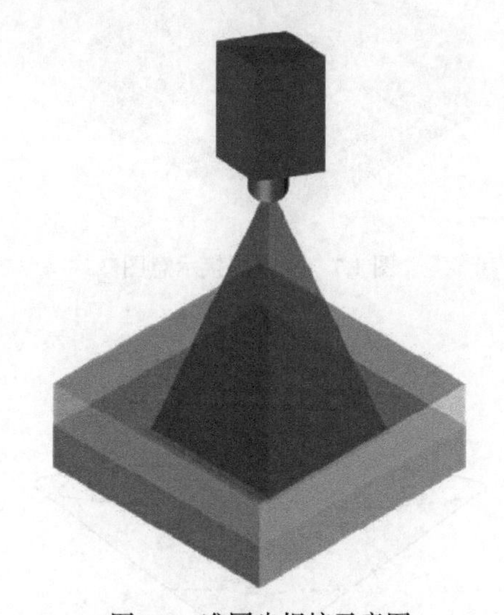

图 1.6 准同步焊接示意图

1.3.4 掩膜焊接

进行掩膜焊接时，需要在激光源和待焊接的部件间置入一层膜。一排线状的激光束投射到焊接区域，同时激光束和工件之间产生相对移动，由于掩膜的遮蔽作用，激光束仅作用于被焊接区域，完成加热和焊接。掩膜焊接中可以根据焊缝结构来设计掩膜，并且这层膜可以达到微米级的精细度，所以掩膜焊接可以达到极高的精准度[16]。掩膜焊接示意图如图 1.7 所示。

1.3.5 放射状焊接

放射状焊接过程中，激光束经高速扫描电机定位后，由圆锥形镜面二次反射，辐射在圆柱状表面，进行加热焊接。放射状焊接适用于不同直径的圆柱状物体的大批量生产,不需要旋转零件和夹紧[42]。放射状焊接示意图如图 1.8 所示。

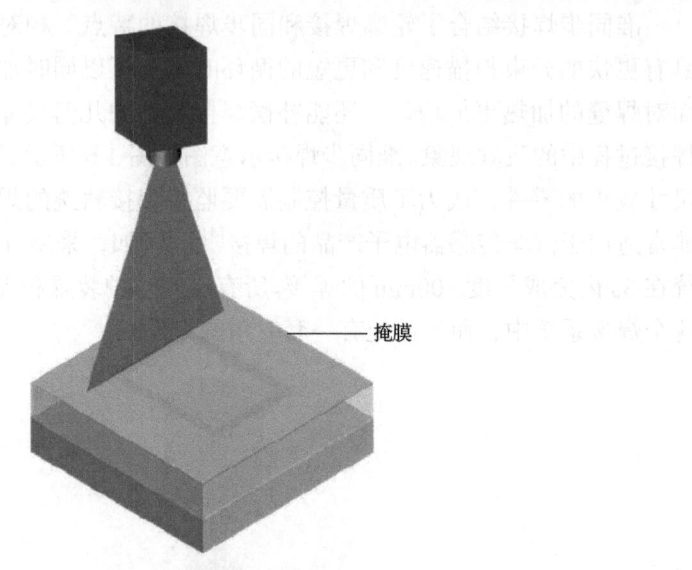

图 1.7　掩膜焊接示意图

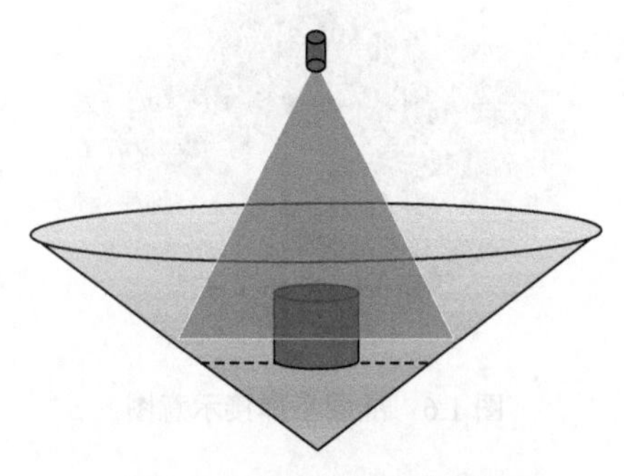

图 1.8　放射状焊接示意图

1.3.6　球形焊接

球形焊接又称 Globo 焊接，是瑞士莱丹(Leister)公司开发的一项技术。激光束由气垫式、可无摩擦任意滚动的玻璃球点状式聚焦于焊接轮廓线上，焊接时沿着产品的轮廓线进行加热，从而完成焊接。该玻璃球可起到聚焦激光束、充当机械夹紧夹具的作用。Globo 焊接不需要附加的夹紧装置，并且夹紧压力及能量应用可以同步最优化，可与多维机械手联合配套使用，适合于二维和三维任意形状焊缝的焊接[43]。Globo 焊接示意图如图 1.9 所示。

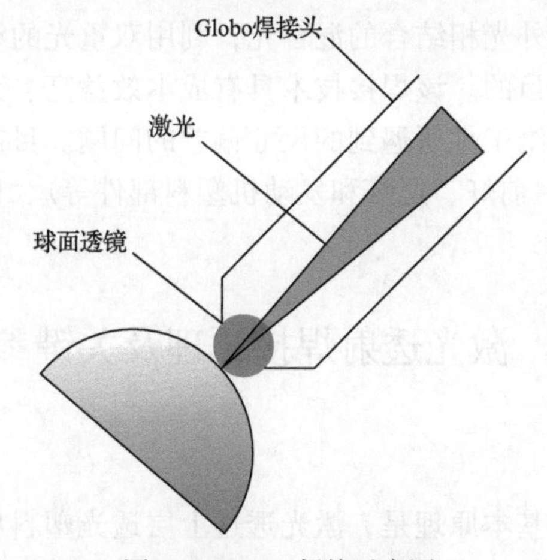

图 1.9 Globo 焊接示意图

1.3.7 衍射焊接

衍射焊接使用衍射器件对激光束进行整形，然后将整形后的各种形状激光束投射到焊接区域，接着对焊缝直接进行加热，从而完成焊接[43]。衍射焊接示意图如图 1.10 所示，它还可以应用光学器件调整激光束形状及大小，从而进行微焊接。衍射焊接可以进行密封焊接，且密封件可以经受住 0.7MPa 的气压；此外，衍射光仪器可以经受住 80W 功率的激光，衍射光效率大于 55%。

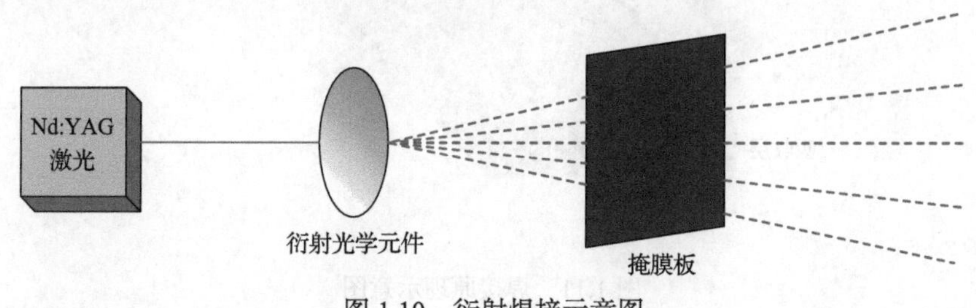

图 1.10 衍射焊接示意图

1.3.8 辐射焊接

辐射焊接需要采用特制的辐射加热器照射待焊的塑料件表面，使材料充分吸收热量发生熔融，接着采用贴合加压的方法实现焊接。该焊接技术不会使材料表面出现黏附现象，并且具有循环时间短、焊缝外观好、仅在焊接区加热等优点。

1.3.9 复合光焊接

复合光焊接[41]是乐普科(LPKF)公司研发的一项新技术，焊接时采用激光和传统卤素灯发出的红外光相结合的混合光，利用双重光的结合达到提高焊接速度和焊接尺寸精度的目的。该焊接技术具有成本效益高、无需夹具的优点，可以克服焊接大型、三维工件所遇到的尺寸偏差的问题。目前，复合光焊接技术广泛应用于汽车零件(前灯、尾灯和发动机塑料部件等)、日用品和医药用品的生产中。

1.4　激光透射焊接原理及关键参数

1.4.1　焊接原理

激光透射焊接的基本原理是，激光透过上层透光塑料后被下层吸光塑料吸收并产生热量，然后向上层塑料传递，在热集中区域，塑料被熔化，热熔融状态下的塑料大分子在键合压力和热膨胀的作用下相互扩散和缠结，产生范德瓦耳斯力并形成强的键合[44]。图 1.11 为焊接原理示意图。

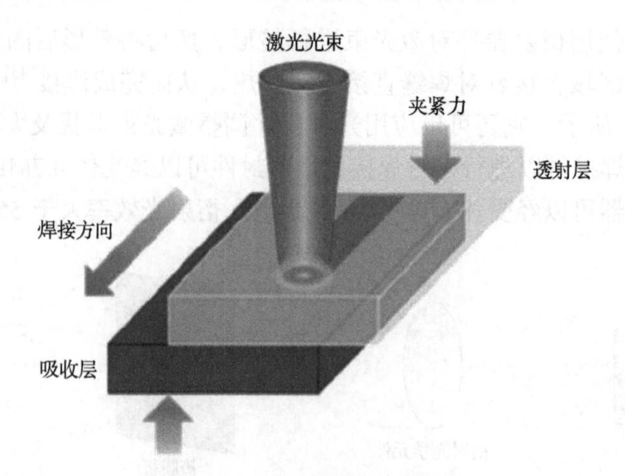

图 1.11　焊接原理示意图

塑料激光焊接过程包括五个阶段：加热阶段、熔融阶段、焊接阶段、冷却阶段和凝固阶段。

在加热阶段，激光透过上层塑料到达下层塑料，对界面进行加热，实现能量的光-热转化，并以热传导的形式传递；在熔融阶段，塑料吸收足够的热量达到玻璃化转变温度，部分材料开始熔化并形成一个熔融区，同时熔融材料产生流动；在焊接阶段，随着熔融区材料的熔融、流动，在夹紧力和热膨胀的双重作用下，上、下层塑料的大分子开始相互缠绕；在冷却阶段，激光器停止加热，材料温度快速降低，塑料不再继续熔化，同时熔融部分的流动效应减弱；在凝固阶段，温度降低到凝固点时，熔融部分的塑料又开始变为固体，形成一道焊缝，焊接完成。

焊接过程中塑料-塑料间大分子运动就是分子间扩散，扩散的前提是塑料界面发生熔融，在分子间扩散及分子链缠结的作用下，界面间产生强的键合效应，这就是热塑性聚合物的自黏结现象，如图 1.12 所示。自黏结过程一般包括 5 个步骤：表面重整、表面接近、润湿、扩散和分布无序化。就焊接过程而言，表面重整、表面接近和润湿可被划分为加压阶段，扩散和分布无序化则属于分子间扩散过程。de Gennes[45]提出的“蛇形”模型理论可以用来描述分子链在界面的扩散行为，“蛇形”理论表示单一分子链在假想管内以蛇形状态自由运动，管代表了相邻分子链对该分子链运动的限制。首先，分子链以链末端不离开管的方式进行运动，经过一段时间，分子链将完全脱离原始旧管，形成一个新管，如图 1.13 所示。自黏结的时间标度 t_{tep} 满足 $t_2<t_{tep}<t_3$，其中 t_2 与管内分子链的小规模运动和扭动有关，t_3 则表示分子链运动产生一个新管所需要的时间。

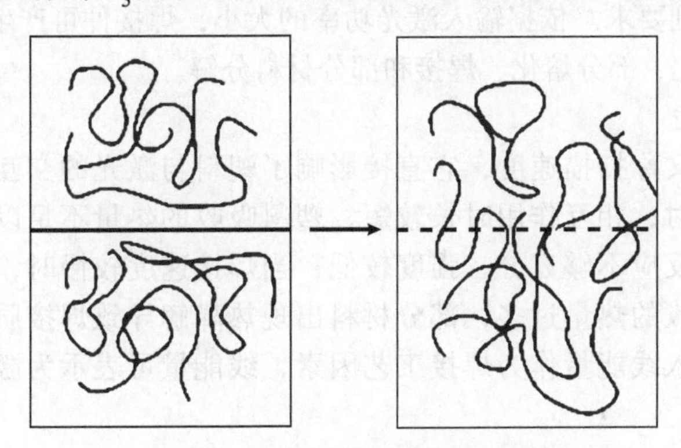

图 1.12　塑料分子界面扩散示意图

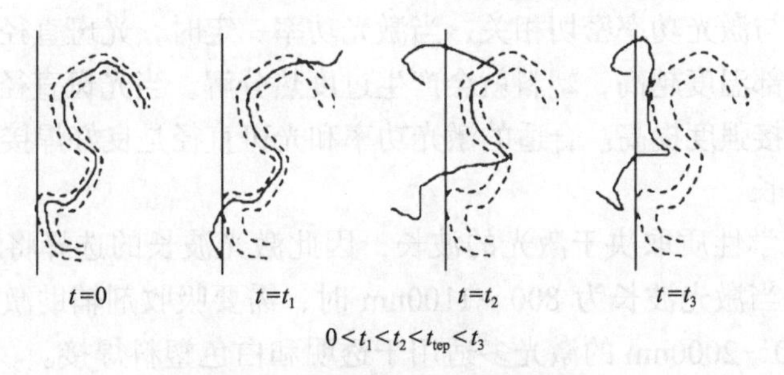

图 1.13　塑料分子扩散模型图

依据所应用激光波长的不同，塑料激光焊接技术主要分为两类。一类是利用波长为 800～1100nm 的激光。在这个波长范围内，塑料尤其是透明塑料表现出较高的透过率，因此需要添加吸收剂增加对激光能量的吸收，从而实现连接[46]。在此波长范围内塑料对激光能量在接合面的吸收主要体现为面吸热。另一类是利用波长为 1400～2000nm 的激光，激光能量沿光束传播方向在塑料内部分布，可实现在塑料内部的局部加热，无须添加吸收剂。此时塑料的激光透过率依旧较高，主要进行透明和白色塑料的连接，且表现为体吸热的特征[47]。

1.4.2 关键参数

在激光透射焊接过程中，工艺参数的变化将直接影响焊接质量，对工艺参数的探究可以帮助研究人员了解焊接效果特征，达到提高焊接质量的目的。其中影响较为显著的工艺参数主要有以下几种。

1）激光功率

激光功率决定了焊接过程中的光束能量输入，激光功率越大，光束强度越大。当激光功率较大时，基材吸收热量较多、焊接区域温度过高，容易引起局部热降解；而激光功率过小时，塑料达不到玻璃化转变温度，材料熔融不充分，焊接强度达不到要求。依据输入激光功率的大小，焊接件可产生四种不同的焊接情况：不熔化、部分熔化、焊接和部分材料分解。

2）焊接速度

焊接速度又称扫描速度，它直接影响了塑料与激光的交互作用时长。当焊接速度较快时，相互作用时长较短，塑料吸收的热量不足以达到玻璃化转变温度，焊接反应不够充分，强度较低；当焊接速度较慢时，相互作用时长较长，塑料吸收的热量过多，部分材料出现热降解导致焊接质量降低。实际研究中也常引入线能量作为焊接工艺因素，线能量可表示为激光功率和焊接速度的比值。

3）光斑直径

光斑直径与激光功率密切相关，当激光功率一定时，光斑直径越小，功率密度就越大，局部温度越高，塑料就会产生过度热分解。当光斑直径增大时，焊缝宽度增加，焊接强度提高。合适的激光功率和光斑直径是良好焊接质量的保证。

4）激光波长

塑料的光学性质取决于激光的波长，因此激光波长的选择将对焊接质量产生重要影响。当激光波长为 800～1100nm 时，需要吸收剂辅助激光能量吸收，而波长为 1400～2000nm 的激光多适用于透明和白色塑料焊接。

5）夹紧力和保压时间

机械、气动、液压是常见的几种夹紧装置，夹紧力的存在可以保障焊接材料之间的充分接触。适当的夹紧力可以使接触面具有更好的热传导性能，以及促进熔体中的熔池流动。在焊接区域冷却前，持续的压力可以使塑料达到充分融合，因此保压时间也是焊接过程的重要参数之一。

第2章　激光透射焊接装备及系统

焊接装备与焊接技术具有同样重要的作用，本章重点对激光透射焊接装备及系统进行详细介绍，主要涉及激光的物理特性、激光器种类、焊接装备及系统等方面。

2.1　激光的物理特性

2.1.1　激光产生的基本原理

激光作为一种准直、单色、相干的光束，其产生需要共振腔、增益介质及激发源这三个要素，主要通过受激辐射、放大和必要的反馈产生光束。激光的产生主要有三种基本过程，即自发辐射、受激辐射和受激吸收。

1) 自发辐射

原子的运动状态可以分为不同的能级。原子从高能级向低能级跃迁，会释放出相应能量光子的过程，即为自发辐射。

2) 受激辐射

一个光子入射到一个能级系统并被吸收，会导致原子从低能级向高能级跃迁，从而辐射光子，这一过程称为受激辐射。

3) 受激吸收

处于低能级的原子，在光场作用(照射)下，吸收一个能量的光子后跃迁到高能级的过程称为受激吸收跃迁。

这些运动并不是孤立的，而是同时进行的。当光与原子体系相互作用时，总会同时存在自发辐射、受激辐射和受激吸收三种过程。当采用适当的媒介、共振腔、有足够的外部电场时，受激辐射得到放大从而比受激吸收要多，那么就会有光子射出，从而产生激光。

2.1.2　激光技术的特点

目前，激光技术已广泛应用到激光焊接、激光切割、激光打孔、激光打标等领域。激光技术具备以下特点：

(1) 功率密度大，可加工熔点高、硬度大和质脆的材料；

(2) 与工件不接触，不存在加工工具磨损问题；

(3)工件不受应力，不易污染；

(4)适于加工精密微细或大型材料；

(5)光束易控制，自动化水平和加工精度很高；

(6)适用于恶劣环境或其他人类难以接近的地方。

在塑料焊接领域，激光具有焊接强度高、速度快、精度高、易实现空间曲线焊接、成本相对较低等优点，可焊接灵敏度高、几何形状复杂、气密度和清洁度要求严格等部件，这些优势是其他塑料焊接技术无法比拟的。

2.1.3　激光光束的特性

激光作为一种新型光源，具有单色性好、方向性好、相干性好、亮度高、光束方便传输和光斑大小方便调整等特性。

1)单色性好

不同颜色光的波长(或频率)是不同的，而且每一种颜色的光也不是单一的波长，而是有一个波长(或频率)范围，称为谱线宽度。例如，红光的波长范围为650～760nm，即谱线宽度$\Delta\lambda$=110nm。谱线宽度越窄，光的单色性就越好。氦氖激光器的波长为632.8nm，其$\Delta\lambda$一般为10^{-5}nm，可见激光具有很好的单色性。

2)方向性好

一般普通光源是向整个空间发光的，如白炽灯。激光是激光器在光轴方向定向发射的光，因此方向性强。激光光束的发散角(即两条光线之间的最大夹角)很小，因此方向性优越。

3)相干性好

光的相干性是指两束光相遇时，在相遇区域内发出的波的叠加，能形成比较清晰的干涉图样(即亮暗交替条纹)或能接收到稳定的拍频信号。不同时刻，由同一点发出的光波之间的相干性称为时间相干性。同一时间，由空间不同点发出的光波的相干性称为空间相干性。

4)亮度高

激光光束方向性强、立体角极小，而普通光源发光的立体角要比激光大百万倍。因此，在单位面积上功率相差不大的情况下，激光的亮度也比普通光的亮度高百万倍。另外，有些激光器的发光时间极短，光输出功率很高，其激光能量在空间和时间上高度集中。

2.2　激光器种类

激光技术以其快速、精准和较强的环境适应性，在工业、医学领域具有良好的应用前景。激光器自 20 世纪 50 年代发明以来，经过半个多世纪的发展，已经发展出很多种类：按工作物质可分为气体、固体、半导体、液体等激光器；按激励方式可分为光激励、气体放电激励、化学反应激励、核反应激励激光器等；按输出方式可分为连续激光器和脉冲激光器。其中，用于工业的激光器主要有 Nd:YAG 激光器、半导体激光器及光纤激光器等。

常用的焊接光源是 980nm 和 808nm 半导体激光器，而为了提高透明和白色塑料在很多焊接应用中的吸收率，1710nm 半导体激光器和 2000nm 光纤激光器被开发和应用。

2.2.1　Nd:YAG 激光器

Nd:YAG 激光器输出激光的波长较短，为 1064nm，属于近红外区波长，不易被塑料吸收，最大输出功率为 6kW，电光转换效率较低，约为 3%，最小聚焦直径为 0.1～0.5mm。按能量输出方式的不同，Nd:YAG 激光器可分为连续式和脉冲式两种。Nd:YAG 激光器基本组成部分包括激光工作物质、泵浦源和谐振腔。以脉冲氛灯泵浦为例，工作物质 Nd:YAG 晶体与脉冲氛灯固定在聚光腔内。谐振腔由两个反射镜组成：一个是对输出波长全反射；另一个是对输出波长部分反射。激光电源给电容器充电，加到脉冲氛灯上。在高压的作用下，氙灯中的气体电离点燃，氛灯放电使脉冲氙灯迅速发光，聚光腔将脉冲氙灯的光能聚集到工作物质上，工作物质中的激活离子被激发，粒子数反转，当腔内增益大于损耗时，就产生激光。Nd:YAG 激光器的结构如图 2.1 所示。

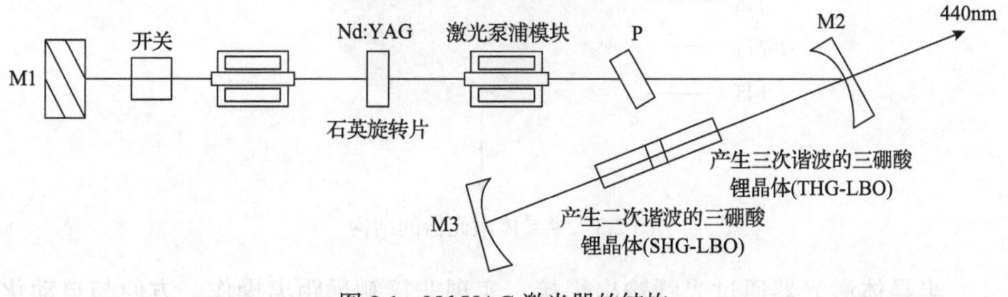

图 2.1　Nd:YAG 激光器的结构

Nd:YAG 激光器输出激光的特点是聚焦区域小，可以方便地通过光纤传输来构建光路，可将激光头固定到自动化装置如机器人手臂上，实现焊接过程的数控和精密自动化；另外，激光可以较好地透过上层的待焊接材料，到达下层待焊接材料或者中间层而被吸收，从而实现焊接。在激光加工头无法靠近焊接部位以及焊接部位焊接宽度窄小的微细焊接的情况下，常采用 Nd:YAG 激光器。

图 2.2 为美国 Coherent 公司生产的 Nd:YAG 激光器。

图 2.2 美国 Coherent 公司生产的 Nd:YAG 激光器

2.2.2 半导体激光器

半导体激光器利用半导体物质(利用电子)在能带间跃迁发光，用半导体晶体的解理面形成两个平行的反射镜面作为反射镜，组成谐振腔，使光振荡、反馈，产生光的辐射放大，输出激光。半导体激光器的结构如图 2.3 所示。

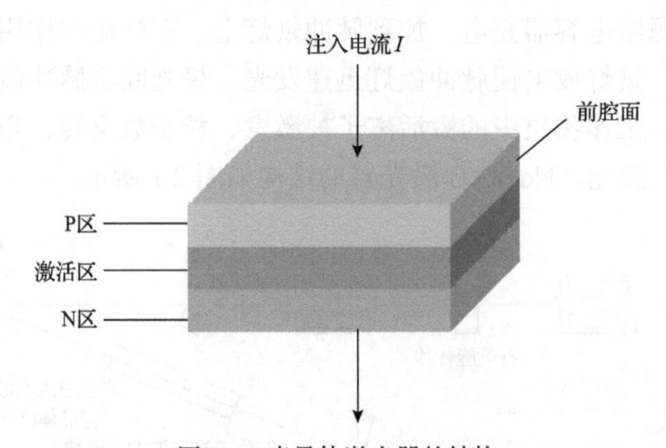

图 2.3 半导体激光器的结构

半导体激光器通过光纤输出焊接，实现非接触远距离操作，方便与自动化生产线集成；激光器由电流反馈闭环控制，实时监测调节输出激光，保证输出激光的稳定；光束能量分布均匀，光斑较大，焊接金属时，焊缝表面光滑美观。

1. 近红外半导体激光器

半导体激光器由于性能稳定、成本较低，是塑料激光焊接的常用光源。近红外半导体激光器的输出波长一般为 800～1000nm。半导体激光器能量转换效率高，易于实现激光器的小型化和便携化，可用于医疗器械、通信、电子元器件及汽车配件等产品的焊接。

半导体激光器可根据客户需求定制输出的激光光斑(方形、环形、圆形等)，满足各种复杂的加工场合，其缺点是光束质量差，聚光性差，很难实现长间距工作。图2.4为大族激光科技产业集团股份有限公司(简称大族激光)研发的近红外半导体激光器。

图2.4　大族激光研发的近红外半导体激光器

2. 1710nm 半导体激光器

各种透明和白色塑料具有对1710nm的激光吸收率高出其他波长的激光几倍至10倍的优越性能，在医用透明/白色塑料器具、中国强制性产品认证(China Compulsory Certification，3C)产品的透明/白色塑料件和汽车透明/白色塑料零件的激光焊接方面有非常广泛的应用。同样功率和功率密度的1710nm激光器，在不添加激光吸收剂的情况下，可以达到或超过其他波长的激光同时添加激光吸收剂的焊接效果。

1710nm半导体激光器对各种厚度的塑料制品的激光拼焊和1.5mm以下透明塑料薄板的激光穿透焊是非常有利的。其缺点是光束质量差导致聚光性差，不能长间距工作。1710nm半导体激光器的国内生产厂家比较少，国外的生产厂家有波科激光(QPC Lasers)公司。图2.5为QPC Lasers公司生产的1710nm半导体激光器。

2.2.3　光纤激光器

光纤激光器主要由泵浦源、耦合器、掺稀土元素光纤、谐振腔等部件构成。泵浦源由一个或多个大功率激光二极管阵列构成，其发出的泵浦光经特殊的泵浦结构耦合作为增益介质的掺稀土元素光纤，泵浦波长上的光子被掺杂光纤介质吸收，形成粒子数反转，受激发射的光波经谐振腔镜的反馈和振荡形成激光输出。光纤激光器的结构如图 2.6 所示。

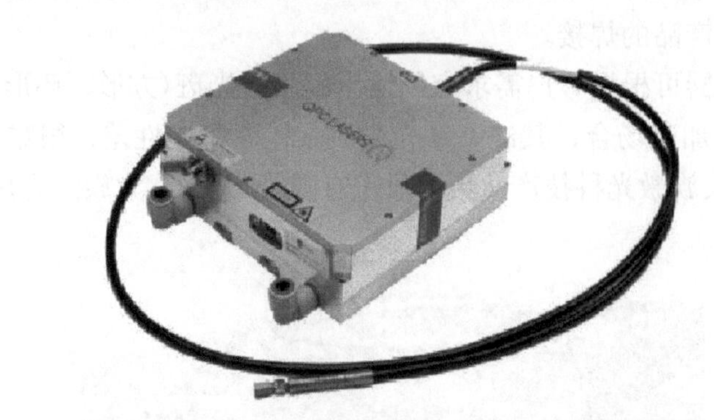

图 2.5　QPC Lasers 公司生产的 1710nm 半导体激光器

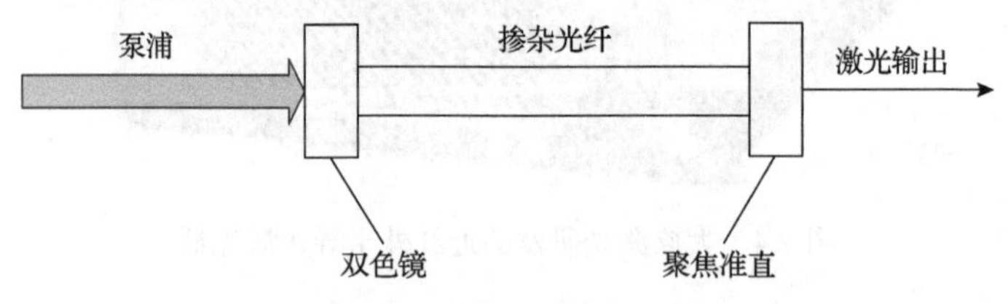

图 2.6　光纤激光器的结构

掺铥光纤激光器可以输出 1900～2050nm 波段范围的激光，透明塑料在这个波段有较好的吸收，可用于焊接厚度为 0.2～5mm 的透明或者白色塑料。掺铥光纤激光器的光束质量好，输出稳定，可以长间距工作。图 2.7 为大族激光焊接光源中心设计的 1940nm 掺铥光纤激光器。

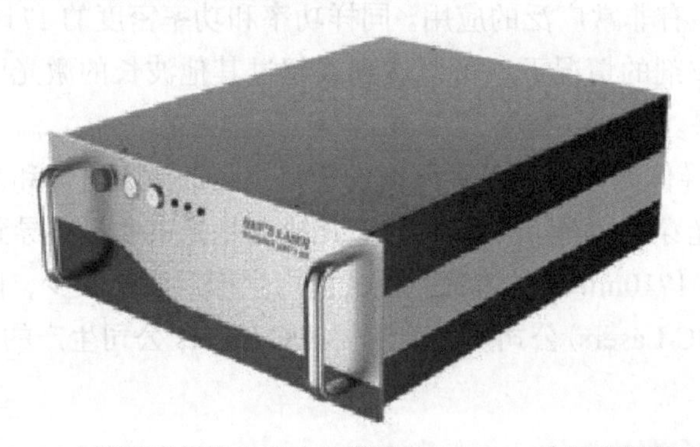

图 2.7　大族激光焊接光源中心设计的 1940nm 掺铥光纤激光器

2.2.4　CO_2 激光器

CO_2 激光器是以 CO_2 气体作为工作物质的气体激光器，放电管通常由玻璃或石英材料制成，里面充有 CO_2 气体和其他辅助气体（主要是氦气和氮气，一般还有少量的氢气或氙气）。CO_2 激光器的结构如图 2.8 所示，其输出波长较长，为 10.6μm，属于远红外波段，一般情况下塑料材料对这一波长的吸收情况较好。目前，CO_2 激光器最大输出功率达 50kW，转换效率约为 10%，最小聚焦直径为 0.2～0.7mm。

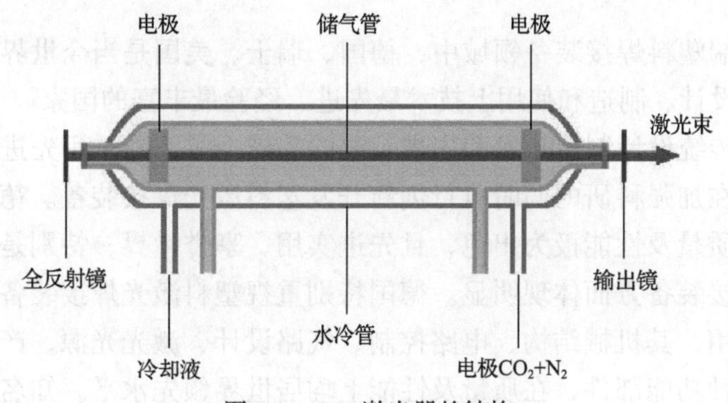

图 2.8　CO_2 激光器的结构

CO_2 激光器具有输出光束的光学质量高、相干性好、线宽窄、工作稳定等优点。由于塑料对长波长激光有较大的吸收率，可以进行高速加工，但是此波长的激光无法透过较厚的塑料作用于焊接部位，所以一般用于薄膜塑料的焊接。图 2.9 为美国 Coherent 公司生产的 CO_2 激光器。

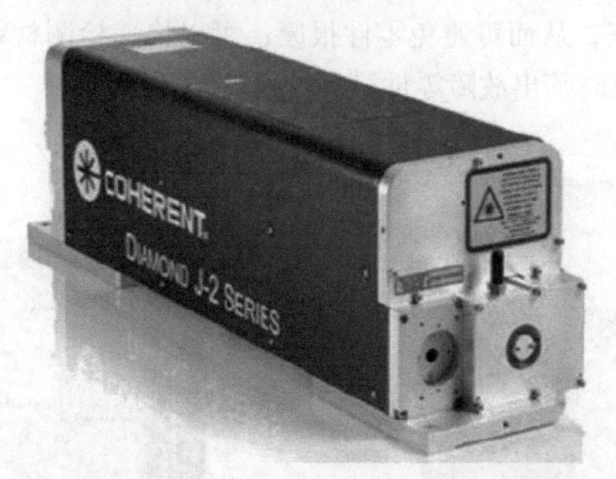

图 2.9　美国 Coherent 公司生产的 CO_2 激光器

2.3　塑料激光焊接装备及系统组成

2.3.1　塑料激光焊接装备发展现状

焊接装备是实现塑料激光焊接工艺所需机器、设备的集合，主要包括激光器、运动系统、控制系统、夹紧装置、冷却系统、过程监控系统及辅助装置等。在焊接过程中，焊接装备可以起到定位焊接材料、检测焊接状态和保障焊接完成等作用。

1. 国外塑料激光焊接装备发展现状

全球高端塑料焊接装备领域中，德国、瑞士、美国是当今世界上在塑料焊接装备科研设计、制造和使用上技术最先进、经验最丰富的国家。

德国在传统设计制造技术和先进工艺的基础上，不断采用先进激光和材料加工技术，在加强科研的同时自行创新开发塑料激光焊接装备。德国的塑料激光焊接设备质量及性能极为出色，且先进实用，享誉世界，特别是在汽车塑料零件激光焊接装备方面体现明显。德国特别重视塑料激光焊接装备主机及配套件的先进实用，其机械结构、电路控制、气路设计、激光光源、产品检测、质量监控等各种功能部件，在质量及性能上均居世界领先水平。知名的塑料机电焊接设备制造商包括乐普科(LPKF)、罗芬(Rofin)和必诺(Bielomatik)等，其中LPKF为全球工业用塑料激光焊接系统领域的领导者，生产的塑料激光焊接装备如图2.10和图2.11所示[41]。它们的设备配备了工艺过程控制功能，以确保焊接过程中焊缝的质量；配备了摄像头、高温温度计、光学传感器等，可以进行熔深监控、温度变化监测、焊缝缺陷检测等。该类设备的优势在于激光在加工过程中可以实时修正，从而可避免零件报废；可以快速检测材料属性的变化，以便从生产过程中及时筛出故障零件。

图2.10 LPKF PowerWeld 3D 8000

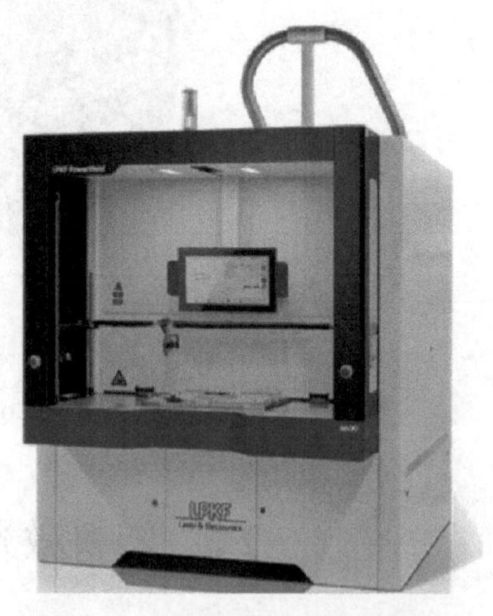

图2.11 LPKF PowerWeld 6600

美国塑料激光焊接装备的研发和制造晚于欧洲，但在高效自动化焊接设备、焊接夹具、激光复合焊接等技术以及工业生产上仍处于世界领先地位。它们的主要消费用户是汽车制造业、航空工业和医疗设备制造业等。美国知名塑料激光焊接装备制造商主要包括 Coherent 公司、杜肯(Dukane)公司等。其中，Coherent 公司是美国仅有几家能制造塑料焊接激光器的公司之一，它以完美的工艺技术以及在此基础上量身定做的焊接解决方案而闻名。该公司开发的 ExactWeld IP 塑料焊接系统(图 2.12)不仅包括高功率半导体激光源、振镜扫描光束传输系统、高精度零件夹具，以及所有相关的控制电子器件和接口软件，还依据生产需求配备了用于传送带、旋转工作台或机械臂零件供应装置的适配器，可实现在生产线中的大批量塑料焊接[48]。Dukane 公司采用超声波、振动摩擦、热板、热铆、红外、旋转摩擦和激光等技术，设计和制造各类标准或非标准的自动化焊接设备，用于热塑性零件的装配。该公司生产的透明塑料激光焊接装备如图 2.13 所示[49]。

图2.12　ExactWeld IP塑料焊接系统　　图2.13　Dukane公司生产的透明塑料激光焊接装备

瑞士装备素以精密闻名世界。瑞士知名度最高的塑料激光焊接装备制造商为 Leister 公司，它是瑞士及世界上较早的塑料焊接装备制造厂之一，至今已有 70 多年的历史。该公司的产品以焊接效率高、精度高、寿命长、操作方便而著称于世，如其生产的大型塑料件焊接系统 MAXI，主要用于大型部件和三维零件的激光焊接，采用滚珠光学系统，提供整机解决方案，如图 2.14 所示。

2. 国内塑料激光焊接装备发展现状

与国外发达国家相比，我国塑料激光焊接装备起步较晚。但是，随着中国制造业加速转型，新能源汽车、航空航天、轨道交通、医疗装备等新兴产业迅

图 2.14 Leister 公司生产的 MAXI 激光塑料焊接系统

速崛起，产品生产制造过程中涉及的塑料激光焊接等智能制造装备将成为塑料激光焊接行业发展的新的增长点。

我国国产的塑料激光焊接装备经过数十年的发展，不断自主研发和汲取国外经验，无论从产品种类、技术水平还是质量和产量上都取得了很大的进步，在一些关键技术方面也取得了重大突破。据统计，目前我国可供市场的塑料激光焊接装备有数十种，几乎覆盖了整个塑料激光焊接装备的品种类别，这标志着我国塑料激光焊接装备已进入快速发展时期。我国产生了如大族激光科技产业集团股份有限公司、上海三束实业有限公司、苏州凯尔博精密机械有限公司、广东顺德华焊机械科技有限公司等一批具有核心设计技术和制造工艺，能够针对自身专注的应用领域和产品类型提供高性能、高品质的高度定制化产品，具有广泛市场影响力和较高品牌价值，发展迅速，具有活力的新型公司。图 2.15 为上海三束实业有限公司生产的塑料激光焊接装备[7]。

国内产品与国外产品在结构上的差别并不大，采用的新技术也相差无几，但在先进技术应用和制造工艺水平上与世界先进国家的产品还有一定差距。新产品开发能力和制造周期还满足不了国内用户需要，焊接精度、焊接工艺、质量控制尚需很大提高，尤其是在与焊接系统相配套的激光器、功能部件、控制软件等方面，还需要境外厂家配套满足。另外，基础技术和关键技术研究还很薄弱，基础开发的理论研究、基础工艺研究和应用软件开发还不能适应塑料焊接技术快速发展的要求。

图2.15　上海三束实业有限公司生产的塑料激光焊接装备

2.3.2　塑料激光焊接系统的组成

塑料激光焊接系统主要由以下几部分组成：激光器、运动系统、控制系统、夹紧装置、冷却系统、过程监控系统及辅助系统等。

1. 激光器

常用的激光器包括 CO_2 激光器、Nd:YAG 激光器、半导体激光器及光纤激光器。因为组成塑料的高分子的吸收带通常位于紫外和远红外区域，所以最初只有 CO_2 激光器用于激光焊接的研究。但是掺杂和添加色素可极大地改变塑料的光学吸收特性，使塑料在可见光和近红外区域的吸收大大增强，由原本激光透明的材料变成激光吸收材料，因此传统的 Nd:YAG 激光器和大功率 GaAs 半导体激光器(800～1000nm)及新型光纤激光器都可以用作激光焊接的光源。虽然塑料激光焊接对光源功率的大小要求不高，但对可控性和易操作性要求较高，因此半导体激光器在塑料焊接中的应用越来越广泛。

2. 运动系统

运动系统主要负责带动焊接头或者产品转动，实现焊接的运动过程。该系统包括驱动系统和精密运动平台等。焊接过程中实现对焊接件和激光头位置的调整和激光束聚焦；在焊接前，精密运动平台将放置好的焊接件移动到指定位置；在焊接时，激光头在驱动系统的操作下沿着设计的焊缝方向移动，完成焊接。

3. 控制系统

控制系统主要完成对运动系统、激光模块、各种精密传感器及冷却系统的控制。该系统一般由工业控制计算机、可编程逻辑控制器(programmable logic controller，PLC)及控制软件组成。工业控制计算机是一种采用总线结构，对生产过程及机电设备、工艺装备进行检测与控制的工具的总称；具有重要的计算机属性和特征，如具有计算机中央处理器(central processing unit，CPU)、硬盘、内存、外设、接口及触摸屏，并有操作系统、控制网络和协议、计算能力、友好的人机界面；可对焊接过程中使用的驱动电机、焊接速度、焊接压力、焊接温度、焊接轨迹、数据参数等进行监测与控制。

4. 夹紧装置

夹紧装置主要用于防止工件在焊接过程中产生位移或振动，并提供一定的夹紧力。该装置主要由动力源装置、导向元件、定位元件及夹具体等组成。

5. 冷却系统

冷却系统主要用于保持激光器、激光焊接头、光路镜片等功能部件的正常工作温度，通常分为风冷和水冷两种类型。风冷是用空气作为媒介冷却需要冷却的物体，通常采用加快单位时间内空气流过物体的速率，用风扇(风机)来加强通风，强化冷却效果。水冷是先向机内水箱注入一定量的水，通过制冷系统将水冷却，再由水泵经输水管将冷却水送入待冷却的设备，冷却水将热量带走后温度升高，后经回水管再回流到水箱，冷却水的循环过程可以达到冷却的作用。

6. 过程监控系统

过程监控系统对焊接过程进行实时监测和反馈，具有快速、可靠和经济有效的特点，可达到减少缺陷、提高质量和降低生产成本的目的，能实时对焊接过程中的温度、压力、熔深、焊缝质量等进行跟踪与监控。常用的过程监测设备有可见光成像、红外成像、红外热像、热测量等设备。塑料激光焊接的质量监控主要通过各种传感器实现，根据不同的激光塑料焊接工艺，可以采用温度传感器、力传感器、位移传感器或者视觉传感器等不同传感器。

在激光透射焊接工艺的可见光成像中，图像分析仪可实现对焊接过程的自动反馈。如果焊接组件的顶部足够透明(透明和半透明聚合物)，可以使用可见光摄影或视频图像来观察正在熔化的激光光束下的聚合物，结合图像处理技术表征焊缝组织和焊缝缺陷。

红外成像使用适应近红外波长光谱的相机，利用焊缝的热辐射波长可以得到焊接区域的热图像。通过红外摄像机研究激光束的热响应及其时间和空间演化，根据聚合物的激光可焊性对其进行分类，并得出合适的焊接参数。红外摄像机也可用于跟踪透明聚合物的透明焊接。图像分析技术通常可以与红外图像结合使用。

红外热像从发射的光谱和辐射强度远距离测量物体的表面温度。红外热像法通常被用于测量激光透射焊接过程中的温度、热影响区大小和追踪温度轮廓，可以实现如下功能：①验证所达到的温度足够高以确保自扩散；②监控聚合物内部的温度保持足够低以防止热降解；③确定受热影响的区域(热影响区(heat affected zone，HAZ))大小。红外热像法可以与数值数据一起成功地用于工艺优化和焊接质量控制。

热测量法是首选的非接触方法，通常使用高温传感器检测反映温度变化的热辐射强度。由于采样速率快、价格便宜、使用简单，具有对中红外光谱区域响应灵敏的光电二极管的高温计被广泛使用。使用前，高温计需要校准，高温计的校准要考虑在透明焊接件的大部分区域内界面对热辐射的吸收。对于激光透射焊接工艺的在线监测，热测量法用于调节激光功率或光束振荡变量，以达到合适的温度范围，满足工艺要求。高温计通常用于监测无吸收剂的激光透射焊接过程，检测到的信号用于调整激光束的聚焦位置，这在无吸收剂焊接中是一种重要的监控方法。

光谱学可用于焊接前和焊接后的评估。紫外-可见-近红外分光光度计(ultraviolet visible near infrared spectrophotometer，UV-vis-NIR)用于研究聚合物在紫外、可见和近红外光谱区域的光谱特性。在使用近红外吸收剂焊接透明聚合物时，光谱可以提供焊接前后接头的有价值信息。在近红外吸收剂涂层沉积前后，可以用光谱法检查近红外吸收剂的位置和数量。由于焊接过程中激光的照射，涂层全部或部分分解成不同吸收指数的材料。傅里叶变换红外光谱(Fourier transform infrared，FTIR)常用来研究激光透射焊接产生的聚合物焊缝处由热降解引起的变化。

视觉传感器主要有可见光视觉探测系统、辅助光源照明视觉探测系统和焊缝跟踪系统。可见光视觉探测系统的有效性强烈依赖于过滤镜片。同时，可见光视觉探测系统得到的匙孔和熔池形状参数的相关信息远比实际尺寸要大。辅助光源照明视觉探测系统主要采用投射高频闪的激光来照射焊接区域进行拍照探测。这一技术可以显著避免焊接区羽状物和弧光的干扰，从而有助于获得熔池、匙孔乃至飞溅等相关的有用信息，在最近几年广泛应用于焊接过程中的动态探测和缺陷识别。

焊缝跟踪系统主要解决激光焊接时微小的偏离都会造成熔深不够或焊接质量不达标等问题，这成为激光焊接过程中的重要一环。通过视觉传感，在工作空间内实时拍摄焊缝的图像，提取出焊缝的中心点与焊接头的距离，传感器会将焊缝的信息上传给智能控制系统，焊缝跟踪系统可以很好地识别焊缝的位置及大小，智能控制系统可以根据信息来调整焊接参数，达到预期的焊接效果，实现高质量焊接。

7. 辅助系统

辅助系统通常包括吹气装置、润滑系统及防护装置等。吹气装置包括喷射头、电磁阀、导气管和压缩气瓶等。润滑系统包括润滑泵、电磁阀和润滑管路等。

2.3.3 典型塑料激光焊接装备

塑料激光焊接装备的分类方式有多种，按照焊接工位可以分为单工位塑料激光焊接装备、双工位塑料激光焊接装备及多工位塑料激光焊接装备；按照运动方式可以分为直角坐标塑料激光焊接装备、多关节机械手塑料激光焊接装备及旋转塑料激光焊接装备；按照焊接头数量可以分为单焊接头塑料激光焊接装备、双焊接头塑料激光焊接装备及多焊接头塑料激光焊接装备；按照焊接原理和方法可以分为轮廓塑料激光焊接装备、准同步塑料激光焊接装备、同步塑料激光焊接装备、掩膜塑料激光焊接装备及滚压塑料激光焊接装备；按照激光器类型不同可以分为气体激光器塑料激光焊接装备、固体激光器塑料激光焊接装备、半导体激光器塑料激光焊接装备及光纤激光器塑料激光焊接装备。

1. 轮廓塑料激光焊接装备

轮廓塑料激光焊接装备是依据预先设定好的焊接轮廓进行扫描焊接，焊接零件的尺寸柔性大，可应用于焊接微流控芯片、汽车车灯、汽车车体零件及太阳能板等。单工位和双工位轮廓塑料激光焊接装备分别如图 2.16(a)和(b)所示，配有实时加热控制单元、温度压力监测单元和位移熔深监测单元。集成式工装的设计，可根据需求进行夹具的快换及工装的选配。

2. 准同步塑料激光焊接装备

在准同步焊接方法中，整个焊缝同时塑化，激光持续提供能量直到达到指定焊接深度，光学扫描仪沿焊缝引导激光束，激光束可在横向和纵向两个方向控制。由于扫描速度快，材料沿整个焊缝熔化，焊接件沿此焊缝几乎同时被焊接。这种技术通常应用于高精密医疗器械、精密传感器、电子元件外壳、汽车电子元件、3C 电子元件等生产过程中。单工位和双工位准同步塑料激光焊接装备分别如图 2.17(a)和(b)所示，配有实时加热控制单元、温度压力监测及位移熔深监测单元。通过应用压力与熔深闭环准同步激光焊接控制系统软件及 PLC 控制方案，以及设计 z 轴滚珠丝杆导轨和电镜扫描系统，可精确实现闭环二维平面激光焊接工艺方案，定性评估焊接工艺结果。高温计控制能可靠识别焊线中的任何异常；扫描装置可编程，使用灵活。

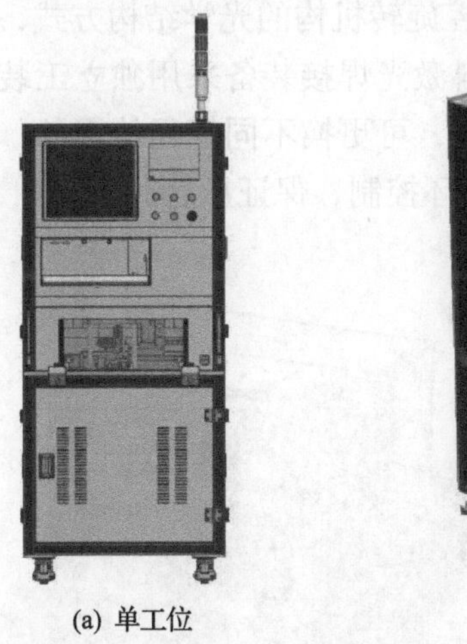

(a) 单工位

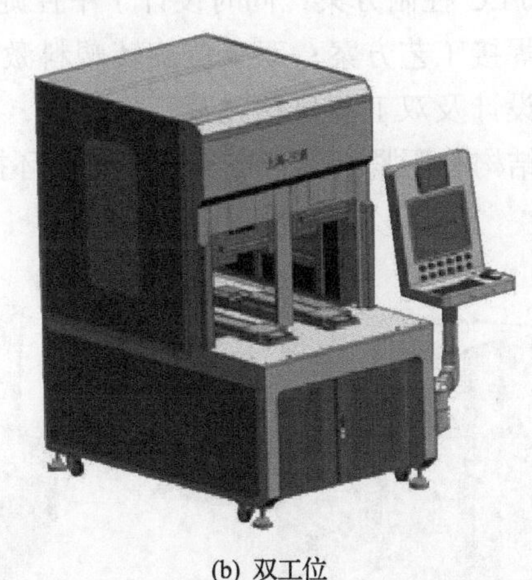

(b) 双工位

图 2.16　轮廓塑料激光焊接装备

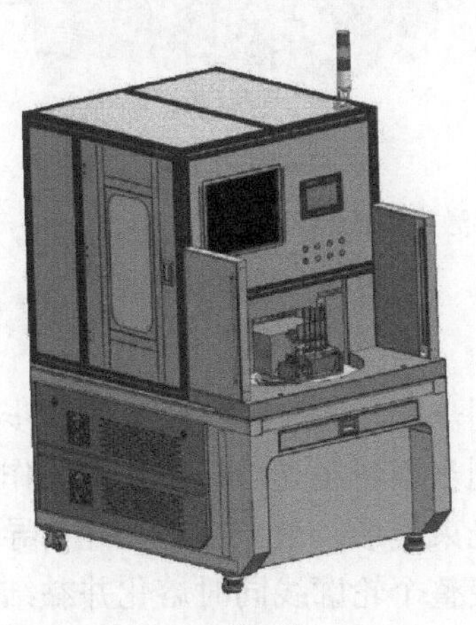

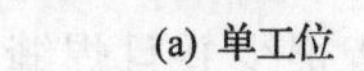

(a) 单工位

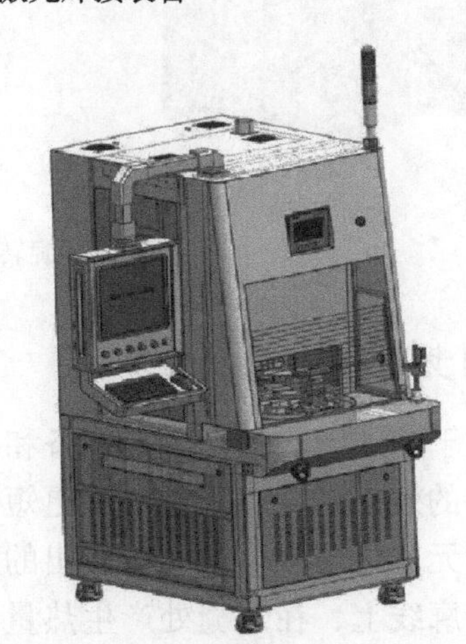

(b) 双工位

图 2.17　准同步塑料激光焊接装备

3. 旋转塑料激光焊接装备

旋转塑料激光焊接装备是针对回转体零件的焊接而开发的，主要应用在医疗管路、汽车管路、服务器管路、电池包冷却管路或回转体接头等零件生产中。在焊接过程中，通常工件轴向旋转多次以均匀加热焊缝，所需夹持力来自工件本身，通过接触面配合产生。如果工件本身无法旋转，可使用围绕固定工件旋转光学元件，或镜子和基于扫描仪的激光头将激光束聚焦到圆周水平焊接平面。单工位和双工位旋转塑料激光焊接装备分别如图 2.18(a)和(b)所示，其中单工位旋转塑料激光焊接装备采用悬臂式导光臂工作方式，应用专用回转体控制系统软件和 PLC 控制方案，同时设计了中控旋转机构的光学结构方式，可实现回转体激光焊接工艺方案；双工位旋转塑料激光焊接装备采用独立工装通用仿形夹嘴治具设计及双工位自动夹紧工作方式，可更换不同管径的零件，设计了专用的光学结构和压紧机构，可实现实时闭环控制，保证压合到位。

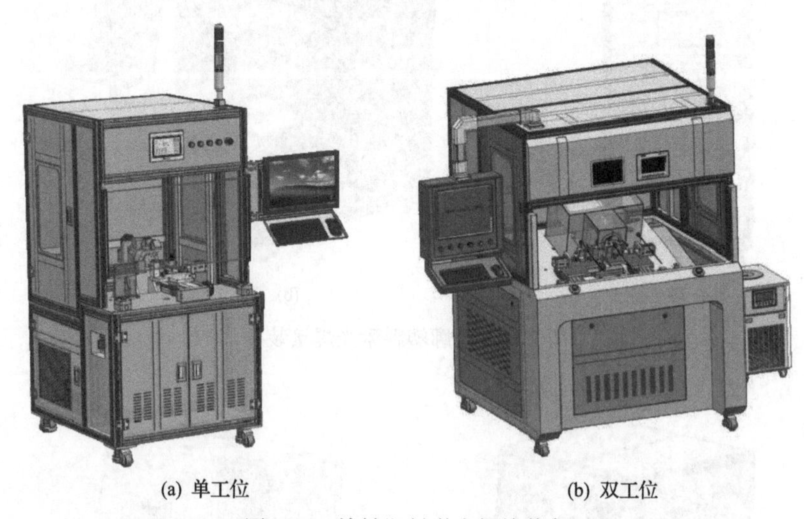

(a) 单工位　　(b) 双工位

图 2.18　旋转塑料激光焊接装备

4. 同步塑料激光焊接装备

相比于轮廓塑料激光焊接装备和准同步塑料激光焊接装备，同步塑料激光焊接装备的效率更高，焊接时间更短。同步塑料激光焊接装备的工作原理是，通过光学元件将由多个激光器发出的激光束整形，激光束被光纤引导到沿着焊接面的轮廓线上，在焊缝处产生热量，使整个轮廓线同时熔化并黏结在一起，从而实现同步激光焊接。这种焊接方式产生的焊渣很少并且焊缝漂亮；而且由于激光焊头众多，焊接周期非常短，可以分段控制以实现更好的焊接过程控制；焊接后应力小，理论上可适用于任何形状、任何尺寸，尤其对车灯产品的适应性强，可以从不同角度焊接；由于有上下焊接夹具的压力，可以有效吸收透明面罩的变形。同步塑料激光焊接装备如图 2.19 所示，采用多束激光排列出焊接筋一样造型的光路，可以达到同时给焊接筋加热的目的。通过上位机控制系统软件和控制器局域网(controller area network，CAN)总线控制方式，实时控制焊接产品的压力与位移，利用压力与位移实时反馈曲线来判别焊接产品的质量。

图 2.19　同步塑料激光焊接装备

第3章　塑料的物理性质及可焊性

塑料由合成树脂及填料、增塑剂、稳定剂、润滑剂、染色料等多种添加剂组成，其中合成树脂的含量占塑料总重量的40%～100%。合成树脂主要是由低分子有机化合物(如乙烯、丙烯、苯乙烯、氯乙烯、乙烯醇等)在一定条件下通过加聚或缩聚反应聚合而成的高分子化合物。合成树脂主要由碳原子和氢原子组成，有的分子结构中含有少量氧、硫、氮原子。塑料的性能由合成树脂和添加剂共同决定，通常合成树脂占主要因素。本章首先按照不同的分类标准介绍塑料及其物理性质；然后根据材料性质重点分析其可焊性，并给出焊接案例。

3.1　塑料的分类

3.1.1　根据应用领域分类

塑料具有密度小、强度高、加工成本低等优点，已广泛应用于电子电气、机械电子、交通运输、航空航天等国民经济的各个领域，其体积消耗量已超过钢、铜、铝等金属材料的总和。根据塑料的使用场合，通常将其分为通用塑料、工程塑料和特种塑料。

1)通用塑料

通用塑料可作为一般非结构性材料使用，其产量大、用途广、成型性好、价格相对低廉、性能一般，因此通用塑料多用于制作日用品，其产量占整个塑料产量的90%以上。常见的通用塑料主要包括聚乙烯(polyethylene，PE)、聚丙烯(PP)、聚氯乙烯(PVC)、聚苯乙烯(polystyrene，PS)、ABS及PMMA。

PE是乙烯经聚合制得的一种热塑性树脂塑料，密度约为0.920g/cm^3；是不透明或半透明、质轻的结晶性塑料，具有优良的耐低温性能(最低使用温度可达–70～–100℃)，其电绝缘性、化学稳定性好，能耐大多数酸碱的侵蚀，但是不耐热；其力学性能一般，耐冲击性好，拉伸强度较低，抗蠕变性不好。依聚合方法、分子量高低和链结构的不同，PE可分为低密度聚乙烯(low density polyethylene，LDPE)、高密度聚乙烯(high density polyethylene，HDPE)和线性低密度聚乙烯(linear low density polyethylene，LLDPE)，三者均可采用注塑、挤塑、吹塑等加工方法成型。具体地，LDPE主要用于生产农膜、工业用包装膜、药品与食品包装薄膜、涂层和合成纸等；HDPE主要用于生产薄膜制品以及工业用的各种大小中空容器、管材、包装用的压延带、电线电缆等；LLDPE 主要用于生产薄膜、日用品、管材、电线电缆等。因此，PE 是工业中产量最高的品种。

PP 是由丙烯聚合而得的热塑性塑料，通常为无色、半透明固体，密度为 0.900～0.919g/cm^3，是最轻的通用塑料，其突出优点是耐腐蚀、耐热性、电绝缘性、高强度力学性能和良好的高耐磨加工性能，缺点是耐低温冲击性差和易老化。由于 PP 价格低廉、综合性能良好且易于加工，广泛应用于纤维制品、医疗器械、机械、化工容器及食品药品包装的生产。例如，在纤维制品方面，可制成工业用布、地毯、服装用布和装饰布，特别是聚丙烯土工布广泛应用于公路、水库建设，对提高工程质量有重要作用；在医疗器械方面，可制成一次性注射器、手术用服装、个人卫生用品等；在汽车部件方面，可制成方向盘、仪表盘、保险杠及汽车内饰件等；在家用电器方面，可制成电视机和收录机外壳、洗衣机内桶等；在日用品方面，可制成家具、餐具、厨房用具、玩具等；在包装方面，可生产各种薄膜用于重包装袋(如粮食、糖、食盐、化肥、合成树脂的包装)。

PVC 是由 PE 单体在引发剂或光、热作用下按自由基聚合反应机理聚合而得的塑料，在室温下耐磨损性能好，有优异的耐化学性和优良的力学性能，电绝缘性和隔热性良好。但是它的抗冲击性能差，对光和热的稳定性差，即在 100℃以上或经长时间阳光暴晒会分解引起物理力学性能迅速下降。因此，在实际应用中必须加入稳定剂以提高 PVC 对热和光的稳定性。另外，当温度降低时，PVC 会迅速变得又硬又脆，严重影响其使用性能，因此通常加入增塑剂，改变其抗冲击强度。由于 PVC 具有成本低、长期稳定性好、阻燃性好和可调节的力学性能(即通过改变增塑剂的含量既可做成柔软材料，也可做成硬质材料)，广泛应用于铁路领域的各种产品，如电缆和电线护套材料、铁路发动机内外部材料等；制成各种薄膜产品，用于建筑的管材、片材和异型材等；制成人造革用于箱包、沙发等家具。

PS 是苯乙烯经聚合反应合成的树脂。由于分子链碳原子上有连续间隔的庞大苯基基团，PS 质地刚硬，抗冲击强度较低，软化温度低(软化温度为 80℃)。PS 分为普通聚苯乙烯、高抗冲聚苯乙烯(high impact polystyrene，HIPS)及发泡聚苯乙烯。普通聚苯乙烯具有透明度高、刚度大、玻璃化转变温度高、电绝缘性能好等优点，但是由于冲击强度低，易出现应力开裂，耐热性差，因此，主要用于制生产文具、灯具、室内外装饰品、化妆品容器等。高抗冲聚苯乙烯为苯乙烯和丁二烯的共聚物，由于丁二烯作为分散相提高了材料的冲击强度，因此该材料的刚度好、着色性好、抗冲击性能好，但是透明性低、耐候性差，主要用于化妆品、日用品、机械仪表和文具包装等包装领域，以及仪表的外壳、电器配件、照明器材、家具、玩具等家用电器领域。发泡聚苯乙烯的材料是苯乙烯在发泡剂的参与下利用悬浮聚合制得的，这种材料可进一步加工制成具有良好的缓冲防震和隔热隔音性能的泡沫塑料，适用于包装和建筑领域。

ABS是丙烯腈、1,3-丁二烯、苯乙烯的三元共聚物。其中，A代表丙烯腈，B代表1,3-丁二烯，S代表苯乙烯。树脂的物理性能可以根据三种成分的比例进行调整：1,3-丁二烯为ABS树脂提供低温延展性和抗冲击性，但是过多的丁二烯会降低树脂的硬度、光泽及流动性；丙烯腈为ABS树脂提供硬度、耐热性、耐酸碱盐等化学腐蚀的性质；苯乙烯为ABS树脂提供硬度、加工的流动性及产品表面的光洁度。该材料具有高强度、低重量，兼有韧、硬、刚的特性，燃烧后塑料软化、烧焦，但无熔融滴落现象。ABS树脂电镀可以在−25～60 ℃的环境下表现正常，而且有很好的成型性，加工出的产品表面光洁，易于染色和电镀，因此，它可以用于家电外壳、玩具等日常用品。另外，ABS树脂可与多种树脂混成共混物产生新性能和新的应用领域，如将ABS树脂和PMMA混合制造出透明ABS树脂。

PMMA又称亚克力或有机玻璃，是单体甲基丙烯酸甲酯通过引发剂过氧化二苯甲酰(dibenzoyl peroxide，BPO)或者偶氮二异丁氰(2-methylpropionitrile，AIBN)进行聚合反应得到。PMMA具有高透光率(达90%～92%)、韧性强(比硅玻璃大10倍以上)、易于成型等优点。PMMA不但能用车床进行切削、钻床进行钻孔等机加工，而且能用丙酮、氯仿等黏成各种形状的器具，也能用吹塑、注射、挤出等塑料成型的方法加工。它是平常经常使用的玻璃替代材料，主要包括：各种家用灯具、汽车尾灯等照明器材，透镜、反射镜等光学玻璃镜片；透明飞机座玻璃、飞机和汽车玻璃等；各种医用、军用、建筑玻璃等，以及假牙和牙托等形形色色的制品。

2) 工程塑料

工程塑料一般指能够承受一定的外力作用，可以作为机械结构性材料的塑料，它具有优异的力学性能、耐高低温性能、电性能、耐热性能、耐化学性能等，可在较宽的温度范围内和较长的时间内良好地保持这种性能，并能在承受机械应力和较为苛刻的化学、物理环境中长期使用。工程塑料被广泛应用于电子电气、汽车、建筑、办公设备、机械、航空航天等行业。常用的工程塑料主要包括聚酰胺(polyamide，PA)、聚碳酸酯(PC)、聚甲醛(polyformaldehyde，POM)、热塑性聚酯、聚苯醚等。

聚酰胺俗称尼龙或锦纶，是分子主链上含有重复酰胺基团—[NHCO]—的热塑性树脂的总称，包括脂肪族、脂肪-芳香族和芳香族，主要品种有尼龙6、尼龙66、尼龙11、尼龙12、尼龙610、尼龙612、尼龙1010、尼龙46、尼龙7、尼龙9、尼龙13，新品种有尼龙6I、尼龙9T和特殊尼龙MXD6(阻隔性树脂)等。

它具有很高的机械强度、软化点高、耐热、摩擦系数低、耐磨损、自润滑性好、吸震性和消音性好、耐油、耐弱酸、耐碱和一般溶剂、电绝缘性好、有自熄性、耐候性好等特点。但是尼龙的吸水性强，会影响产品的尺寸稳定性和电性能。纤维增强可降低树脂吸水率，使产品能在高温、高湿下工作。尼龙制成的合成纤维，常称为锦纶，是世界上出现的第一种合成纤维，可用于制作衣服、医用缝线、传送带等。此外，尼龙还可用于高压开关外壳、继电器外壳和接线端子等电子电气领域，汽车内饰、仪表盘、控制台等汽车行业，燃油和压缩空气过滤器、阀门零件、计量设备以及轴承、齿轮、曲柄等传动结构件等机械领域。

PC 是分子链中含有碳酸酯基的无定形高分子聚合物，根据酯基的结构可分为脂肪族、芳香族、脂肪族-芳香族等多种类型。PC 具有很好的光学透明性，很高的韧性、阻燃性、抗氧化性，低于 100℃时在负载下的蠕变率很低，但是其耐水解稳定性差、对缺口敏感、不耐有机化学品和刮痕。PC 可用于建材行业，代替传统无机玻璃；可用于汽车制造业，加工天窗、照明系统、仪表盘及保险杠等；可用于加工眼镜、显微镜、各种棱镜等光学透镜；可用于生产光盘等信息存储介质；可用于生产人工血液透析设备、血液采集器、注射器、外壳手术面罩等医疗设备；可用于手机外壳、笔记本电脑外壳、充电器外壳等电子电器的制作。

聚甲醛又称缩醛树脂、聚氧化亚甲基、聚缩醛，也称为“超钢”或者“赛钢”。聚甲醛很易结晶，结晶度达 70%以上，聚甲醛的高结晶度导致其收缩率高达 2%～3.5%。聚甲醛具有高的力学性能，如强度、模量、耐磨性、韧性、耐疲劳性和抗蠕变性、尺寸稳定性、自润滑性，在很宽的温度和湿度规模内都具有很好的自光滑性，吸水性小，优良的电绝缘性、耐溶剂性和可加工性，但是不耐酸、不耐强碱和不耐太阳光和紫外线的辐射。聚甲醛可用于制造齿轮、精密计量阀、汽车内外部把手、曲柄等车窗转动机械，以及各种滑动、转动机械零件；还可用于制造油泵轴承座和叶轮燃气开关阀、电子开关零件、电风扇零件等，各种管道和农业喷灌系统以及阀门、喷头、水龙头、洗浴盆等零件，冲浪板、帆船及各种雪橇零件等运动器械，手表微型齿轮、体育用设备的框架辅件和背包用各种环扣等，以及医疗器械中的心脏起搏器、顶椎、假肢等。

聚对苯二甲酸丁二醇酯(polybutylene terephthalate，PBT)又称聚四亚甲基对苯二甲酸酯，是通过对苯二甲酸和 1,4-丁二醇缩聚制成的乳白色半透明到不透明、半结晶态热塑性聚酯。PBT 具有高耐热性，可以在 140℃下长期工作，其韧性、耐疲劳性良好，且具有自润滑、低摩擦系数的特点，但是不耐强酸、强碱，能耐有机溶剂，可燃，高温下分解。聚对苯二甲酸丁二醇酯可用于制造车门拉手、灯、开关、线束连接器、刮雨器部件、驱动部件等汽车零件，连接器、电话、吹风机、冷却扇、荧光灯头、插座、键盘、复印机部件等电气和电子零件，以及医疗部件、精密机械部件、渔具、滑雪用品等。

3) 特种塑料

特种塑料也称为高性能聚合物，一般是指具有特种功能、可用于航空航天等特殊应用领域的塑料。与通用塑料相比，特种塑料的性能更加优异、独特，且能长期在200℃以上高温环境服役。常见的特种塑料有聚砜(polysulfone，PSF)、聚苯硫醚(polyphenylene sulfide，PPS)、聚酰亚胺(polyimide，PI)、聚醚醚酮(poly(ether-ether ketone)，PEEK)等。

聚砜是分子主链中含有砜基(—SO_2—)和亚芳基的热塑性树脂，是透明或半透明的塑料，力学性能优异，刚性大，耐磨，强度高，即使在高温下也能保持优良的力学性能是其突出的优点，长期使用温度为160℃，短期使用温度为190℃，热稳定性好，耐水解，尺寸稳定性好，成型收缩率小，耐辐射，耐燃，有熄性，在宽广的温度和频率范围内有优良的电性能。此外，聚砜具有较好的化学稳定性，除浓硝酸、浓硫酸、卤代烃外，能耐一般酸、碱、盐，在酮、酯中溶胀。但是聚砜耐紫外线和耐候性较差，耐疲劳强度差。聚砜可用于制造集成线路板、线圈管架、接触器、电容薄膜等电子电器，微波烤炉设备、咖啡加热器、吹风机和食品分配器等家用电器，也可代替有色金属用于制造钟表、照相机等精密结构件，还可用于制造手术工具盘、流体控制器、防毒面具、牙托等，以及泵外罩、耐酸喷嘴、阀门容器等化工设备。

聚苯硫醚，又称聚次苯基硫醚，是分子主链中带有苯硫基的一种结晶性的聚合物。聚苯硫醚具有良好的耐热性能，热变形温度一般高于260℃，可在180～220℃温度范围使用，是工程塑料中耐热性最好的品种之一。聚苯硫醚的耐腐蚀性接近四氟乙烯，抗化学性仅次于聚四氟乙烯，电性能和力学性能优异，阻燃性能好，蠕变量和吸水率低，有极好的尺寸稳定性，但是聚苯硫醚价格昂贵、韧性差，因此在实际应用中经过填充、改性后用作特种工程塑料。聚苯硫醚可用于制造电视机、计算机上的高压元件、插座、接线柱，电动机的起动线圈、叶片，电刷托架及转子绝缘部件；也可用于排气装置、排气调节阀、灯光反射器、轴承、传感部件等汽车工业领域；还可用于轴承、泵、精密齿轮、复印机、计算机的零件等机械工业领域，以及汽车零件、防腐涂层、电气绝缘材料等工程领域；有时也可用作冶炼、垃圾焚烧炉、燃煤锅炉等高温恶劣工况条件下的纤维滤料。

聚酰亚胺是指主链上含有酰亚胺环(—CO—NR—CO—)的一类聚合物。聚酰亚胺是综合性能最佳的有机高分子材料之一，可耐高温，如由均苯四甲酸二酐和对苯二胺合成的聚酰亚胺的热分解温度高达 600℃；可耐极低温，如在–269℃的液态氮中不会脆裂，有很高的耐辐照性能、良好的介电性能和生物相容性，优良的力学性能及耐化学腐蚀。聚酰亚胺可以制成薄膜作为电机的槽绝缘材料和电缆绕包材料；也可以制成耐高温涂料；也可以加工成先进复合材料用于制造航天/航空器及火箭部件；也可以制成纤维作为高温介质及放射性物质的过滤材料和防弹、防火织物；也可以制成泡沫塑料用作耐高温隔热材料；还可以制成工程塑料用于机械部件的润滑、密封和绝缘。

聚醚醚酮是在主链结构中含有一个酮键和两个醚键的重复单元所构成的高聚物，是一类半结晶高分子材料。聚醚醚酮性能优异，机械强度高，耐高温，耐冲击，阻燃，耐磨，耐疲劳，负载热变形温度高达 316℃，瞬时使用温度可达 300℃；尺寸稳定性好，热膨胀系数和收缩率小，耐热水解特性突出，即在高温高湿环境下吸水性很低；耐辐照，有良好的电性能，耐化学药品腐蚀等。聚醚醚酮是至今最热门的高性能工程塑料之一，可与玻璃纤维或碳纤维(carbon fiber, CF)复合制备增强材料，加工成各种高精度的飞机零件和飞机内、外部件及火箭发动机的许多零件，用于航空航天领域；可以替代金属(包括不锈钢、钛)制造发动机内罩、汽车轴承传动、涡轮压缩机和制动片等，使汽车制造实现轻量化等；可用于制造灭菌要求高和需反复使用的手术及牙科设备、需高温蒸汽消毒的各种医疗器械以及人体骨骼等医疗器械。

表 3.1 列举了目前广泛使用的塑料的英文缩写、中文全称及英文全称。

表 3.1　常用高分子材料缩写对照表

英文缩写	中文全称	英文全称
ABS	丙烯腈-丁二烯-苯乙烯共聚物	acrylonitrile butadiene styrene
CA	醋酸纤维素	cellulose acetate
CMC	羧甲基纤维素	carboxymethyl cellulose
CN	硝酸纤维素	cellulose nitrate
COC	环烯烃共聚物	cyclic olefin copolymer
EP	环氧树脂	epoxy resin
HDPE	高密度聚乙烯	high density polyethylene
LDPE	低密度聚乙烯	low density polyethylene
IPS	耐冲击聚苯乙烯	impact-resistant polystyrene
PA	聚酰胺(尼龙)	polyamide (nylon)
PA6	尼龙 6	nylon-6
PA6GF	添加玻璃纤维的尼龙 6	nylon-6/glass fiber

续表

英文缩写	中文全称	英文全称
PA66	尼龙 66	nylon-66
PA12	尼龙 12	nylon-12
PAEK	聚芳醚酮	polyaryle ether ketones
PBT	聚对苯二甲酸丁二醇酯	polybutylene terephthalate
PC	聚碳酸酯	Polycarbonate
PE	聚乙烯	Polyethylene
PEEK	聚醚醚酮	poly（ether-ether-ketone）
PEI	聚醚酰亚胺	polyetherimide
PET	聚对苯二甲酸乙二醇酯	polyethylene terephthalate
PF	酚醛树脂	phenol-formaldehyde resin
PI	聚酰亚胺	polyimide
PLLA	聚（L-乳酸）	poly（L-lactic acid）
PMMA	聚甲基丙烯酸甲酯	polymethyl methacrylate
POM	聚甲醛	polyformaldehyde，polyacetal
PP	聚丙烯	polypropylene
PPO	聚苯醚	polyphenylene oxide
PPS	聚苯硫醚	polyphenylene sulfide
PS	聚苯乙烯	polystyrene
PTFE	聚四氟乙烯	poly-tetra-fluoroethylene
PU	聚氨酯	polyurethane
PVAL	聚乙烯醇	polyvinyl alcohol
PVC	聚氯乙烯	polyvinyl chloride
PVDF	聚偏二氟乙烯	polyvinylidene fluoride
TPU	热塑性聚氨酯	thermoplastic urethane

3.1.2 根据受热性质分类

根据塑料受热是否发生软化，塑料一般分为热塑性塑料和热固性塑料。

热塑性塑料在特定的温度范围内，能够被反复加热软化和冷却变硬，如聚乙烯、聚丙烯、聚甲醛、PC、聚氯乙烯、尼龙、PMMA 等。

热固性塑料在加热时，其分子链发生交联固化，其特点是仅能一次加热，即再次受热不再具有可塑性且不能再回收利用。常见的热固性塑料主要包括酚醛树脂、环氧树脂、氨基树脂、聚氨酯、发泡聚苯乙烯等。

热塑性塑料可以回收利用，因此使用热塑性塑料代替热固性塑料是现在解决塑料污染的一个重要途径。例如，在汽车、航空航天等领域，可使用碳纤维增强热塑性塑料替代传统的碳纤维增强热固性塑料。根据激光焊接塑料的原理，本书主要介绍热塑性塑料。

3.1.3　根据凝聚态结构分类

塑料的凝聚态结构主要包括非晶态、结晶态、液晶态、取向态和织态等结构。非晶态塑料中分子链的构象与在溶液中一样，呈无规则线团状，即分子链之间是任意相互贯穿和无规则缠结的，链段的堆砌不存在任何有序的结构，因此，非晶态塑料又称无定形塑料。通常，非晶态塑料是透明的，且具有各向同性。常见的无定形塑料主要包括 PC、PMMA、ABS、聚苯乙烯、乙烯-醋酸乙烯共聚物。

结晶态塑料中分子链部分规则排列，形成结晶区域。结晶区域的形成与分子链结构(对称性、有无支链、侧基体积、分子间作用力)、温度、压力及成核剂等因素有关。需要说明的是，在结晶态塑料中仍存在非晶区域，即不存在完全结晶的塑料。其中，结晶区域的比例称为结晶度。一般而言，结晶度越高，材料的强度越高，但是韧性和延展性越低，透光性越低，耐溶剂性和耐渗透性越高。常见的结晶态塑料有聚乙烯、聚丙烯、聚甲醛、聚氯乙烯、尼龙、聚醚醚酮。

物质在熔融状态或在溶液状态下具有液态物质的流动性，但在材料内部仍然保留有分子排列的一维或二维有序结构，在物理性质上表现出各向异性。这种兼有晶体和液体部分性质的状态称为液晶态，处于这种状态下的物质称为液晶。液晶态塑料作为一种新型高性能特种工程塑料在电子工业等领域被广泛研究，应用领域主要有高频高速电路板、手机天线、5G 基站天线振子等。取向态是指细长的高分子链在外场作用下以某种方式沿外场方向做某种程度的平行排列，分为固态拉伸取向和高分子熔融加工过程中的剪切液态取向。织态是描述不同聚合物分子链间或者聚合物与添加剂分子之间通过物理缠绕、扭结、贯穿或者化学偶联等作用而形成的特殊凝聚态类型。

由于液晶态、取向态及织态结构较复杂，目前激光焊接塑料主要研究非晶态塑料和结晶态塑料。

3.1.4　根据透光性分类

材料的透光性与树脂组成、聚集态结构(结晶或者无定形)、样品厚度和激光波长有关。本节主要考虑树脂的影响。一般而言，透明材料要求在波长 400～800nm 内可见光的透光率达 80%以上；半透明材料在波长 400～800nm 内可见光的透光率为50%～80%;不透明材料在波长400～800nm内可见光的透光率在50%以下。

常见的透明材料有PC、PMMA、ABS、聚苯乙烯、乙烯-醋酸乙烯共聚物、聚对苯二甲酸乙二醇酯(PET)、4-环己烷二甲醇等；半透明材料有聚丙烯、聚乙烯、尼龙、聚乙烯缩丁醛；不透明材料有聚甲醛、聚苯醚等。

3.2 塑料的物理性能及表征

塑料的物理性能不仅决定其使用性能，还通过影响焊接加工性能进而影响激光焊接塑料的质量。塑料的物理性能主要包括密度、光学性质、力学性能、热性能及流动能力等。以下分别介绍常见塑料的物理性能及其表征方法。

3.2.1 密度

密度是特定体积内物体质量的度量。密度等于在一定的温度下，物体的质量除以体积，单位为g/cm^3。常用液体浮力法利用天平进行测定。常见塑料的密度如表3.2所示，从表中可以看出塑料的密度范围主要集中在1.0～1.5g/cm^3，远小于陶瓷和金属的密度。因此，发展轻质高强的塑料材料对汽车减重及能源减排具有重要意义。

表3.2 常见塑料的密度

塑料	密度/(g/cm^3)	塑料	密度/(g/cm^3)
PC	1.150～1.200	HDPE	0.940～0.970
PMMA	1.150～1.250	LDPE	0.917～0.940
PSF	1.240～1.250	PA6	1.120～1.140
PS	1.040～1.050	PA11	1.020～1.030
SAN	1.060～1.100	PEEK	1.260～1.320
PVC	1.350～1.70	PBT	1.300～1.400
ABS	1.020～1.210	PP	0.90～0.91
PEI	1.27～1.30	PTFE	2.1～2.2
POM	1.41～1.42		

注：SAN指苯乙烯丙烯腈(sfyrene acrylonitrile)。

3.2.2 光学性质

塑料的光学性质主要通过透光率来表征。如图3.1所示，光照在物体表面上会发生一定的反射、吸收和透过，三者之间满足如下关系：

$$R + A + T = 1 \tag{3.1}$$

式中，R 为被物体反射的光的比例；A 为被吸收的光的比例；T 为透过物体的光的比例。

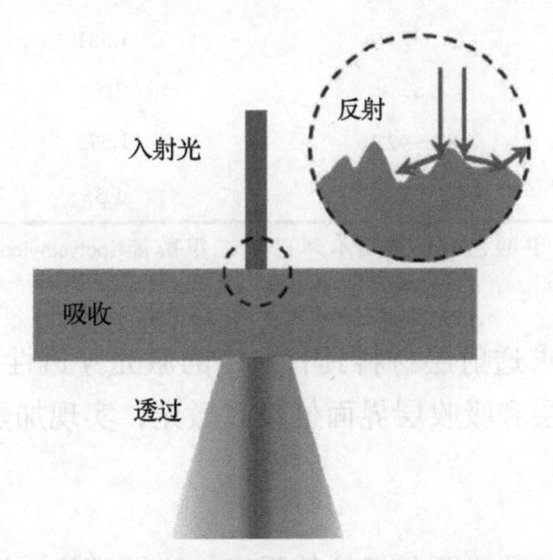

图 3.1　激光与物体作用关系示意图

透过又分为直接透过和散射透过。图 3.2 为透过率测量示意图。直接透过率又称透光度，是指透过物体的光通量和射到物体上的光通量之比。散射透过率又称雾度或者浑浊度，是指在入射光方向上的散射光与所有透射光之比。透过率相同的情况下，雾度越大，表明薄膜光泽及透明度尤其是成像度越小。通常采用紫外分光光度计测定塑料的光学性质。表 3.3 列出了常见塑料的透光度、折射率及雾度。

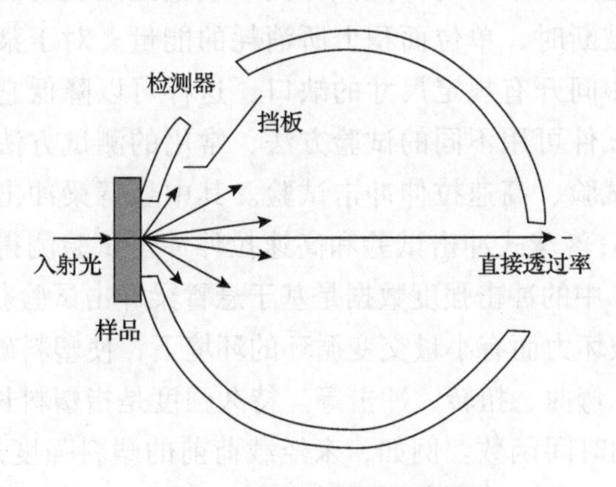

图 3.2　透过率测量示意图

表 3.3 常见塑料的透过率[50]

无定形塑料	透光度/%	折射率	雾度/%
PC	86～91	1.584～1.586	0.2～2.7
PMMA	89～92	1.49	0.1～2.6
PS	88～90	1.6	0.3～1.1
PVC	97	1.381	2.5
ABS	86	1.52	3
PET	87～92.1	1.575	0.2～5.1
PETG	92	1.55	0.7

注：PETG 指聚对苯二甲酸乙二醇酯-1,4-环己烷二甲醇酯（polyethylene terephthalateco-1,4-cylclohexylenedimethylene terephthalate）。

激光透射焊接要求透射层材料具有一定的激光穿透性，吸收层具有非透明性，因此可以在透射层和吸收层界面处吸收激光，实现加热。

3.2.3 力学性能

塑料的力学性能参数主要包括拉伸强度、弹性模量、压缩强度、弯曲强度、弯曲模量、冲击强度、摩擦系数、硬度、疲劳强度、蠕变，主要通过拉伸、压缩、弯曲、冲击测试等进行测量。

拉伸强度是指在规定的试验温度、湿度和拉伸速度下，沿试样的纵轴方向施加拉伸载荷，测定试样破坏时的最大载荷，可以得到应力与应变曲线。压缩强度是指在试样上施加压缩载荷至破裂(对脆性材料而言)或产生屈服强度(对非脆性材料而言)。弯曲强度通常采用三点弯曲法进行测试，是指试样在两个支点上，施加集中载荷，使试样变形或直至破裂时的强度。冲击强度是指试样受冲击破断时，单位面积上所消耗的能量。对于某些冲击强度高的塑料，常在试样中间开有规定尺寸的缺口，这样可以降低它在破断时所需要的能量。不同的试件可用不同的试验方法，常用的测试方法有悬臂梁冲击试验、落球式冲击试验、高速拉伸冲击试验。其中悬臂梁冲击试验测得的冲击强度的单位为 J/m；落球式冲击试验和高速拉伸冲击试验测得的冲击强度的单位为 J/m^2。表 3.4 中的冲击强度数据是基于悬臂梁冲击试验获得的。疲劳强度是指在一个静态破坏力而有小量交变循环的环境下，使塑料破坏的强度。疲劳载荷来源有拉压、弯曲、扭转、冲击等。持久强度是指塑料长时间经受静载荷的能力由高而低的时间函数。例如，未经载荷前的塑料强度是 1000h，而经载荷后可能只有之前的 50%～70%。

表 3.4 常见塑料的力学性能[51]

塑料	拉伸强度 /MPa	弹性模量 /MPa	断裂伸长率 /%	弯曲强度 /MPa	弯曲模量 /MPa	硬度	冲击强度 /(J/cm)
HDPE	27.57904	—	600	—	1378.952	Shore D69	—
HIPS	24.13166	1861.585	52	48.26332	2137.376	M75	1.4946036
LDPE	9.652664	—	500	—	206.8428	Shore D55	—
nylon	85.49502	3240.537	90	117.2109	2826.852	M85，R121，Shore D80	0.6405444
PBT	59.91546	2868.22	300	82.73712	2275.271	M72	0.8006805
PEEK	96.52664	3378.432	60	169.6111	4067.908	M105，R126，Shore D85	0.8540592
PET	79.28974	2757.904	70	103.4214	2757.904	M93，R125，Shore D87	0.3736509
PETG	53.08965	2206.323	210	77.22131	2137.376	R115	0.9074379
PC	65.50022	2378.692	135	93.07926	2378.692	M70，R118，Shore D80	6.405444
polyester film	—	—	—	—	—	1.5	—
PPS	86.1845	3309.485	4	144.79	4136.856	M95，R125，Shore D85	0.2668935
PSU	70.32655	2482.114	50～100	106.1793	2688.956	M75，R125，Shore D80	0.6939231
PTFE	—	—	100～200	—	496.4227	Shore D55	1.8682545
PVC	51.7107	2833.746	—	88.25293	3316.38	R115，Shore D89	0.533787
PVDF	53.77913	2413.166	35	74.11867	2137.376	M75，R84，Shore D77	1.601361

注：“—”指数据未测得；polyester film 指聚酯胶片。

蠕变又称潜变，是指在一定的温度、湿度条件下，塑料在应力持续作用下随时间变化所表现出的特征，按来源分为拉伸蠕变、压缩蠕变、弯曲蠕变等。这种变形的特征与材料性质、加载时间、加载温度和加载结构应力有关，主要取决于加载结构应力和加载时间。值得注意的是，蠕变通常是应力小于材料的屈服强度而长时间作用的结果。蠕变的变形可能很大，会造成一些部件失效。当材料长时间处于高温或者在熔点附近时，蠕变会更加剧烈。蠕变速率常常随着温度升高而增大。目前蠕变测试主要研究原始材料，对于塑料焊接接头的蠕变性能研究较少。

塑料硬度是指塑料抵抗其他硬物压入的性能，通用的有洛氏硬度(HRC)和邵氏硬度两种。邵氏硬度是指在规定的压力、时间下计算压痕器的压针所压入的深度。邵氏压痕器可分为 A 型和 D 型两类，其施加负荷质量分别为 1.0kg 和 5.0kg，压下时间为 15s。A 型适用于软质塑料，D 型适用于半硬质塑料；当用 A 型测出超过 95%量程时，应改用 D 型测量，当 D 型测出超过 95%量程时，则需要改用洛氏硬度计。洛氏硬度计通过测量压头在大载荷下的穿透深度与预载荷产生的压痕相比来确定硬度，结果是一个无量纲数。压头可以是金刚石尖端、钢或碳化钨球。塑料工业中使用的洛氏测试标准是 ASTM D785 和 ISO 2039-2。洛氏硬度标尺 HRE、HRM 和 HRR 通常用于测试较硬的塑料(PA、PC、PS)；而邵氏 A 和邵氏 D 硬度标尺，通常首选用于测试橡胶/弹性体和较软的塑料(PP、PE、PVC)。

表 3.4 列出了常见塑料的力学性能。目前，塑料焊接主要研究剪切性能，对于其他性能研究仍较少，因此本书主要介绍其力学剪切性能方面的研究成果。焊接接头的剪切强度测试原理如图 3.3 所示，图中垫片是为了使焊缝处因拉伸产生的弯矩最小化。

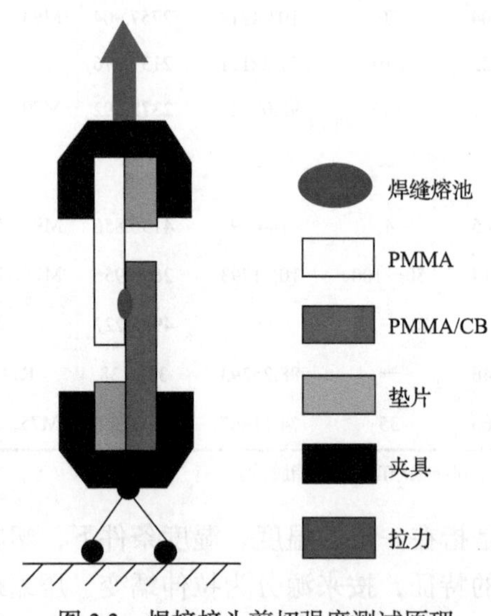

图 3.3 焊接接头剪切强度测试原理

3.2.4 热性能

激光焊接塑料的质量与焊接塑料的热性能密切相关：①焊接材料的不同相变温度(如熔融温度(melt temperature，T_m)、玻璃化转变温度(glass transition temperature，T_g))；②热稳定性相关的温度(如热分解温度(thermal decomposition temperature，T_d))；③与传热相关的热性能参数(如比热容、热导率、热容)。因为材料的结晶性质不同，其加热过程中发生的变化也不同，因此本节从相变温度、热分解温度和传热温度出发，分别介绍非晶态塑料和结晶态塑料的热性能。

1. 相变温度

无定形塑料的玻璃化转变温度和黏流温度(viscous flow temperature，T_f)是两个重要的温度指标。如图 3.4 所示，当温度低于玻璃化转变温度时，塑料处于玻璃态，此时塑料内分子运动能量较低，链节运动困难，即链节处于冻结状态。玻璃态塑料的性质呈刚性固体状，试样的模量较大；受外力作用后发生的形变很小，且与受力大小成正比，当外力去除后能立刻回复。当温度进一步升高，大于玻璃化转变温度时，分子热运动能量增加，可以克服内旋转的位垒，分子通过链段的内旋转不断改变构象，此时链段可以发生运动，即塑料进入高弹态。在高弹态下，链段可以运动以适应外力作用，因此模量降低，形变增加。温度继续升高($T>T_f$)，试样在外力作用下可以发生黏性流动，即进入黏流态。相应地，此时试样的模量急剧下降，形变大幅增加，且不再能自发回复。因为这类高聚物材料只有发生黏性流动时，才可能随意改变其形状，所以黏流温度是这类高聚物成型加工的最低温度。黏流温度的高低，对高聚物材料的成型加工有很重要的意义。黏流温度越高，加工难度越大。一般可以采用差示热量扫描(differential scanning calorimetry，DSC)法或者动态热机械分析法测量塑料的玻璃化转变温度，采用热-机械曲线或者差热分析等方法测定黏流温度。

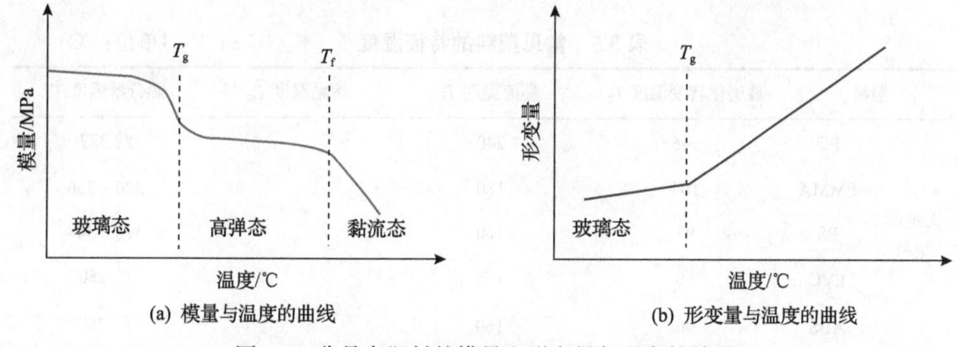

图 3.4　非晶态塑料的模量和形变量与温度的关系

熔融温度是结晶态塑料的重要温度参数。与低分子相似，都是一个相转变的过程，但是小分子材料的温度变化范围很窄，一般只有 0.5℃左右，而塑料的熔融温度较宽(通常为 10～20℃)。如图 3.5 所示，当温度低于熔融温度时，材料处于固体状态；在熔融温度范围区间内，结晶态塑料发生边熔融边升温的现象，这主要是结晶态聚合物中含有结晶程度不相同的晶体；在温度高于熔融温度时，结晶态材料完全转变为熔融态，此时模量降低，形变程度最大。熔融温度与分子间作用力，分子链的刚性、规整性等因素有关。一般而言，含有极性基团或者形成氢键、分子链刚性大、分子链规整性高会增加熔融温度。可以采用差示热量扫描法或者动态热机械分析法测量塑料的熔融温度。

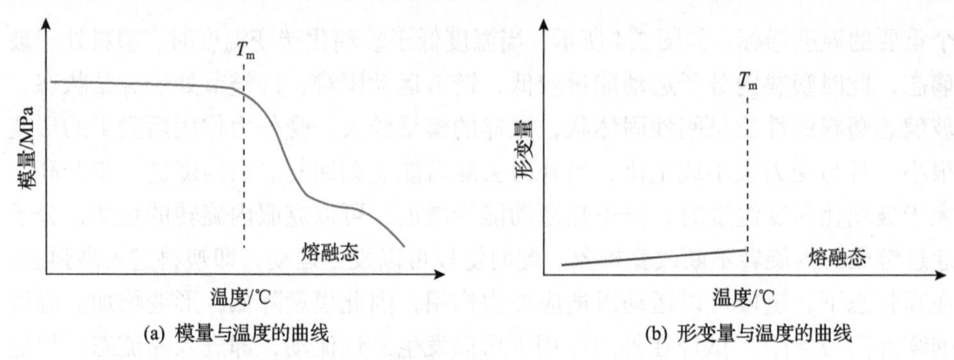

图 3.5　结晶态塑料的模量和形变量与温度的关系

2. 热分解温度

当温度进一步升高时，塑料内的分子链发生降解，该温度称为热分解温度。当熔料温度超过热分解温度时，大部分塑料会发黄且制品的强度会大大降低。因此，在大多数加工过程中都应当避免材料发生分解。一般采用热重分析仪测量材料的热分解温度。表 3.5 列出了常见塑料的特征温度。

表 3.5　常见塑料的特征温度　（单位：℃）

塑料		玻璃化转变温度 T_g	黏流温度 T_f	熔融温度 T_m	热分解温度 T_d
无定形塑料	PC	145	240		约 327
	PMMA	104	180		226～256
	PS	97	160		318～348
	PVC	80	175		约 250
	ABS	90	160		约 250
结晶态塑料	HDPE			130～146	360～390
	PA6			220	约 327
	PEEK			340	—
	PP			160～208	336～366
	PTFE			327	424～513
	POM			175	270

3. 传热温度

热容(heat capacity，符号为 C)是物质在一定条件下温度升高 1℃所需要的热量，用以衡量物质所包含热量的物理量，单位是 J/K 或 J/℃。热容不仅与物质属性有关，还与物质的量有关。因此，比热容和摩尔热容使用更为广泛。

比热容是指单位质量的某种物质升高或下降单位温度所吸收或放出的热量，定义如式(3.2)所示。其国际单位制中的单位是 J/(kg·K)，表示物体吸热或散热能力，比热容越大，物体的吸热或散热能力越强。

$$c = \frac{Q}{m\Delta T} \tag{3.2}$$

式中，Q 为能量，J；m 为质量，kg；ΔT 为温度变化量，K。

摩尔热容，通常指摩尔定压热容(molar heat capacity at constant pressure)，是指单位摩尔的某种物质升高或下降单位温度所吸收或放出的热量，定义如式(3.3)所示。其国际单位制中的单位是 J/(mol·K)，表示物体吸热或散热能力，摩尔热容越高，物体的吸热或散热能力越强。

$$c = \frac{Q}{n\Delta T} \tag{3.3}$$

式中，Q 为能量，J；n 为摩尔数，mol；ΔT 为温度变化量，K。

热导率(thermal conductivity，符号为 λ)描述材料传递热量的能力，是指某一单位面积和厚度的塑料所能通过的热量单位，单位为 W/(m·K)。

$$\lambda = \frac{Qd}{S\Delta T} \tag{3.4}$$

式中，Q 为能量，J；d 为材料厚度，m；S 为材料面积，m^2；ΔT 为温度变化量，K。

常见塑料的比热容、热导率和线膨胀系数见表 3.6。从表中可以看出，塑料的热导率很小，一般为 0.1W/(m·K)，仅为钢材的百分之一左右，因此可认为塑料是良好的绝热材料。

表 3.6　常见塑料的比热容、热导率和线膨胀系数[52,53]

塑料	比热容/(kJ/(kg·K))	热导率/(W/(m·K))	线膨胀系数
PC	1.2～1.3	0.19～0.22	65～70
PMMA	0.62	0.167～0.25	40～90
HIPS	1.4	0.15	70
PVC	0.88	0.12～0.25	54～110
ABS	1.6～2.13	0.14～0.21	72～108
HDPE	2.25	0.45～0.52	108～200
PA6	1.590	0.24～0.3	80
PEEK	0.32	0.25	20～50
PP	1.7	0.1～0.22	72～90

续表

塑料	比热容/(kJ/(kg·K))	热导率/(W/(m·K))	线膨胀系数
PTFE	1.5	0.25	112～135
POM	1.47	0.31	110
LDPE	2.6	0.33	200
PVDF	1.2～1.6	0.165	128～140
PET	1.25	0.15～0.4	70.2

热膨胀系数(thermal expansion coefficient)是指单位长度、单位体积的物体温度升高 1℃时，物体长度或体积的相对变化量。热膨胀系数通常有线膨胀系数α或体积膨胀系数β：

$$\begin{cases} \alpha = \dfrac{1}{L}\dfrac{\mathrm{d}L}{\mathrm{d}t} \\ \beta = \dfrac{1}{V}\dfrac{\mathrm{d}V}{\mathrm{d}t} \end{cases} \tag{3.5}$$

式中，L 为试样原始长度，mm；V 为试样原始体积，mm^3；dL 为温度由 t_1(℃)上升到 t_2(℃)时试样的相对伸长量；dV 为温度由 t_1(℃)上升到 t_2(℃)时试样相对体积的变化量。

非晶态和结晶态塑料的线膨胀系数不同。图 3.6(a)是无定形材料热膨胀系数与温度的变化关系。从图中可以看出，当非晶态塑料在玻璃化转变温度以下，结晶态塑料在熔融温度以下时，其热膨胀系数与温度呈线性关系；当超过临界温度时，线膨胀系数急剧增加。这主要是因为温度升高，分子链之间的作用力下降，分子运动能力增加，热膨胀系数增加。对于结晶态塑料，当超过熔融温度时，热膨胀系数发生线性变化。这主要是因为塑料内分子链充分流动时，热膨胀系数又变成线性变化。

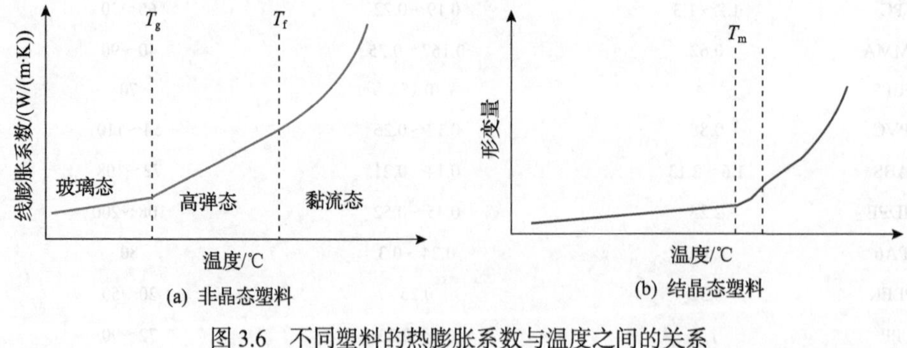

图 3.6　不同塑料的热膨胀系数与温度之间的关系

通常，依据 ASTM D696 标准进行热膨胀系数测试。常见塑料的热膨胀系数见表 3.6，由表可以看出，塑料的线膨胀系数较大，一般是钢材的 10 倍左右，表明其随温度变化较明显。由于塑料的线膨胀系数较大，在循环加热冷却过程中可能存在较大的残余应力，导致焊接件质量下降。

3.2.5　流动能力

在激光焊接过程中，塑料受热会发生变形流动，其流动能力的好坏直接影响塑料内分子链的相互扩散程度，进而影响焊接接头的质量。塑料的流动能力越好，焊接时分子链运动越容易，焊接接头质量越好；塑料的流动能力越差，焊接时分子链运动越困难，焊接接头质量越差。通常使用熔融指数和黏度描述塑料的流动能力。其中熔融指数使用熔体流动测速仪进行测定；根据样品的黏度数值范围和使用需求，可以通过旋转流变仪、挤出式流变仪、转矩流变仪或者拉伸流变仪进行测试。

1. 熔融指数

熔融指数(molten index，MI)通常在熔体流动测速仪上进行测试，即在一定温度和压力下，测量熔体在 10min 内从底部小孔流出的熔料重量，单位是 g/10min。熔融指数的数值与材料的分子量、测试温度、压力有关。通常，数值越大表示分子链越容易流动，反之，流动性越差。

2. 黏度

本书主要介绍采用旋转流变仪和毛细管流变仪测试样品黏度的原理。旋转流变仪的测试原理如图 3.7(a)所示。当样品放置在平板间时，上平板旋转运动，物料对转子施加的反作用力由测力传感器测量。其转矩值反映了物料黏度变化。对扭转流体建立圆柱坐标系，非零剪切应力分量为 $\sigma_{z\theta}$，平板转子边缘的剪切速率 γ 为

$$\gamma = \frac{R\omega}{H} \tag{3.6}$$

式中，R 为平板转子的半径；H 为两平板之间的距离；ω 为平板角速度。

剪切应力 τ 为

$$\tau = \frac{2M}{\pi R^3} \tag{3.7}$$

式中，M 为施加的扭矩。

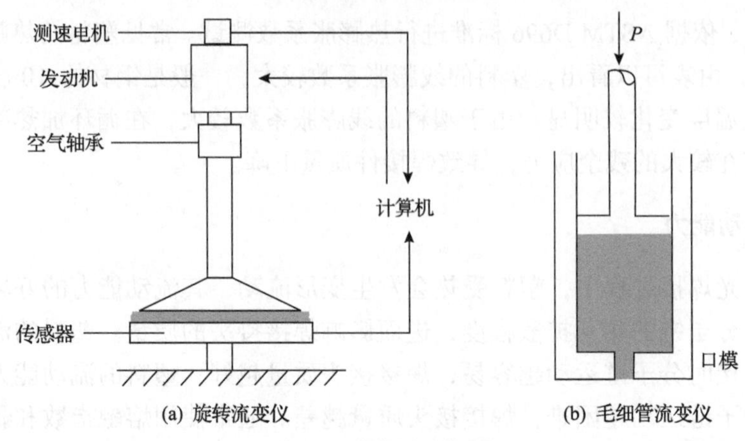

图 3.7　黏度测试仪器

根据黏度的定义 $\eta=\dfrac{\tau}{\gamma}$，得到旋转流变仪下黏度计算公式为

$$\eta=\frac{2MH}{\pi R^4\omega} \tag{3.8}$$

毛细管流变仪的测试原理如图 3.7(b)所示。样品在流变仪料筒里保持恒温并通过压力 P 将样品挤入毛细管内，通过测量流量和毛细管两端可得到剪切黏度。其中剪切速率为

$$\gamma=\frac{32Q}{\pi D^3} \tag{3.9}$$

式中，Q 为流量，cm^3/s；D 为毛细管流变仪使用的口模直径，mm。

剪切应力为

$$\tau=\frac{\Delta PD}{L} \tag{3.10}$$

式中，ΔP 为压力降，Pa；L 为毛细管口模的长度，mm。

黏度为

$$\eta=\frac{\pi}{32}\frac{\Delta PD^4}{QL} \tag{3.11}$$

图 3.8 列举了常见塑料的黏度曲线，可以看出塑料是典型的假塑性流体，即剪切速率增加，黏度降低。

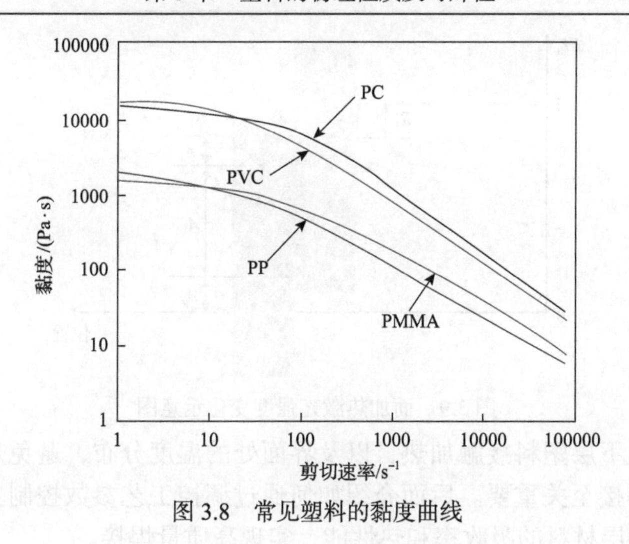

图 3.8　常见塑料的黏度曲线

3.3　塑料与激光的相互作用

常见应用于塑料焊接的激光器的波长范围为 980～2000nm，根据塑料对激光的作用不同，可以分为面加热和体加热。采用面加热的激光器波长为 1000nm 左右，该范围内透明塑料对激光波长吸收较小，近似认为零，因此需要引入添加剂提高塑料对激光的吸收效率；而采用体加热的激光器的波长为 1400～2000nm，该范围内塑料对激光有较强的吸收作用，可以实现塑料的整体加热。下面分别介绍激光与塑料的作用及加热过程中塑料发生的物态变化。

3.3.1　面加热

激光透射焊接是应用波长为 980～2000nm 的激光，在这个波长范围内，透明塑料表现出较高的透射率。对于透明塑料的焊接，需要通过添加吸收剂来增加对激光能量的吸收，从而实现焊接件间连接。

图 3.9 是激光加热塑料界面处的示意图，由图可以看出：

(1) 当激光作用在上层材料表面时，发生一些界面反射(I_{R_1})；

(2) 由于材料具有较高的激光透光率，激光被透射层材料吸收的部分(T_{A_1})较小，$T_{A_1}\approx 0$；

(3) 当激光到达透射层和吸收层材料界面时，会发生一定的反射(I_{R_2})、吸收(T_{A_2})和透过(T_T)。其中因为吸收层材料对激光的吸收率较高，所以透过吸收层的激光强度较小，$T_T\approx 0$。

对于面加热，如何实现吸收层塑料对激光的吸收转化会直接影响透射层和吸收层塑料的焊接质量。具体地，如何保证透射层和吸收层材料的有效接触，

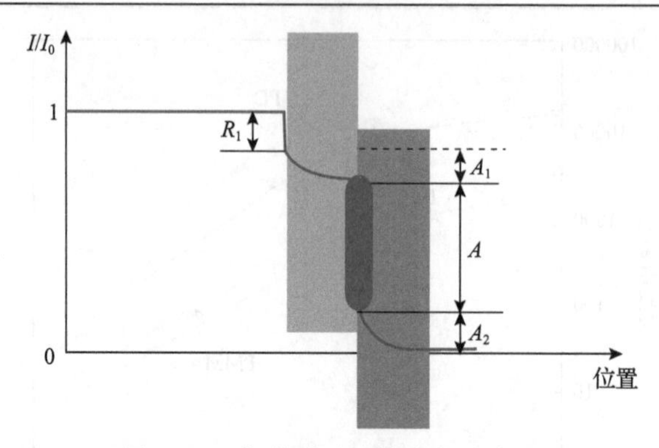

图 3.9 面加热激光强度变化示意图

实现有效的上下层塑料接触加热，以及界面处的温度分布，避免热量集中，对实现高质量焊接至关重要。后面介绍如何通过调控工艺参数控制上下层界面的表面质量、下层材料的吸收率和热性能，实现高质量焊接。

3.3.2 体加热

在近红外波段，塑料的光学性能表现出强烈的波长依赖性。研究表明，在1400～2000nm 波长范围内，塑料依然会呈现出较高的激光透过率，且表现出更多的体吸热[47]，即激光能量沿光束传播方向在塑料内部分布，可实现在塑料内部的局部加热。通常，为了提高材料的吸收率，面加热方法中在下层塑料引入添加剂，使得塑料变成黑色，造成外形不美观。而体加热的方法可以有效实现白色或者透明塑料的无添加剂焊接。得益于长波长激光器的发展，不使用添加剂直接焊接透明-透明塑料、透明-白色塑料成为可能。

激光波长与塑料的加热方式密切相关，为了更好地表示激光对塑料的加热效果，这里采用穿透深度进行定量分析。表 3.7 给出了不同激光波长的激光器在不同材料中的穿透深度，由表可以看出：

(1) 同种材料，激光波长增加，穿透深度总体降低。

(2) 同种波长，其穿透深度与材料的透过性密切相关。一般而言，透明塑料的穿透深度大于非透明塑料。

表 3.7 不同激光波长的激光器在不同材料中的穿透深度

激光波长/nm	PC	PMMA	PVC	LDPE	PA6	PP
940	22.82	37.93	—	8.49	5.06	11.63
1064	23.04	36.56	—	10.34	5.06	12.87
1550	18.94	22.10	—	9.71	3.01	12.96
10600	0.07	—	0.020	0.280	0.040	0.190

使用长波长激光器加热塑料时，体加热激光强度变化示意图如图 3.10 所示。体加热与面加热具有一定的相同点和不同点，具体如下：

(1) 当激光作用在上层材料表面时，发生界面反射 (I_{R_1})。

(2) 不同于面加热，体加热中透射层塑料对该波长的激光具有一定的吸收率，因此激光强度减小 (T_{A_1})。

(3) 当激光到达两层材料界面时，会发生一定的反射 (I_{R_2})。

(4) 激光从界面处进入下层塑料并被吸收 (T_{A_2})。从下层塑料中透过的激光强度与材料厚度及工艺参数等因素有关。

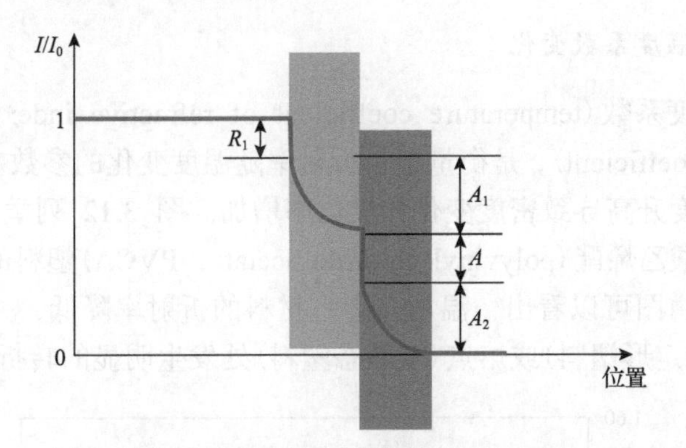

图 3.10　体加热激光强度变化示意图

对于激光体加热，材料种类、上下层样品厚度、样品表面质量和激光工艺参数对上下层塑料的激光吸收、界面处的温度分布以及避免热量集中导致材料分解的研究至关重要。长波长激光器可以用来焊接同种塑料和异种塑料。图 3.11 (a) 是采用长波长激光器焊接的微流控芯片，由图可知其中用于显示的蓝色液体没有渗出。图 3.11 (b) 是采用长波长激光器焊接异种塑料的结果，可以看出在界面处形成较好的焊缝。

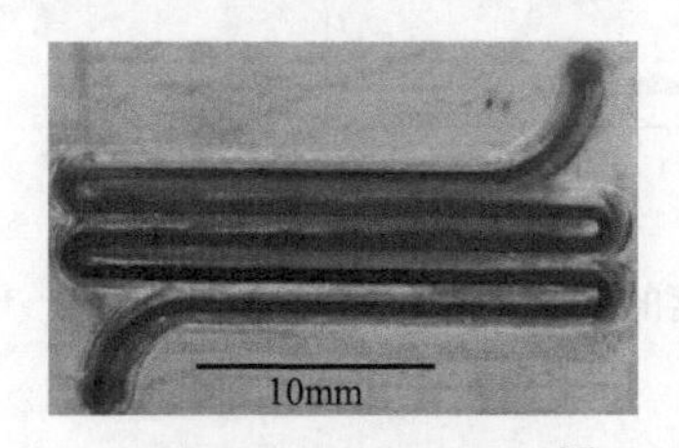

(a) 焊接的COC微流控芯片[47]

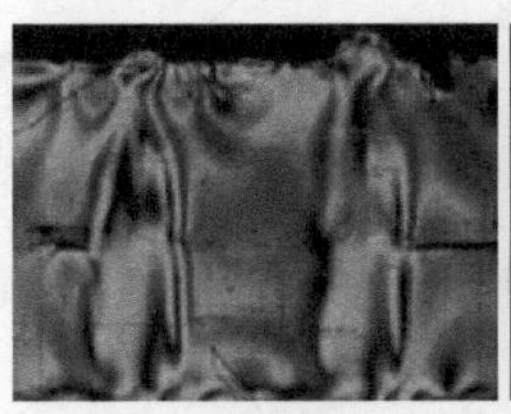
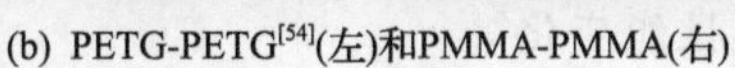

(b) PETG-PETG[54] (左) 和PMMA-PMMA (右)

图 3.11　体加热焊接案例

3.3.3　激光作用下材料的物态变化

在激光透射焊接过程中，激光照射在样件上，样件温度升高，材料的光学、热性能与力学性质均发生一定变化。

1. 密度变化

一般而言，对于同样质量的材料，在加热过程中发生膨胀、体积增加，因此密度下降。对于无定形塑料，密度变化在±10%。对于结晶态塑料，当温度加热到熔点以上时，结晶区被破坏，体积增加，导致密度大幅下降，降幅可达 20%～30%。密度变化越大，表明材料加热冷却过程中体积变化越大，可能导致残余应力越大。

2. 折射率温度系数变化

折射率温度系数(temperature coefficient of refractive index)又称热光系数(thermo-optic coefficient)，是衡量塑料折射率随温度变化的参数。折射率变化的主要原因是温度升高导致密度变化和极化率增加。图 3.12 列举了 PMMA、PS 和聚氯乙烯醋酸乙烯酯(polyvinyl chloride acetate，PVCA)塑料的折射率与温度的关系曲线，由图可以看出，温度升高，材料的折射率降低，并在材料的玻璃化转变温度(无定形塑料)或熔点(结晶态塑料)处发生明显的转折。

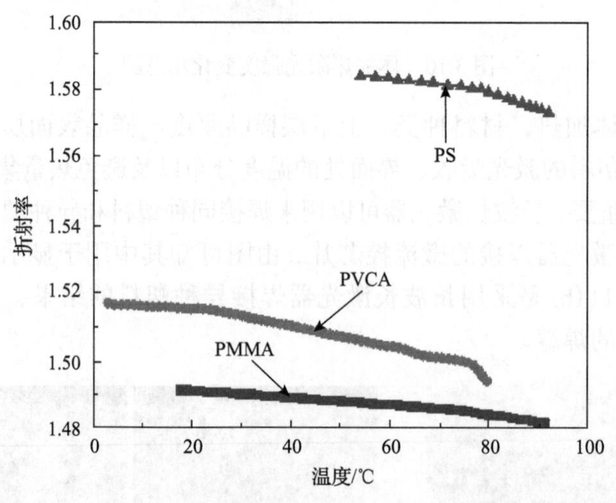

图 3.12　塑料的折射率与温度的关系[55]

3. 热性能变化

由于分子链内部和分子链之间的相互作用过程以及这些过程的温度依赖性，热塑性塑料的热容量也取决于温度。在熔化状态下，由熔体热引起的热容量增加，这是产生相移的额外能量需求。图 3.13(a)是无定形塑料的比热容随温度变化的曲线，由图可以看出，当温度从 50℃升高至 200℃时，非晶态塑料的比热容随着温度升高一直增大，在其玻璃化转变温度后增长趋势减缓。图 3.13(b)是半结晶态热塑性塑料的比热容随温度变化的曲线，由图可以看出，半结晶态热塑性塑料的比热容在熔融状态下具有显著的不连续性，即比热容先增大后减小，其峰值对应的温度约在熔点附近。所有晶相熔化后，比热容将降至熔融状态之前的值。通过微晶的熔化，许多振荡模式将被激活，这些模式以前被晶相的一阶力所阻碍。随着温度的进一步升高，分子链之间的相互作用将减弱，分子链间的能量传递将降低。因此，半结晶态热塑性塑料的比热容将再次降低。在激光焊接过程中，材料表面吸收热量，并向内部传递，材料的比热容随温度的升高而发生变化。

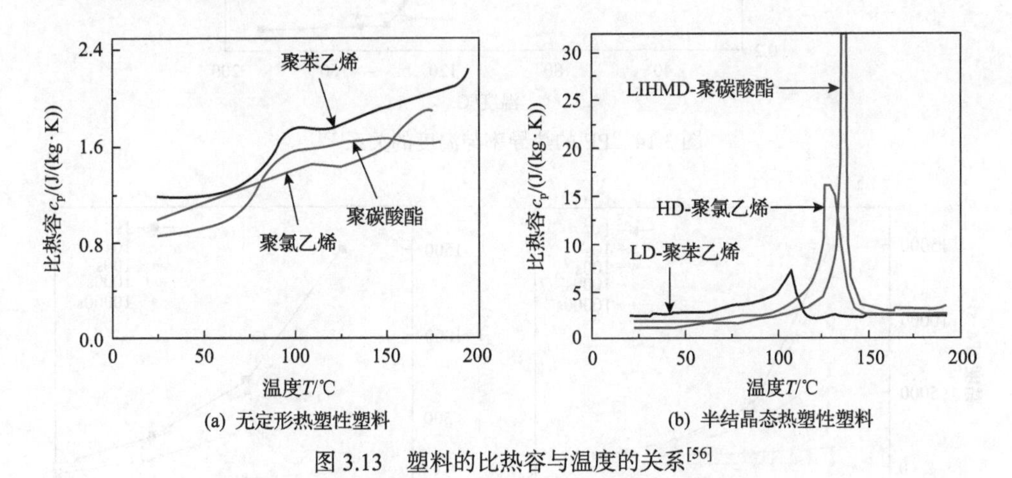

图 3.13　塑料的比热容与温度的关系[56]

图 3.14 是不同密度的 PE 塑料的热导率随温度变化的关系，PE 塑料的玻璃化转变温度为 140℃，可以看出：当温度低于玻璃化转变温度时，热导率均下降；当温度大于玻璃化转变温度时，热导率基本不发生变化。另外，对于同一种材料，密度越大，其热导率越大，这可能与其内部分子链致密排列有关。热导率下降表明材料温度分布更加集中，热影响区域减小，同时更容易因为热集中发生热降解。

4. 流动能力变化

温度升高，塑料内分子链热运动能力增加，在应力作用下可以通过调整链段运动适应外力作用，变形能力提高，宏观表现为黏度下降。图 3.15 给出了不同塑料在不同温度和不同剪切速率下的黏度变化，可以看出：温度升高，黏度下降；当温度大于熔融温度(黏流温度)时，材料的黏度大幅下降，表明其分子链流动能力大幅提高，有助于分子链相互扩散。

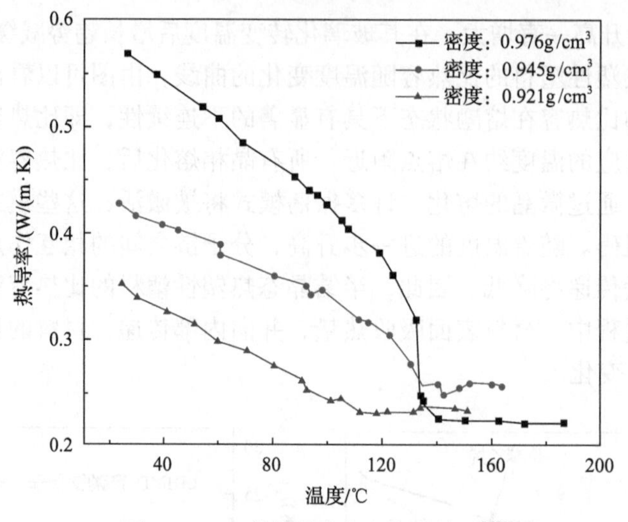

图 3.14　PE 的热导率与温度的关系[55]

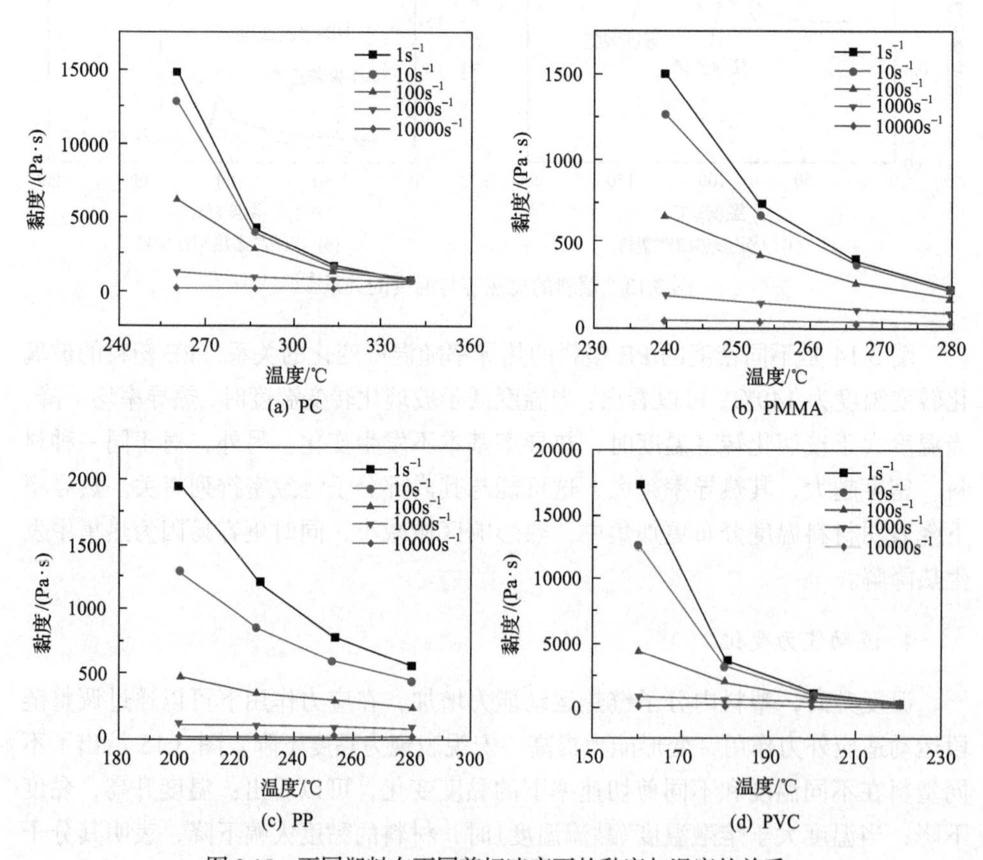

图 3.15　不同塑料在不同剪切速率下的黏度与温度的关系

3.4　塑料的可焊性分析及常用添加剂

激光焊接塑料的可焊性主要由以下因素决定：①塑料的光学特性，即要求上层塑料具有一定的激光透过率，使得部分激光能够顺利到达下层界面，实现塑料加热；②物化性质(熔融温度)，即要求上下层塑料熔点接近，如果两种塑料的熔融温度差别过高，可能导致一种材料发生熔融时另一种材料发生热降解，从而降低焊接强度；③相容性，即塑料之间的相容性决定了熔融状态下分子链之间的相互扩散的难易程度，也决定了最终焊接质量的好坏。

根据目前塑料的使用范围和场景，结合塑料的可焊性，可以将热塑性塑料焊接进行分类，如图 3.16 所示。本节从塑料的可焊性分析出发，介绍不同添加剂及其添加方式对可焊性的影响，并给出塑料与塑料焊接和塑料与其他材料焊接的实例。

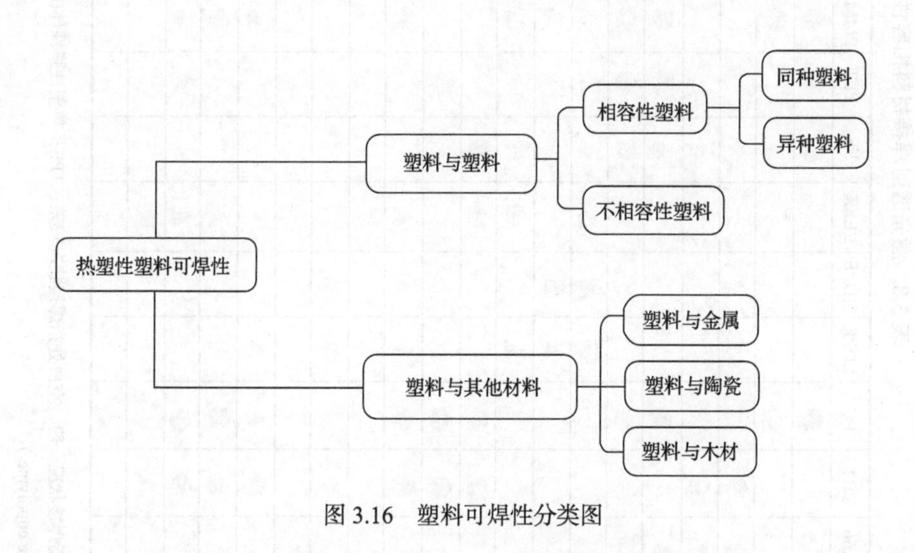

图 3.16　塑料可焊性分类图

3.4.1　塑料的可焊性分析

表 3.8 是相容性塑料和不相容性塑料焊接表，从表中可以看出：同种塑料性能相同，所以相容性最好；大部分异种塑料的熔点及分子链极性等原因导致相容性较差。材料之间的相容性与材料分子链的极性有关，为了改善异质塑料之间的可焊性，通常在不同塑料之间引入添加剂，提高塑料之间的相容性。

表 3.8 激光透射焊接材料相容性匹配表

	ABS	ASA	PA6	PA66	PBT	PC	LDPE	HDPE	PEEK	PES	PET	PMMA	POM	PP	PPS	PS	PVC	SAN	TPE	TPU
ABS	●	●				●				▲	●	●				▲	●	●		▲
ASA	●	●				●						●					●	●		
PA6			●	●	●															
PA66			●	●	●															
PBT	●	●	●	●		●				▲	●	●			●	●	●	●	▲	
PC	●	●				●				●	●	●				▲	●	●		▲
LDPE							●	▲	▲		▲	▲		●		▲				
HDPE							▲	●				▲		●						
PEEK							▲		●	●		▲					▲	▲		
PES	▲				▲	●			●	●										
PET	●				●	●					●						▲	▲		
PMMA	●	●			●	●	▲	▲	▲			●				▲	●	●		
POM													●							▲
PP							●	●						●						
PPS															●					
PS	▲				●	▲	▲					▲				●	▲	▲		
PVC	●	●			●	●			▲		▲	●				▲	●	●		
SAN	●	●			●	●			▲		▲	●				▲	●	●		
TPE					▲														●	
TPU	▲					▲							▲							●

注：●指焊接状况最佳，▲指焊接状况一般，空白处指焊接状况较差；TPE指热塑性弹性体(thermoplastic elastomer)，ASA指丙烯腈苯乙烯丙烯酸酯共聚物(acrylonitrile styrene acrylate copolymer)。

3.4.2 添加剂的种类

为了提高塑料对激光的吸收、分散效果，可以在塑料中引入一些添加剂(包括吸收剂和分散剂)。常见的激光吸光剂包括炭黑、玻璃纤维(GF)、碳纤维(CF)、碳纳米管、染料、Clearweld 及金属等。需要说明的是，有时一种添加剂既可以作为激光吸收剂，也可以作为激光分散剂，即两者的分类并不绝对。焊接过程中现有的添加剂主要为碳材料、玻璃纤维、金属薄膜/金属颗粒、Clearweld。

1. 碳材料

基于碳的材料(如无定形碳、炭黑和石墨)具有良好的吸收光的能力，这是由于π带的光学跃迁。例如，对于石墨烯，能量范围在0～9eV时，带内和带间的光学跃迁主要由每个原子的电子、原子2pz轨道产生的π带，延伸到构成始末晶体的碳层平面的上方和下方。在较高能量下，接近15eV的光吸收宽峰与每个原子σ键的带间跃迁相关，这些电子形成共面键，将一个碳与其层内的三个相邻碳连接起来。同样，无定形碳、炭黑和石墨具有出色的光吸收能力。但是，由于空气-二元界面处的适度反射，碳材料的发射率约为0.85。因此，为了获得低反射率和高发射率，已经设计出不同的纳米结构，包括对齐的纳米结构、多孔和分层结构[57]。常用的碳材料有炭黑、碳纤维、碳纳米管等。

炭黑是一种无定形碳。炭黑的结构性是以炭黑粒子间聚成链状或葡萄状的程度来表示的。根据凝聚体的尺寸、形态以及凝聚体中的粒子数量构成的炭黑称为高结构炭黑。炭黑的结构性越高，越容易形成空间网络通道。高结构性炭黑颗粒越细，比表面积越大，单位质量粒子越多，有利于在聚合物中形成链式导电结构。炭黑粒子具有微晶结构，在炭黑中碳原子的排列方式类似于石墨，组成六角形平面，通常3～5个这样的层面组成一个微晶，由于炭黑微晶的每个石墨层面中碳原子的排列是有序的，而相邻层面间碳原子的排列是无序的，所以又称准石墨晶体。一般来说，炭黑粒子不是孤立存在的，而是多个粒子通过碳晶层相互穿插，形成链枝状。由于生产工艺不同，可通过改变工艺条件制备粒径范围极广的炭黑产品。图3.17(a)是炭黑的扫描电子显微镜(scanning electron microscope，SEM)形貌和结构示意图，可以看出：由于是无定形碳，炭黑没有规整的形状。实际应用中为了提高炭黑与基体材料的相容性，可以对炭黑进行表面化学改性。

碳纤维是一种含碳量在95%以上的高强度、高模量纤维的新型纤维材料，由片状石墨微晶等有机纤维沿纤维轴向方向堆砌而成，经碳化及石墨化处理而得到的。其石墨微晶结构沿纤维轴择优取向，因此沿纤维轴方向有很高的强度和模量。碳纤维的密度小，比强度和比模量高。根据碳纤维长度，碳纤维可以分为短纤维、长纤维和连续纤维。图 3.17(b)是碳纤维的 SEM 形貌和结构示意图，表明碳纤维是由纤维束组合而成的，其中单根纤维是由无定形碳和规整排列的碳原子随机排列而成的。

碳纳米管是一种具有特殊结构(径向尺寸为纳米级，轴向尺寸为微米级，管子两端基本上都封口)的一维量子材料。图 3.17(c)是碳纳米管的 SEM 形貌和结构示意图，可以看出碳纳米管主要由呈六边形排列的碳原子构成数层到数十层的同轴圆管，层与层之间保持固定的距离，约为 0.34nm，直径一般为 2～20nm。

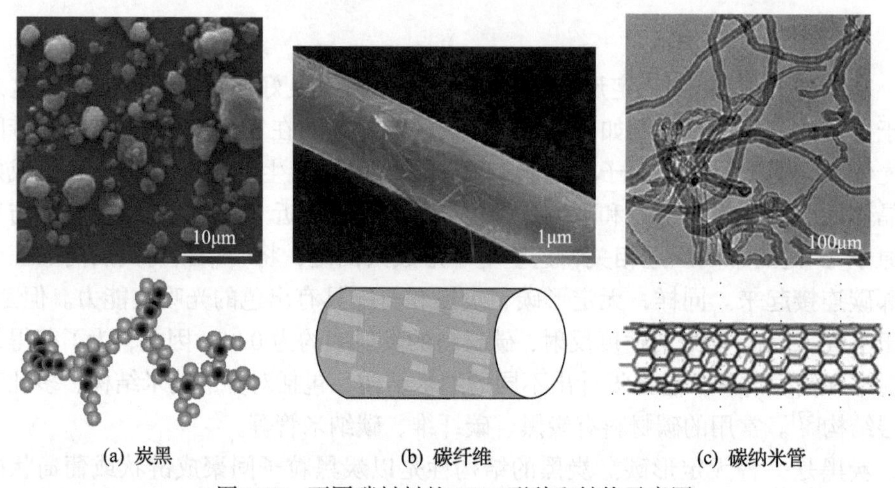

图 3.17　不同碳材料的 SEM 形貌和结构示意图

碳材料类别、形状、尺寸以及在基体中的含量、分布对激光吸收、材料的导热及最终的焊接强度均有影响。Chen 等[58]利用布格-朗伯定律(Bouguer-Lambert law)和表观吸收系数研究了炭黑含量(质量分数，下同)对塑料光学性能的影响，结果如图 3.18 所示：塑料中炭黑含量越高，其表观吸收系数越大，且吸收系数与炭黑含量之间存在线性关系；对于相同的炭黑含量，添加玻璃纤维的 PA6 的表观吸收系数大于 PA6，这主要是由于玻璃纤维的分散作用；对于相同的炭黑含量，PC 的吸收系数高于 PA6，这归因于 PC 中炭黑颗粒的平均尺寸较小以及 PC 的密度较高。Haberstroh 等[59]研究了激光焊接中炭黑尺寸及含量对焊接强度的影响，结果表明：将炭黑含量从 0.2%增加到 0.5%，导致色素连接部分中激光能量的吸收更高，因此焊接部件表面的温度随炭黑含量的增加而升高。不同的炭黑粒度会影响穿透激光束的分散，较小的炭黑粒度会导致较大的热转化，并具有相等数量的辐照激光功率，因此导致更高的焊接强度。Wang 等[60]表征了用于激光焊接的 PA6 和 PC 中炭黑的尺寸、形状和分布，结果表明，由于炭黑在 PC 基质中有良好的分散性，PC 中的炭黑粒径范围(5～20nm)明显小于 PA6

中的炭黑粒径范围(20～50nm)。Visco 等[61]研究了激光透射焊接聚乙烯时碳纳米材料含量对剪切载荷的影响，结果表明，结晶碳纳米材料在 1064nm 波长处表现出对激光的高吸附功率。因此，少量的结晶纳米材料的添加可以改变超高分子量聚乙烯的光学特性，使其从激光可透过的材料变成可吸收激光的材料。当碳材料含量为 0.2%，激光辐射时间为 60s 时，塑料可以产生良好的焊接作用，剪切强度达到 153MPa。较高的填充量或更高的激光暴露时间会使得聚合物基质发生热降解，进而削弱接头的机械强度。

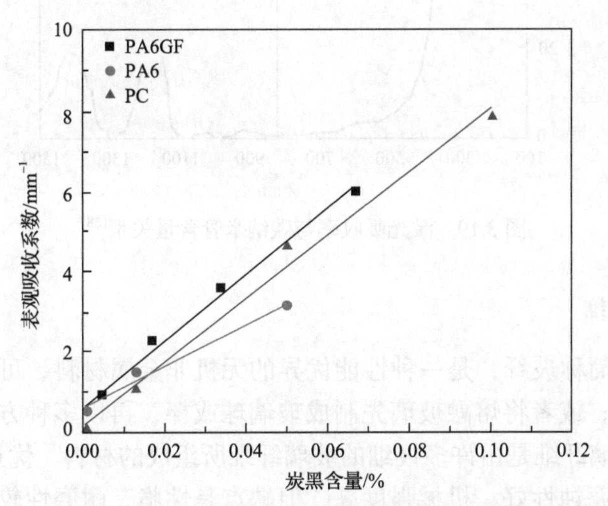

图 3.18　表观吸收系数与炭黑含量的关系[58]

Rodríguez-Vidal 等[28]研究了不同碳纳米管含量对 ABS 焊接性能的影响，发现未添加碳纳米管的 ABS 对红外激光辐射高度透明，激光辐射被掺杂的 ABS 强烈吸收。如图 3.19 所示，碳纳米管含量越高，ABS 的激光吸收率越大。具体地，当碳纳米管含量为 0.05%时对应的吸收率和反射系数分别是碳纳米管含量为 0.01%时 ABS 的吸收率和反射系数的 1.6 倍和 70%。这意味着产生高质量焊缝所需的激光强度(工艺优化)将根据 ABS 矩阵中的碳纳米管含量的不同而变化。随着 ABS 基质上的碳纳米管含量的增加，光穿透深度将减小。因此，在这种情况下，产生特定焊接接缝所需的激光能将减少。Berger 等[62]研究了有无碳纤维增强对热塑性聚合物激光透射焊接的影响，结果表明：碳纤维的热导率和取向对吸收面的温度分布有显著影响，而在吸收层聚合物中加入炭黑可以使热量分布更加均匀，并且入射激光辐射的表面吸收更容易控制。

值得注意的是，仅加入少量碳材料就可以大幅提高基体对激光的吸收系数，因此在实际加工过程中应该避免热量过高导致基体材料热降解，进而引起材料性能下降。例如，当炭黑含量超过 1%时，就可能引起材料发生热降解[63,64]。

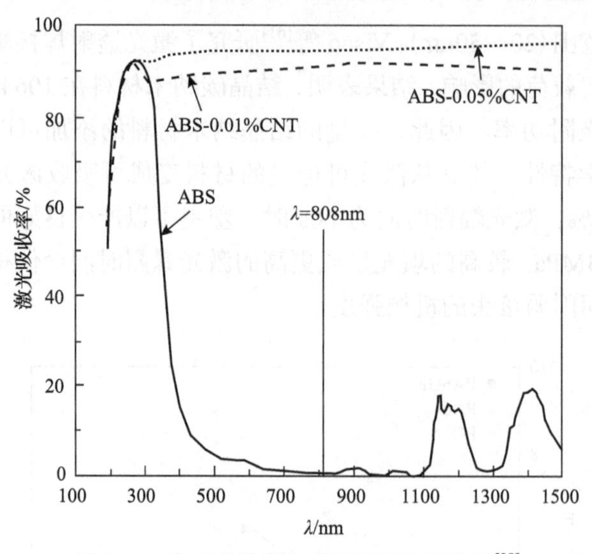

图 3.19　激光吸收率与碳纳米管含量关系[28]

2. 玻璃纤维

玻璃纤维简称玻纤，是一种性能优异的无机非金属材料，可以将熔融玻璃直接制成纤维；或者将熔融玻璃先制成玻璃球或棒，再以多种方式加热重熔后制成纤维。玻璃纤维是由许多极细的玻璃纤维所组成的材料，优点是绝缘性好、耐热性强、抗腐蚀性好、机械强度高，但缺点是性脆、耐磨性较差。玻璃纤维的光学显微镜照片(图 3.20)表明玻璃纤维具有较大的长径比，因此其增强作用明显；另外，折射率为 1.575～1.585，添加在塑料基体中能够很好地实现光散射，避免热量集中。图 3.21 是玻璃纤维含量及长度对表观吸收系数的影响，可以看出：

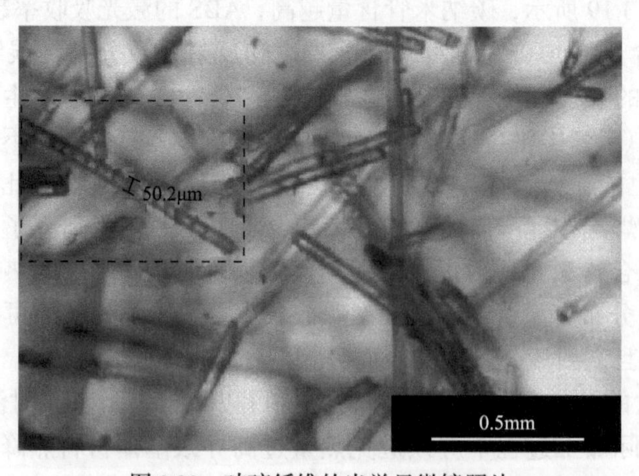

图 3.20　玻璃纤维的光学显微镜照片

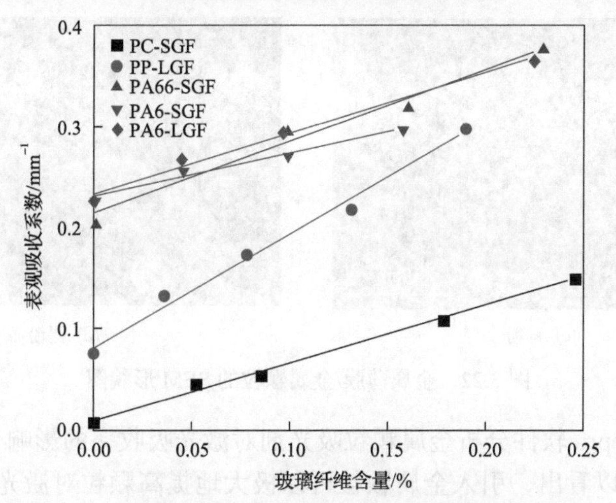

图 3.21　玻璃纤维含量及长度对表观吸收系数的影响[58]

SGF 指短玻璃纤维(short glass fiber)，LGF 指长玻璃纤维(long glass fiber)

对于透明塑料(PC)，添加 20%的玻璃纤维可以将表观吸收系数从 0 提升至 0.15；对于不透明塑料，玻璃纤维含量对其表观吸收系数的影响与基体材料种类以及玻璃纤维尺寸密切相关。对于同种材料，相比于 PA6，玻璃纤维对 PA66 表观吸收系数的影响更加明显。对于同种基体，玻璃纤维长纤维比玻璃纤维短纤维影响更加明显。由于玻璃纤维本身对光的吸收系数较小，加入玻璃纤维主要通过增加玻璃纤维内纤维之间的反射及玻璃纤维/基体界面反射，增加激光在样件被传播的路径长度，从而提高表观吸收系数[58]。

3. 金属薄膜/金属颗粒

激光透射焊接中采用金属材料可以提高其对激光的焊接吸收系数，同时避免加入碳材料引起的表面污染等。常用的金属材料有铝、锌、镁锌合金、锡等低熔点金属，材料一般选用薄膜、粉末或者金属线条。图 3.22 列举了不同金属薄膜和金属颗粒的 SEM 形貌图。

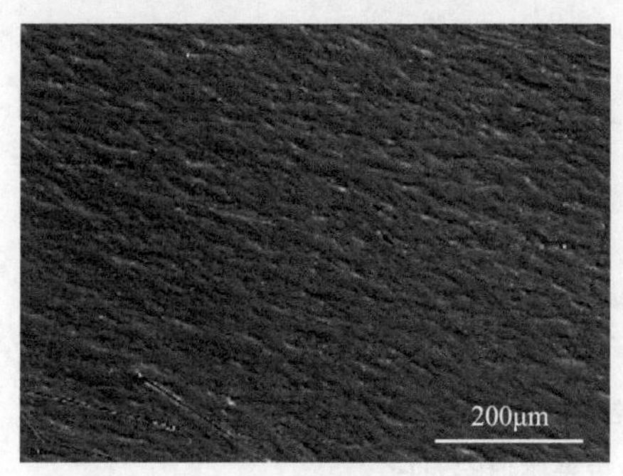

(a) 铝膜

(b) 镁锌合金

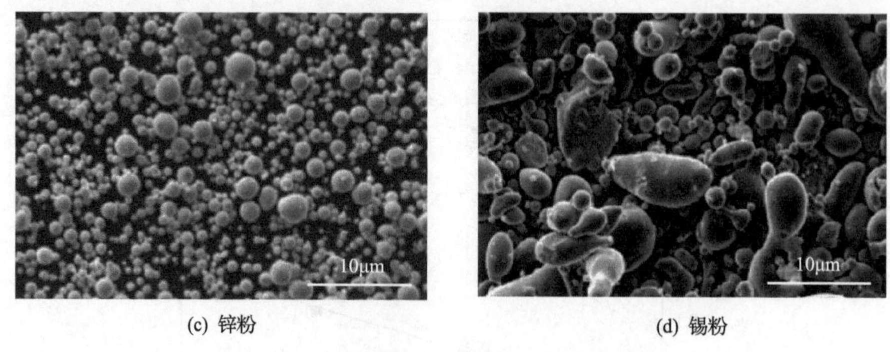

(c) 锌粉　　　　　　　　　　　　　　　(d) 锡粉

图 3.22　金属薄膜/金属颗粒的 SEM 形貌图

利用 Tracepro 软件分析金属颗粒吸光剂对激光吸收率的影响，结果如图 3.23 所示，由图可以看出，引入金属颗粒可以极大地提高颗粒对激光在塑料之间的多次反射，从而提高其激光吸收率。图 3.24 给出了不同金属颗粒粒径大小对吸

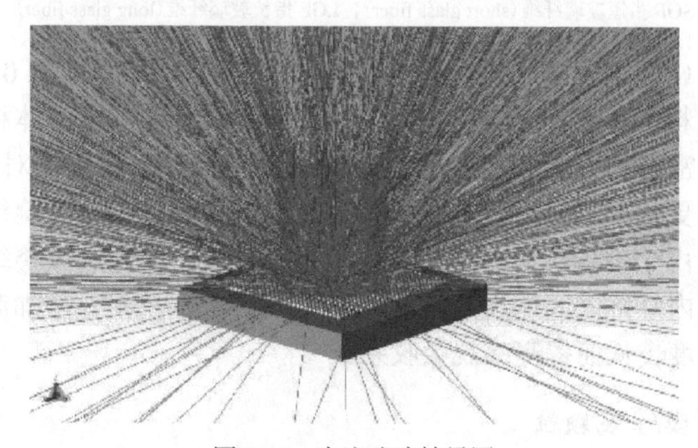

图 3.23　光迹追踪结果图

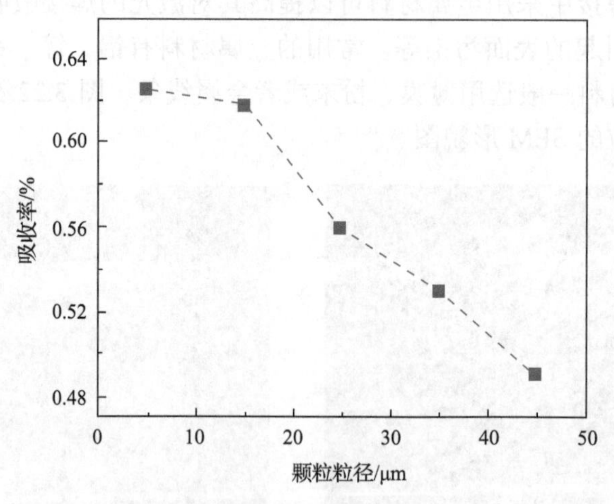

图 3.24　颗粒粒径与光迹追踪对比

收率的影响，由图可以看出，随着颗粒粒径的增大，颗粒与激光作用的次数减少，因此吸收率下降。从光迹追踪结果可知，当金属颗粒对激光吸收率较低时，可以加入炭黑粉末辅助提高激光吸收效果。

4. Clearweld

Clearweld[65]是一种特殊的近红外吸收材料，可作为材料表面的涂层或者作为添加剂掺入下层的树脂中，提高激光吸收率。这种材料在可见光范围内的吸收较小，在近红外区(800～1100nm)的吸收较大。进行焊接时，激光辐射被涂层吸收，同时被转化成热能。由于热传导，邻近于涂层的表面材料被加热而熔化，固化后就形成了焊点。在加热过程中，吸收剂分解，涂层就完全失去了可见波段的颜色。吸收剂还可像炭黑一样作为添加剂被加入下层的塑料中协助激光焊接过程，可用于透明/不透明的塑料零件中。

Amanat 等[7]测试了使用 Clearweld 材料作为红外吸收剂焊接 PEEK 的效果，分别研究了激光功率(10W 或 20W)、路径速度(4mm/s、8mm/s、16mm/s、32mm/s 或 64mm/s)和形态(无定形或半晶体)对焊接质量的影响。研究发现：使用 Clearweld 能够成功焊接无定形和半晶透明胶片，且用半晶材料形成的键要比无定形物质的键强；无定形的 PEEK 容易在更高的功率下受到热损伤，而在半晶 PEEK 中没有明显的热损伤；在各个工艺参数组合下，半晶体 PEEK 的焊接强度大于无定形 PEEK 焊接强度；在半晶体和无定形 PEEK 焊缝线中存在气泡，这可能是由吸收的水分子蒸发导致的。

根据上述添加剂的特点，比较塑料件焊接特点，总结得到不同添加剂的使用范围，如表 3.9 所示。

表 3.9　不同添加剂使用范围

要求	碳材料	Clearweld	金属颗粒
白色塑料件	×	√	√
高度透明件	×	√	√
普通塑料件	√	√	√
多层焊接	×	√	×
额外工艺	×	√	×

注：√表示金属颗粒作为添加剂可以使用在普通塑料件中间，×表示不可以。

3.4.3　添加剂的加入方式

为了提高激光能量的分散和吸收效率，通常将上述添加剂添加在下层材料中或者两层材料界面。

1. 在下层基体引入添加剂

对于添加在下层材料中，为了提高添加剂在塑料中的分散性，常见的混合方法主要有密炼共混、注塑挤出等，即主要利用物理机械搅拌实现添加剂和基体材料的有效均匀混合。图 3.25 是采用注塑共混的方法将炭黑和玻璃纤维分别引入 PMMA 和 PBT 中的试样。经过注塑共混后制备得到的样品具有一致性，即添加剂和塑料基体有效混合均匀，但是通常加入添加剂后材料不具有透明性。

(a) PMMA/CB

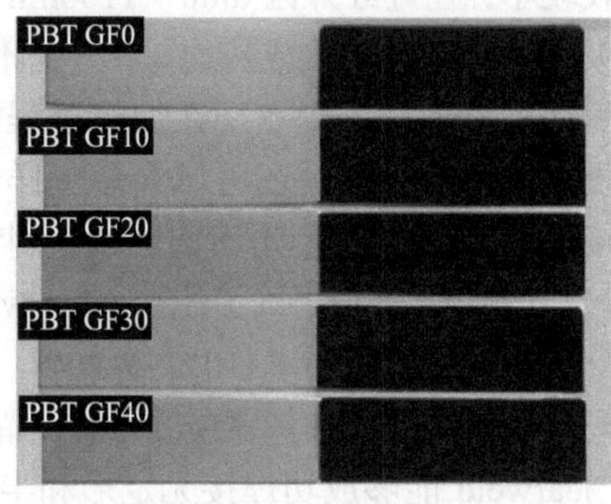

(b) PBT/GF

图 3.25　塑料中注塑共混引入添加剂

2. 在上下层塑料中间引入添加剂

该方法是将吸光剂或者添加剂涂覆在焊接表面，形成激光吸收层，从而提高将激光转化成热量的比例，使得上下层塑料加热发生熔融，实现有效连接。相比于将添加剂引入下层材料，引入中间层可以避免整个样品变黑，提高材料的美观度。使用中间层的难点在于：①中间层的均匀涂敷，尤其是炭黑和金属颗粒；②中间层含量的控制，如何避免热量集中导致塑料发生热降解；③如何保证焊接后中间层材料与基体充分接触，不会发生脱落，导致基体受到污染。

3.5　塑料与塑料焊接的应用实例

相容性塑料焊接可分为同种塑料焊接和异种相容性塑料焊接。对于同种塑料焊接，常用的焊接方法是引入添加剂和使用长波长激光。

3.5.1　添加炭黑焊接 PMMA

将炭黑作为激光吸收剂，采用注塑挤出方式制备炭黑/PMMA 激光吸收层，整个样品由白色变成黑色，实现了激光的均匀吸收。图 3.26(a)是采用激光搭接焊方式得到的 PMMA 与炭黑/PMMA 的焊接样件，由图可以看出，经过焊接，两个样品不仅实现了有效连接，且焊接件表面光洁，热影响区小。炭黑含量决定了激光在塑料中的透射、吸收和反射能力。因此，进一步观察炭黑含量对焊缝质量的影响。具体地，由图 3.26(b)可以看出，焊缝抗剪强度随着炭黑含量的增加先增大后减小，并在炭黑含量为 0.10%时达到最大值((17.69±0.13)MPa)。图 3.26(c)表明，随着炭黑含量增加，焊缝宽度增大，这主要是因为炭黑含量增多对激光吸收转化的热量增加，导致熔融的区域增大。

(a) 焊接后试样

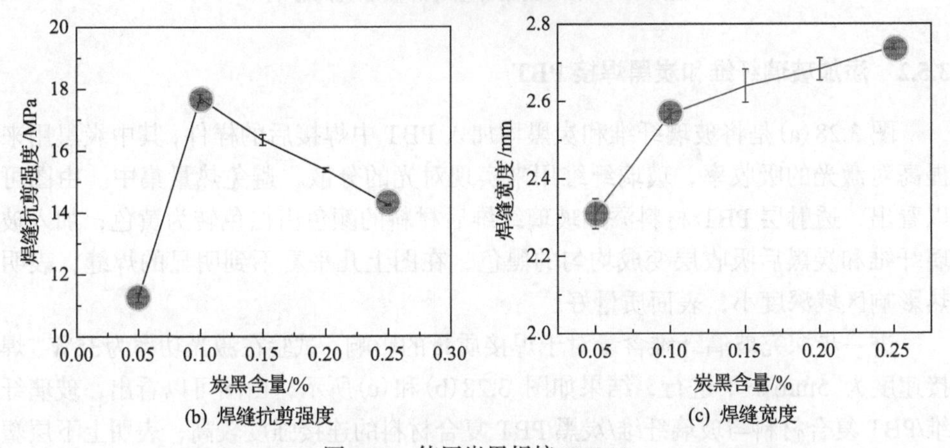

(b) 焊缝抗剪强度　　(c) 焊缝宽度

图 3.26　使用炭黑焊接 PMMA

为了探究炭黑含量对焊接质量的影响，选用炭黑含量为 0.05%、0.10%和 0.25%时的焊缝进行断面形貌表征，如图 3.27 所示。当炭黑含量小于 0.10%时，随着炭黑含量的增加，激光吸收层吸收光能并完成光热转换的效率提高，焊接温度不断升高，塑料间充分熔融，导致焊缝抗剪强度增大。当炭黑含量大于 0.10%时，由于纳米材料在塑料基体中容易发生团聚，且炭黑对激光的吸收效率较高，容易导致团聚处界面温度升高。当温度高于基体热分解温度时，基体将发生热分解。当炭黑含量较高时，焊接界面受热吸收能量相对较大，熔融区域大，因此形成体积大、分布不均匀的混合黑色絮团和周边气泡(图 3.27)。这些黑色絮团和气泡的不均匀分布减小了焊缝处的有效面积，导致焊缝疏松，降低了焊接强度。同时，增加炭黑含量，下层塑料吸收激光能量的能力增加，母材的熔融区域扩大，焊缝宽度也随之增加。

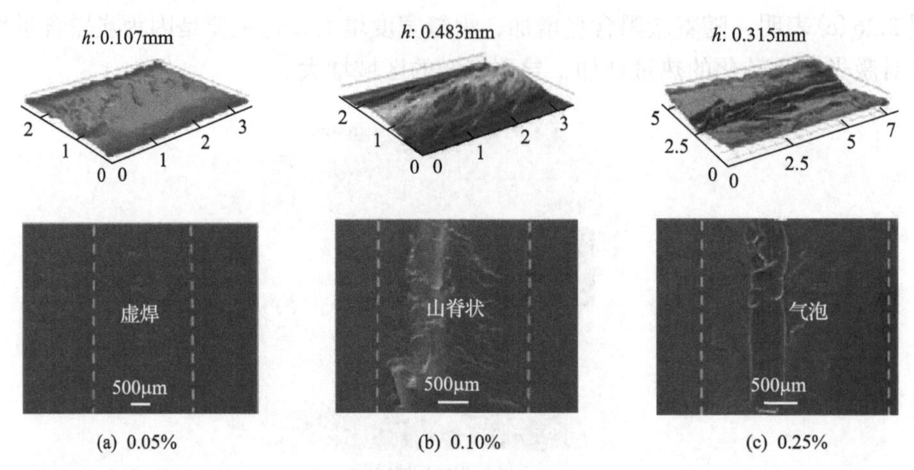

(a) 0.05%　(b) 0.10%　(c) 0.25%

图 3.27　不同炭黑含量对焊接形貌的影响

3.5.2　添加玻璃纤维和炭黑焊接 PBT

图 3.28(a)是将玻璃纤维和炭黑均加入 PBT 中焊接后的样件，其中炭黑用来提高对激光的吸收率，玻璃纤维用来实现对光的分散，避免热量集中。由图可以看出，透射层 PBT 材料添加玻璃纤维后材料的颜色由白色转为黄色；加入玻璃纤维和炭黑后吸收层变成均匀的黑色，在图上几乎看不到明显的焊缝，表明热影响区域深度小，表面质量好。

进一步探究玻璃纤维含量对于焊接质量的影响，试验在激光功率为35W、焊接速度为 5mm/s 下进行，结果如图 3.28(b)和(c)所示，由图可以看出，玻璃纤维/PBT 复合材料与玻璃纤维/炭黑/PBT 复合材料的连接强度较高，表明上下层塑料被很好地连接在一起。具体地，随着玻璃纤维含量的增加，焊缝抗剪强度和焊缝宽度呈现先增大后减小的趋势。当玻璃纤维含量由 0%增加到 20%时，上层材料透光性逐步增加，照射到下层的能量增多，材料吸收的热量增加，且 PBT 材料的热导率较玻璃纤维低，使得玻璃纤维含量越高传热效率越高，因此焊缝抗剪强度和焊缝宽度增大；当玻璃纤维含量从 20%增加到 40%时，上层材料透光性下降，下层吸收热量减少，焊缝抗剪强度开始下降，在玻璃纤维含量较低时，因其数量较小，分散于 PBT 聚合物中，相互作用微弱，当玻璃纤维含量增加时，

(a) 焊接样件图

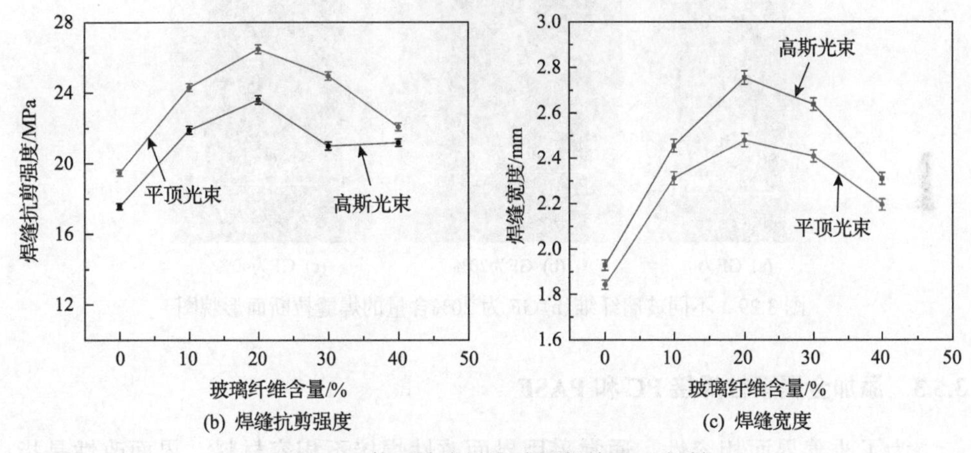

(b) 焊缝抗剪强度　　(c) 焊缝宽度

图 3.28　使用玻璃纤维/炭黑焊接 PBT 材料

焊接温度达不到玻璃纤维熔化温度，在焊接过程中只有基材被熔化，熔体体积的减小导致玻璃纤维与玻璃纤维之间产生纠缠，相互干涉，整体流动性大幅降低，同时玻璃纤维会导致 PBT 材料结晶，降低 PBT 分子链的平顺性，熔体的黏度降低，所以此时焊缝宽度降低。

使用光学显微镜分别对玻璃纤维含量为 0%、20%、40%的拉断面进行观测，可得到焊缝微观形貌。图 3.29 是不同玻璃纤维含量 PBT 的焊缝拉断面形貌图。在玻璃纤维含量为 0%时，断面层出现较大体积的气泡，这是因为在焊接过程中，热量积聚在上下层聚合物之中，使得中心部分出现热降解，气体在熔融聚合物中受到周围熔体的挤压无法排除，在聚合物冷却凝固过程中，气泡会逐步填充至上下层焊缝中，致使该处聚合物产生间隙，无法黏合在一起，一定程度上降低了焊缝的抗剪强度。当玻璃纤维含量为 20%时，因透射率上升，基材熔化较充分，上下层紧密黏结在一起，且由于玻璃纤维热导率较高，能够起到传导温度的作用，内部聚积的热量能够很好地传递给周围的材料，避免出现局部热降解现象，因中心温度由玻璃纤维传递给周围材料，含有玻璃纤维的 PBT 焊缝宽度相比于不含玻璃纤维的 PBT 有明显的提高。当玻璃纤维含量为 40%时，基材中玻璃纤维占比较高，在焊接过程中熔体含量显著下降，基材黏度下降，焊缝宽度较 PBT-20% GF 有所降低，在对该焊缝进行观测时，可以明显发现焊缝中玻璃纤维占比较大，因熔体较少，而焊缝抗剪强度主要依靠熔体熔化凝固起到黏结作用，所以 PBT-40% GF 的焊缝抗剪强度较 PBT-20% GF 有所降低，但由于仍有熔体与玻璃纤维相互缠绕，焊缝抗剪强度相对于不含玻璃纤维的 PBT 高。

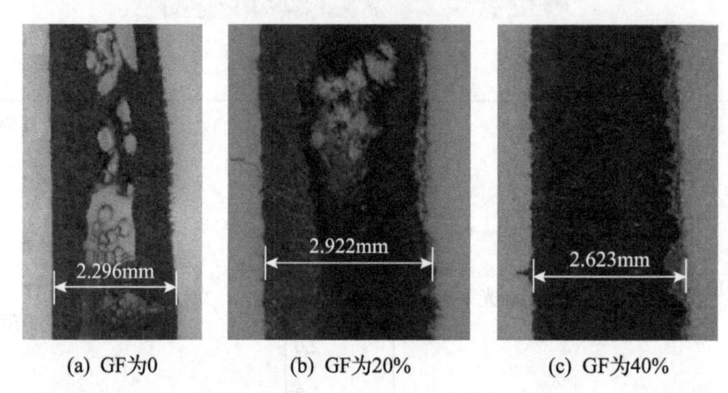

(a) GF为0　(b) GF为20%　(c) GF为40%

图 3.29　不同玻璃纤维(b) GF 为 20%含量的焊缝拉断面形貌图

3.5.3　添加金属颗粒焊接 PC 和 PASF

为了改善界面相容性，通常采用界面改性焊接不相容材料。界面改性是指在上下两层塑料界面处进行沉积或者涂覆一层金属薄膜或颗粒，通过界面处金属连接上下层塑料，提高界面的连接性能。常用的改性方法分为化学改性方法(如化学沉积、电沉积)和物理改性方法(如真空蒸发镀膜、离子镀、磁控溅射、热喷涂和冷喷涂等)。Sultana 等[66]对聚酰亚胺和钛薄膜进行激光透射焊接，并对接头界面处进行了化学键的扫描分析，研究发现焊接材料之间形成了新的化学键，提升了焊接强度。李晓宇[67]采用自主研发的专利技术激光蒸发溅射镀膜法在 PMMA 表面镀上一层锌薄膜，通过拉伸试验、金相试验、红外光谱分析等方式对材料进行分析，得到焊接强度的增强机理。

图 3.30 是采用金属颗粒作为吸收剂焊接前后的对比图。经过激光焊接，在界面处形成的金属熔融区域将上下两层塑料有效连接，且能够避免热影响区内塑料的热分解。由对应得到的放大图可以看出，焊接前吸收剂呈现独立的无规则形状，焊接后在焊缝处受热熔融形成较为致密的焊缝，且没有观察到离散的金属颗粒粉末，表明使用金属颗粒焊接效果较好。

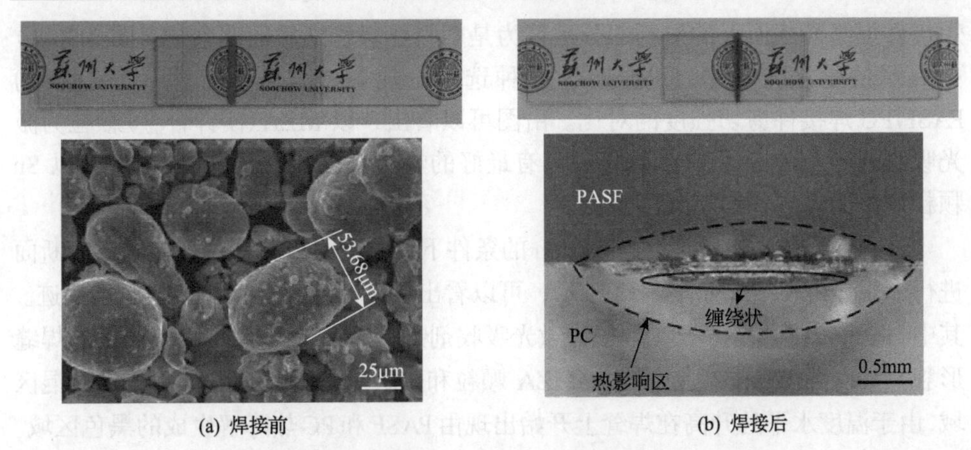

(a) 焊接前　　(b) 焊接后

图 3.30　使用金属颗粒作为吸收剂焊接前后的对比图

对加入不同金属颗粒焊接 PASF 和 PC 的焊接强度进行了测试，图 3.31(a)展示激光功率增加过程中，以选定的三种金属颗粒为激光吸收剂制备的 PASF/PC 焊接件剪切强度的变化规律。从图中可以看出，随着激光功率的增加，所有 PASF/PC 焊接件的剪切强度具有先上升后下降的变化趋势。在激光功率增加的过程中，由于热量的增加，PASF 和 PC 具有更好的熔融效果，这有利于熔融 PASF 和 PC 在焊接接头处发生分子链的相互扩散渗透，有利于焊接效果的提高。之后激光功率持续增加，焊缝处产生过量的热量，这将导致 PASF 和 PC 的热降解和氧化加剧。分子链的热降解和氧化导致分子量的降低，这使 PASF 和 PC 的力学性能下降；同时塑料热降解会产生大量的气体，这些气体聚集在焊接接头形成气泡，在外力作用下成为应力集中点，进而演变成断裂过程中裂纹产生的失效点。相关内容在 Liu 等[68]、Chen 等[69]的研究中具有类似的发现，其中 PASF/PC

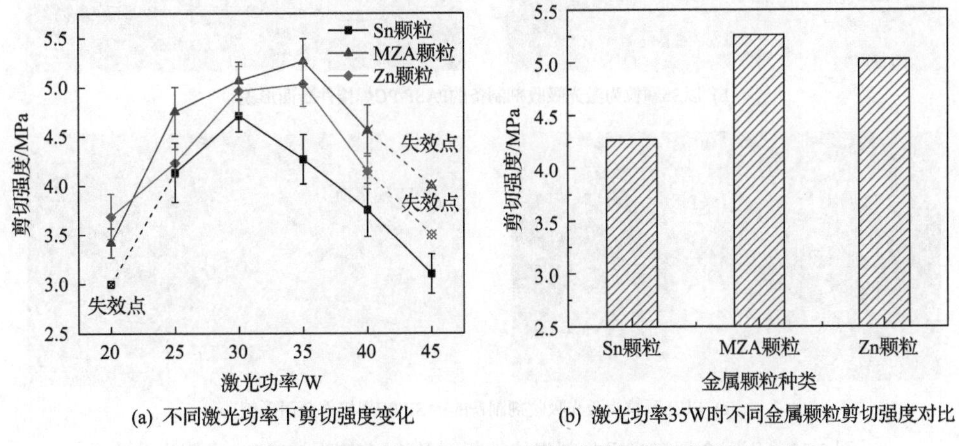

(a) 不同激光功率下剪切强度变化　　(b) 激光功率35W时不同金属颗粒剪切强度对比

图 3.31　使用金属颗粒作为金属吸收剂时剪切强度变化及对比

焊接件焊缝横截面上的黑色部分被认为是塑料热降解之后的残余物。图 3.31(b)中展示的是激光功率 35W 时，三种选定金属颗粒作为激光吸收剂制备的 PASF/PC 焊接件剪切强度的对比。由图可以看出，以 MZA(镁锌合金)颗粒为激光吸收剂制备的 PASF/PC 焊接件具有最好的焊接效果，以 Zn 颗粒次之，以 Sn 颗粒制备的焊接件焊接强度最低。

进一步，在线能量密度为 5J/mm 的条件下，对不同金属颗粒焊接形成的断面进行形貌分析，结果如图 3.32 所示，可以看出所有焊缝上存在明显的熔融痕迹。其中，图 3.32(a)是以 MZA 颗粒为激光吸收剂制备的 PASF/PC 焊接件断面的焊缝形貌，可以看出在焊缝上存在由 MZA 颗粒和熔融 PASF、PC 共同组成的共混区域，由于温度水平的升高在焊缝上开始出现由 PASF 和 PC 热降解生成的黑色区域。该线能量密度条件下，在 PC 层上可以看到逐渐明显的黄色区域，这是由于

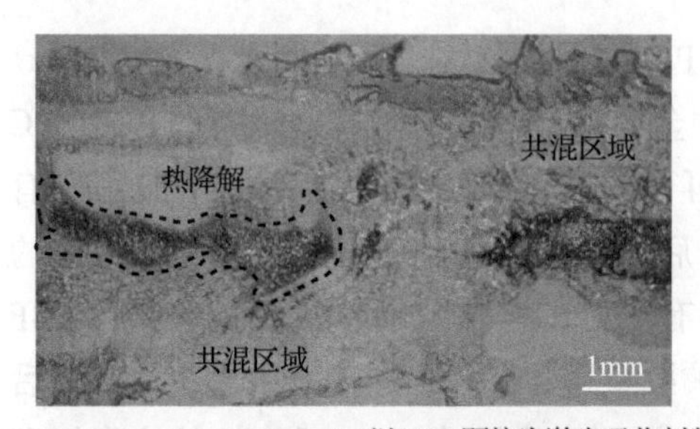

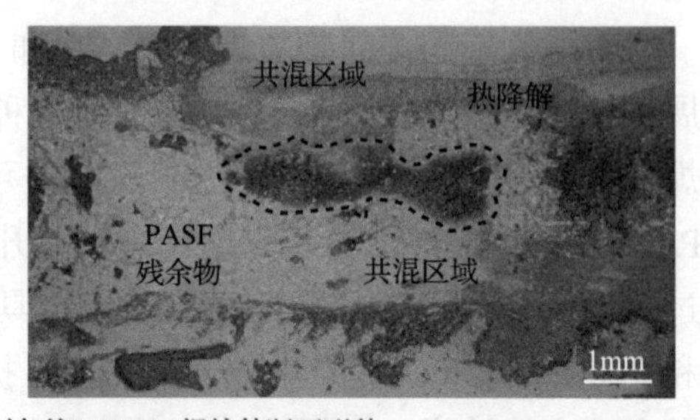

(a) 以MZA颗粒为激光吸收剂制备的PASF/PC焊接件断面形貌

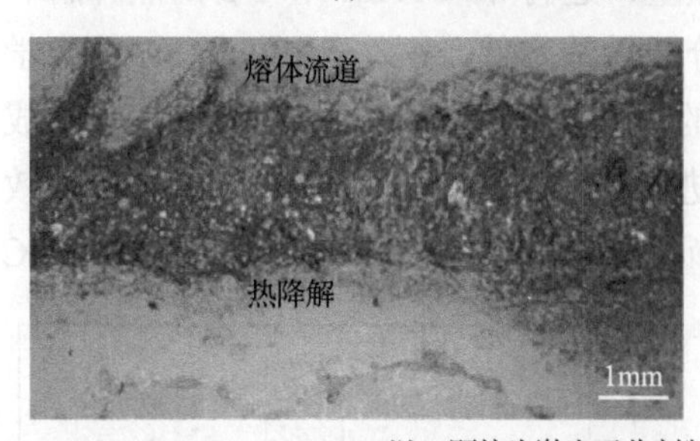

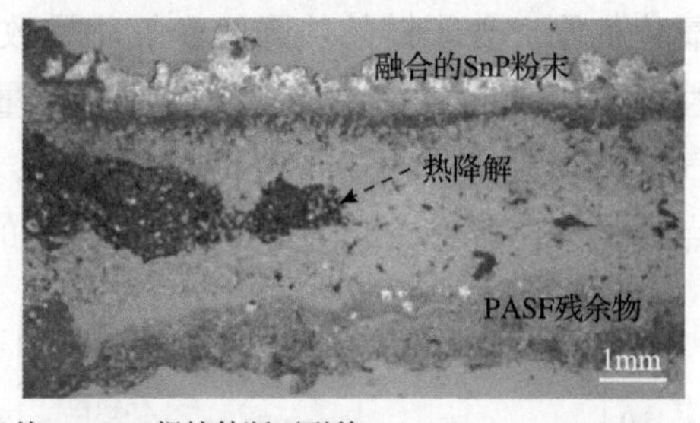

(b) 以Sn颗粒为激光吸收剂制备的PASF/PC焊接件断面形貌

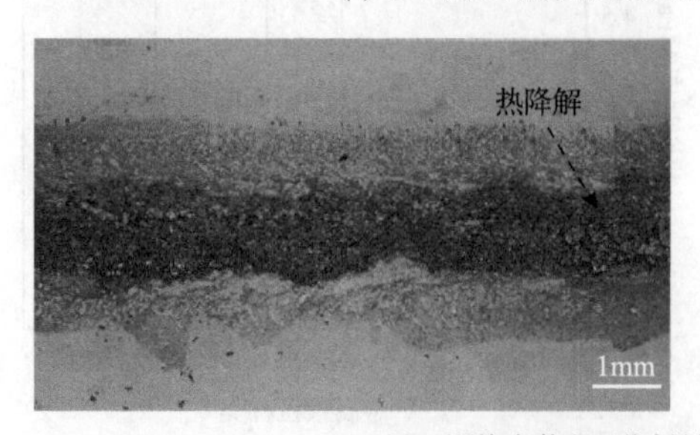

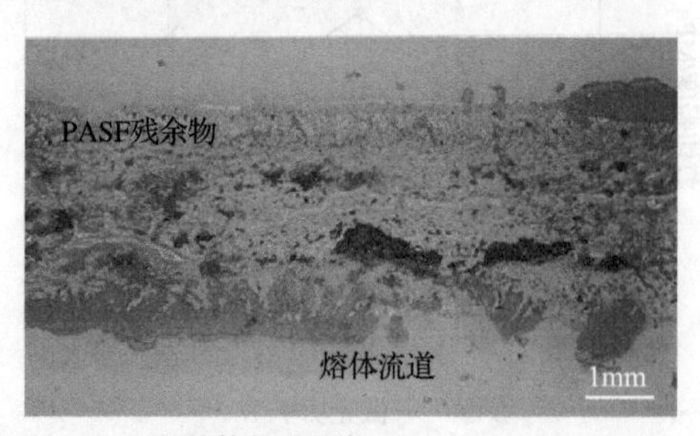

(c) 以Zn颗粒为激光吸收剂制备的PASF/PC焊接件断面形貌

图 3.32　不同金属激光吸收剂焊接件断面形貌(左侧为 PASF，右侧为 PC)

PC与PASF具有较好的融合效果，拉断过程中部分PASF残余在PC表面上。这说明以MZA颗粒为激光吸收剂时,PC和PASF具有较好的融合效果。图3.32(b)是以Sn颗粒为激光吸收剂制备的PASF/PC焊接件断面的形貌特征,可以看到焊缝中存在分散分布的Sn颗粒粉末、黏结的Sn颗粒块状体及黑色区域。随着线能量密度的增加，焊缝中间的黑色区域逐渐加重，在线能量密度为5J/mm的条件下，黑色区域不是连续存在的，而且温度较高的PC层的黑色区域小于温度较低的PASF层的黑色区域。随着激光线能量密度的增大，在PC层上可以看到明显的黄色区域，这说明熔融的PASF与PC之间发生了较好的熔融扩散。图3.32(c)是以Zn颗粒为激光吸收剂制备的PASF/PC焊接件断面的焊缝形貌,可以看出拉断面表面存在熔体流动痕迹、金属粉末与塑料基体共存的共混区域以及塑料热降解产生的黑色区域。当线能量密度增大到5J/mm时，在PASF层焊缝的中心位置形成连续的黑色区域，在靠近焊缝边缘的位置有更明显的熔融塑料流动痕迹，在PC层上有大量的PASF残余物。

对不同激光线能量密度条件下PASF/PC焊接件断面的形貌进行分析可知，由于Sn颗粒的熔点最低(介于PC和PASF熔点之间)，在拉断面上可以看到熔融Sn颗粒形成的连续块状体，但是同时存在大量的黑色区域，这些黑色的区域可能是导致以Sn颗粒为激光吸收剂的PASF/PC焊接件剪切强度较低的原因；MZA颗粒的熔点高于PASF的熔点，在焊缝的宏观形貌中并未看到明显的MZA颗粒熔融形成的块状体，但是焊缝整体的黑色区域较少，结合PASF/PC焊接件的剪切强度较高，因此作为激光吸收剂具有更宽的加工工艺区间；Zn颗粒的熔点最高，因此在焊缝中间位置没有看到熔融Zn颗粒结合形成的块状连续体，但是由于Zn颗粒的光学吸收值高于MZA颗粒，当线能量密度增加到5J/mm时，在焊缝中出现黑色区域，这意味着Zn颗粒作为激光吸收剂时的工艺窗口要小于MZA颗粒作为激光吸收剂时的。

接头横截面微观形貌和断口微观结构可以更好地揭示接头机理。图3.33(a)显示了添加MZA颗粒的接头的热影响区，图中金属颗粒穿透PC和PASF区域，表明激光和MZA颗粒之间的相互作用产生了足够的热量来熔化颗粒和热塑性塑料。Aden等[70]研究发现，这种足够的热能将有助于热塑性塑料中分子链的缠结，并进一步形成固体接头。图3.33(b)为断口的宏观形貌，显示出PASF和PC层中都有一薄层熔融塑料。图3.33(c)为PASF侧焊缝形貌，显示出PASF存在于PC层中。图3.33(d)为PC侧焊缝形貌，显示出PC出现在PASF层中，并在凝固后形成了互扩散区域。另外，PC或PASF都可以在焊接过程中与MZA颗粒形成化学键，这有助于实现接头的高性能。

通过SEM可以观察横截面上接头的形态。图3.34(a)是焊接件的低倍SEM图像，由图可以看出：离散的颗粒熔化在一起，因为金属的变形能力较强，所以由 MZA 颗粒形成的接头质量更好是合理的；熔融颗粒与塑料的黏结表面粗糙而非光滑，表明可以形成界面机械铆接。图 3.34(b)是放大图，由图可以看出，这些颗粒在界面处形成大大小小的连接，尺寸从 10μm 到 25μm 不等；所有空间都用塑料 PC 或者 PASF 填充，在微区域内表现出紧密的连接。宏观和微观的机械铆接以及金属的可变形性将协同改善接头的力学性能。

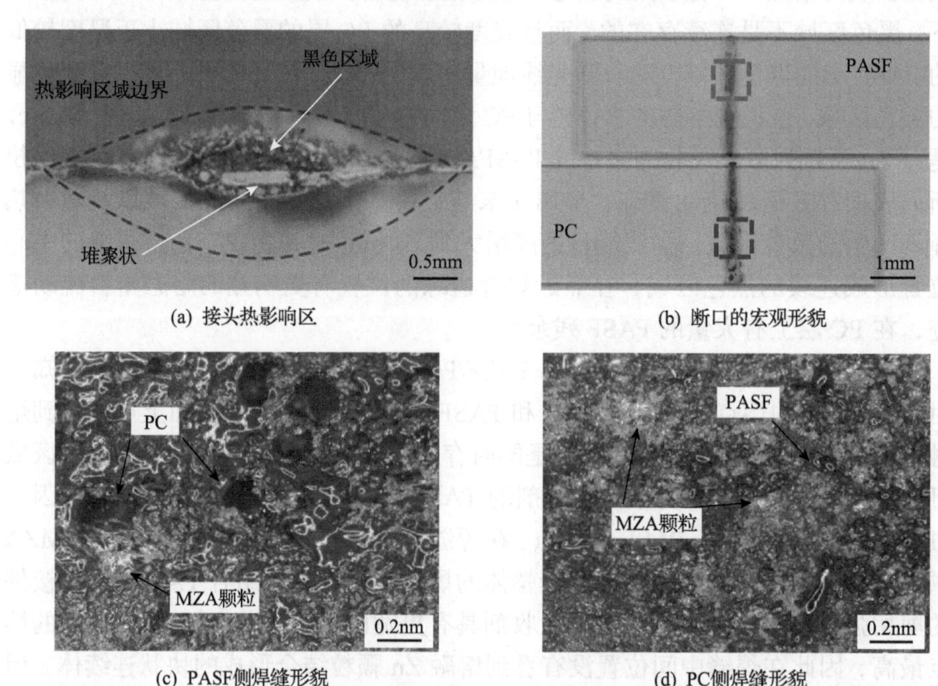

(a) 接头热影响区　(b) 断口的宏观形貌

(c) PASF侧焊缝形貌　(d) PC侧焊缝形貌

图 3.33　添加镁锌合金焊接 PC 和 PASF 的焊缝形貌

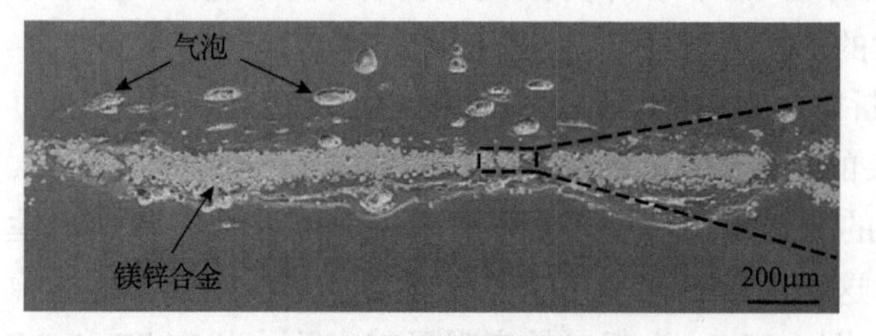

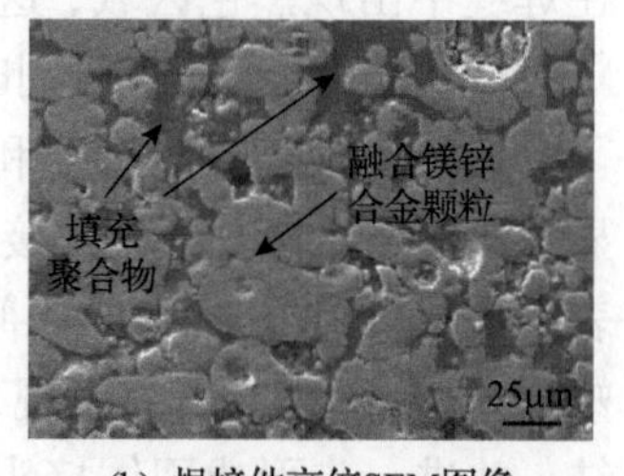

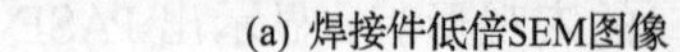
(a) 焊接件低倍SEM图像　(b) 焊接件高倍SEM图像

图 3.34　激光吸收剂形成的焊缝形貌

为了更好地分析粉末特征对接头质量的影响，制备了不同粒度、粉末厚度和粉末宽度的样品。图 3.35 显示了 MZA 颗粒大小对焊缝质量和形貌的影响。施加的粉末厚度和宽度分别为 0.08mm 和 3mm。图 3.35(a)显示了 MZA 颗粒粒径为 10μm、30μm 和 48μm 时 PASF/PC 焊接件的剪切应力-位移曲线，具有较大

MZA 颗粒粒径的焊接件有较高的抗剪强度。当 MZA 颗粒粒径为 48μm 时，PASF/PC 焊接件的剪切强度为 9.32MPa。不同的抗剪强度可能受接头中微观结构的影响。图 3.35(b)是 MZA 颗粒粒径为 10μm 时接头的焊缝形貌 SEM 图，大多数 MZA 颗粒保持其原始形态，表明 MZA 颗粒之间没有融合，因此不存在机械铆接结构。当颗粒粒径增加到 30μm 时，在界面处形成的融合 MZA 颗粒和融合线如图 3.35(c)中所示，这些熔合 MZA 颗粒可作为 PASF/PC 焊接件接头中的机械铆接点。当颗粒粒径为 48μm 时，熔合 MZA 颗粒的程度较大，机械铆接强度较高，相关焊接件具有较大的剪切强度。

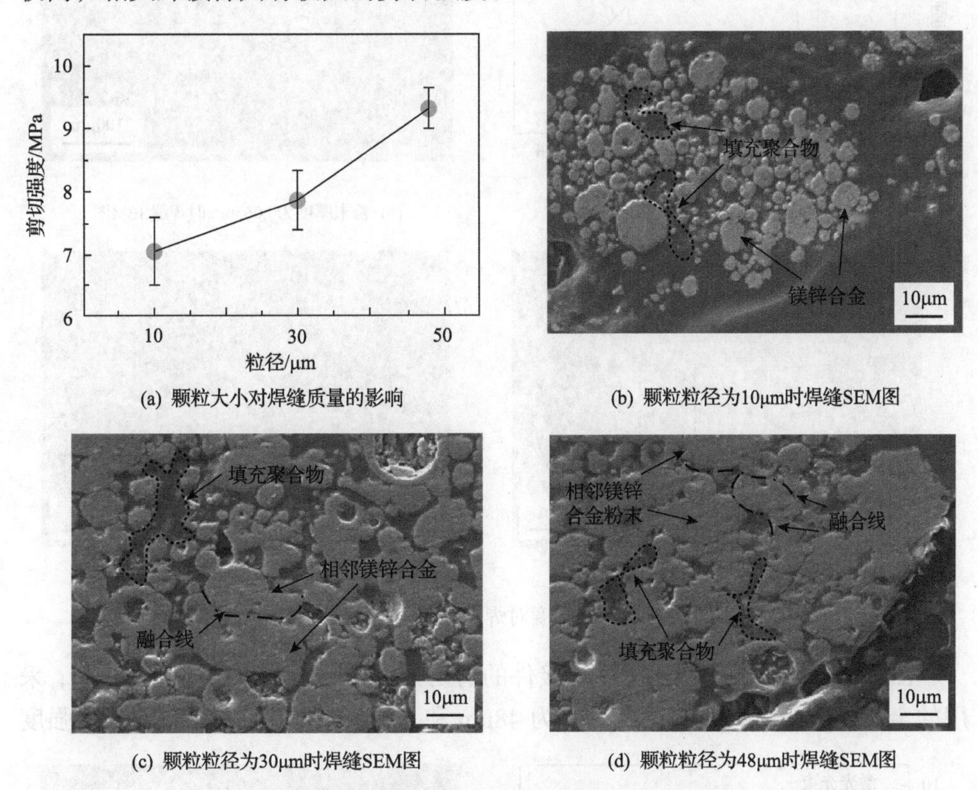

(a) 颗粒大小对焊缝质量的影响 (b) 颗粒粒径为10μm时焊缝SEM图

(c) 颗粒粒径为30μm时焊缝SEM图 (d) 颗粒粒径为48μm时焊缝SEM图

图 3.35 MZA 颗粒大小对焊缝质量和形貌的影响

图 3.36 给出了粉末厚度对焊缝质量和形貌的影响。应用的 MZA 颗粒粒径和粉末宽度分别为 48μm 和 3mm。图 3.36(a)表明随着粉末厚度增加至 0.08mm，剪切强度增加至最大值，之后出现下降，这是因为填充在热塑性塑料中的添加剂的散射增加了激光传输过程中的路径长度和吸收概率[70,71]。图 3.36(a)中的插图表明，反射次数随着粉末厚度的增加而增加。当粉末厚度为 0.065mm 时，图 3.36(b)中的 MZA 颗粒周围存在孔洞。未充分熔合的 MZA 颗粒表明低温水平是由低粉末厚度造成的。当粉末厚度为 0.087mm 时，由熔融 MZA 颗粒和热塑性塑料组成的

机械铆接结构出现在接头中，并有助于提高剪切强度(图 3.36(c))。图 3.36(d)中 SEM 下的焊缝形貌表明气泡和裂纹出现在焊接件内。如 Lambiase 等[72]所述，接头中的气泡和裂纹是由热塑性塑料分解引起的，这可能会减少界面连接，并成为断裂失效的起点。

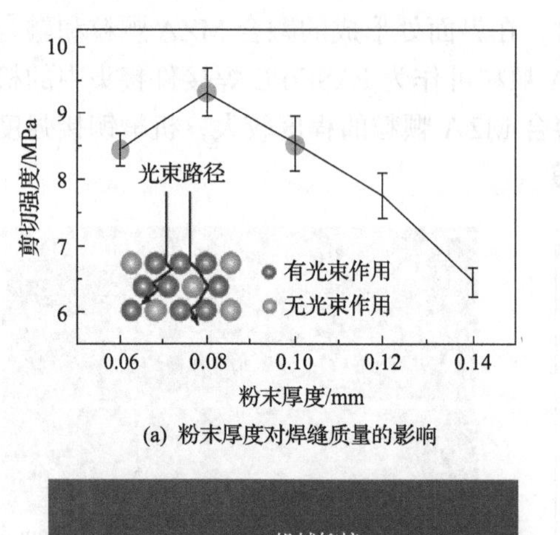

(a) 粉末厚度对焊缝质量的影响

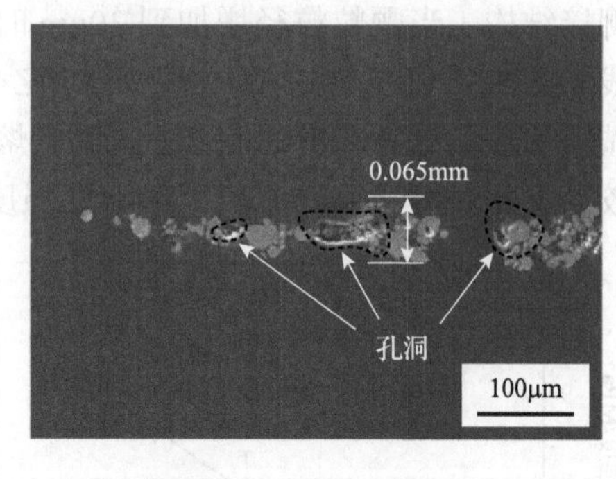

(b) 粉末厚度为0.065mm时焊缝SEM图

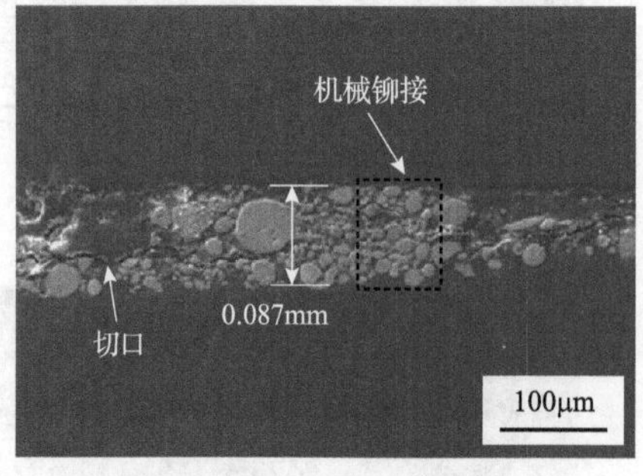

(c) 粉末厚度为0.087mm时焊缝SEM图

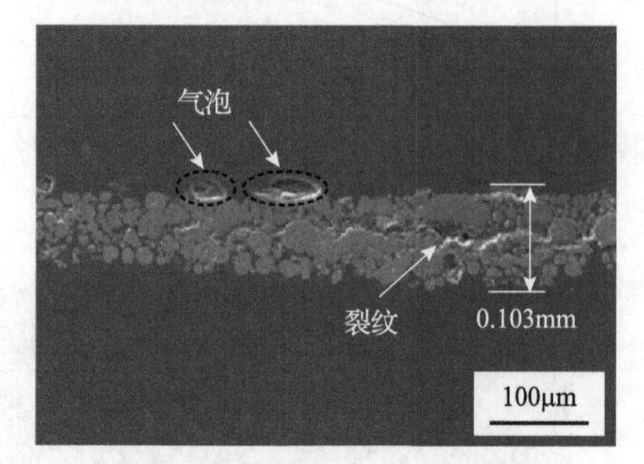

(d) 粉末厚度为0.103mm时焊缝SEM图

图 3.36　粉末厚度对焊缝质量和形貌的影响

图 3.37(a)给出了 PASF/PC 焊接件的剪切强度与粉末宽度的关系。其中，采用的金属颗粒粒径和粉末厚度分别为 48μm 和 0.08mm。图 3.37(a)表明剪切强度

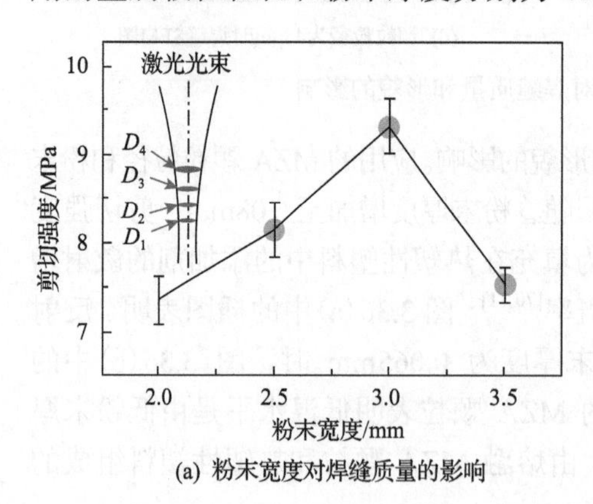

(a) 粉末宽度对焊缝质量的影响

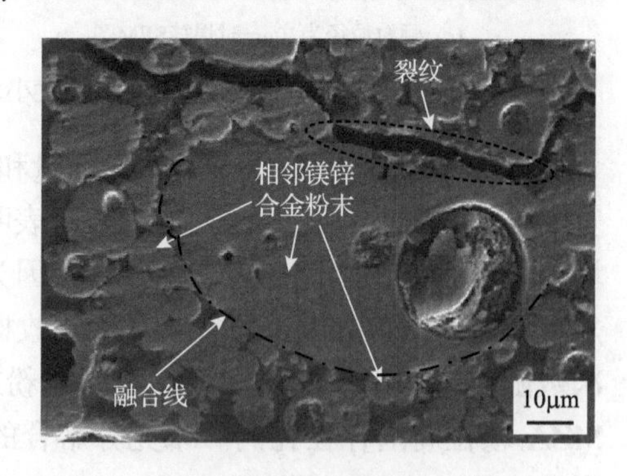

(b) 粉末宽度为2mm时焊缝SEM图

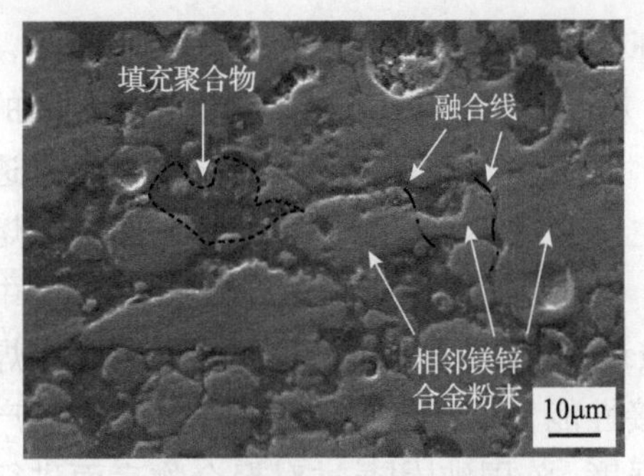

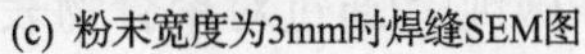
(c) 粉末宽度为3mm时焊缝SEM图

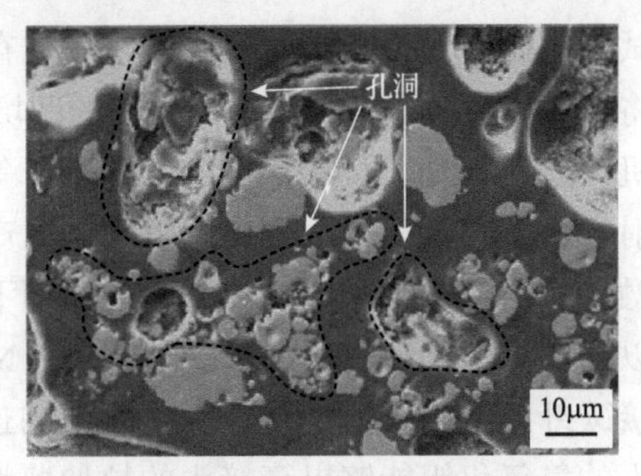

(d) 粉末宽度为3.5mm时焊缝SEM图

图 3.37　粉末宽度对焊缝质量和形貌的影响

随着粉末宽度的增加先增大后减小，插图说明粉末宽度等于在界面处辐射的实际激光束直径(*D*)。图 3.37(b)表明，当粉末宽度为 2mm 时，激光光斑的能量集中，热塑性塑料的分解和界面处出现裂纹。裂纹的形成将导致应力集中，进一步降低抗剪强度。图 3.37(c)表明，当粉末宽度增加到 3mm 时，界面形成了机械铆接结构，其由熔融 MZA 颗粒和填充热塑性塑料组成。图 3.37(d)显示，随着粉末宽度的持续增加，界面处出现大量孔洞，这与熔化周围热塑性塑料的能量不足有关，因此剪切强度明显减小。

3.6　塑料与其他材料焊接及应用实例

3.6.1　塑料与金属焊接

塑料与金属材料是目前工业生产中使用最广泛的两种材料，它们的结合使用可以实现结构件的轻量化。在工业中，减轻产品的重量不仅可以减少制造过程中的资源消耗，还可以减少运输过程中的能源消耗，从而保护自然资源和减少环境污染。例如，在汽车生产中，减轻汽车重量是整个技术战略的核心部分，汽车行业将利用该战略来实现减少资源消耗、降低污染的目标。轻量化设计可以有效减轻车身重量，提高汽车的动力性能，降低能源消耗及 CO_2 排放。

金属与塑料的物理、化学性质差异较大导致连接强度较低，是目前金属与塑料激光连接的主要问题[27]。塑料与金属的熔点差距较大：塑料的熔融温度大约在 200℃，钢的熔点在 1000℃以上，铝镁合金的熔点在 600℃以上。现有的研究表明，金属表面织构化对金属与塑料激光焊接强度的提升具有重要作用。对金属表面进行预处理，形成一定的凹凸微结构，当激光加热上层塑料时，塑料发生熔融态流入金属表面的微结构，待冷却后形成微铆结构。

Katayama 等[27]对热塑性聚合物和 304 不锈钢金属板的激光透射焊接进行了

试验，研究发现，焊缝中有细密气泡存在，焊接件受热使气泡膨胀产生高压，将熔融塑料挤压进入不锈钢表面的凹坑，从而实现了 PET 和不锈钢材料之间的机械互锁，增强了焊接强度。Roesner 等[73]研究了热塑性聚合物与金属的激光透射焊接：用激光烧蚀金属层表面，以产生具有微小切口和凹槽的表面织构，熔融区域的聚合物在夹具夹紧力的作用下，产生热膨胀并填充到金属表面织构中以形成机械互锁，增加了焊接强度。Nagatsuka 等[74]探究了表面打磨对摩擦焊接碳纤维增强热塑性塑料和铝合金的连接性能，发现表面研磨后在合金表面产生的氢氧化铝能够提高接头的拉伸剪切强度。陈国纯[75]通过对聚合物表面进行镀金属铝层处理，改善了不同聚合物材料之间的相容性，实现了不相容聚合物材料之间的透射焊接。此外，使用超声辅助激光焊接可以提高金属与塑料的连接性能[76]。

铝合金是汽车轻量化设计中使用最多的金属之一，在汽车制造中使用铝合金材料代替钢材可以有效降低汽车重量[77-81]。5182 铝合金具有良好的抗腐蚀性能、焊接性以及成型加工性能，常用于汽车发动机盖板、车身窗框、车身板等部件的生产制造[82]。图 3.38(a)是 5182 铝合金焊接样件。PA66 是一种热塑性树脂材料，具有良好的机械强度和硬度、耐磨性、自润滑性，是使用最多的工程塑料之一。目前，生产中常采用加入玻璃纤维的方式来提升 PA66 抗冲击性、耐化学性以及抗弯、抗拉等力学性能[83,84]。图 3.38(b)是 30%玻璃纤维增强 PA66(PA66-30%GF)试验样件。

(a) 5182铝合金焊接样件

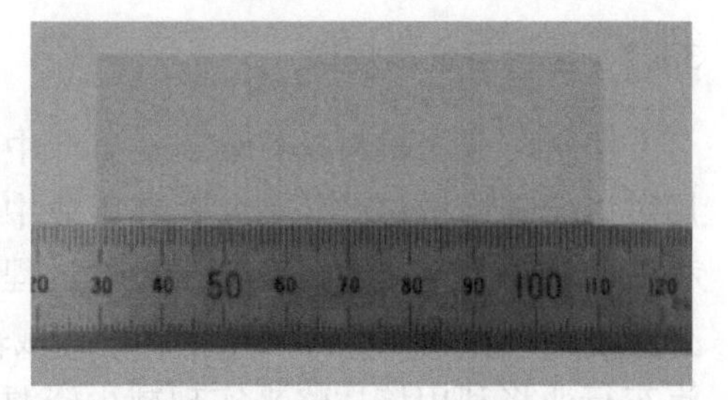

(b) PA66-30%GF试验样件

图 3.38　塑料与金属焊接原材料

图 3.39 给出了 PA66-30%GF 试验样件的 DSC 曲线和 TGA 曲线。由图可以看出，PA66-30%GF 的玻璃化转变温度为 256.24℃，起始热降解温度为 388.34℃，均低于铝合金熔点，因此难以实现两者熔融焊接。

对金属表面进行微结构设计，可以有效改善界面质量。图 3.40 是对铝合金进行不同处理后得到的表面微结构的 SEM 图，包括采用 400#砂纸打磨的铝合金板、具有长方形阵列微结构的铝合金板、具有正方形阵列微结构的铝合金板、具有网状阵列微结构的铝合金板。如图 3.40(a)所示，砂纸打磨后铝合金表面出现不规则条状结构，对砂纸打磨后的铝合金表面指定区域进行进一步放大，可发现条状结构的起伏使得金属表面产生不规则条状微槽。图 3.40(b)～(d)给出了经飞秒激光表面处理后的铝合金表面形成的规则排布的阵列微槽结构。图 3.40(b)中，单个微结构宽度为 0.15mm，微结构长度为 3mm，微结构间的间隔距离为 0.15mm。图 3.40(c)中，单个微结构尺寸约 0.15mm×0.15mm，微结构间的间隔距离为 0.15mm。图 3.40(d)中，微结构阵列采用交错排列，单个微结构尺寸约 0.15mm×0.15mm，微结构间的间隔距离为 0.15mm。三种微结构深度皆为 0.2mm。对微槽结构进行进一步放大发现：飞秒激光加工过程中残渣的飞溅以及热影响区域的作用使得在微槽边缘处存在不规则凹凸结构；微槽结构内壁具有一定的斜度，这种现象与飞秒激光加工的烧蚀机制有关。

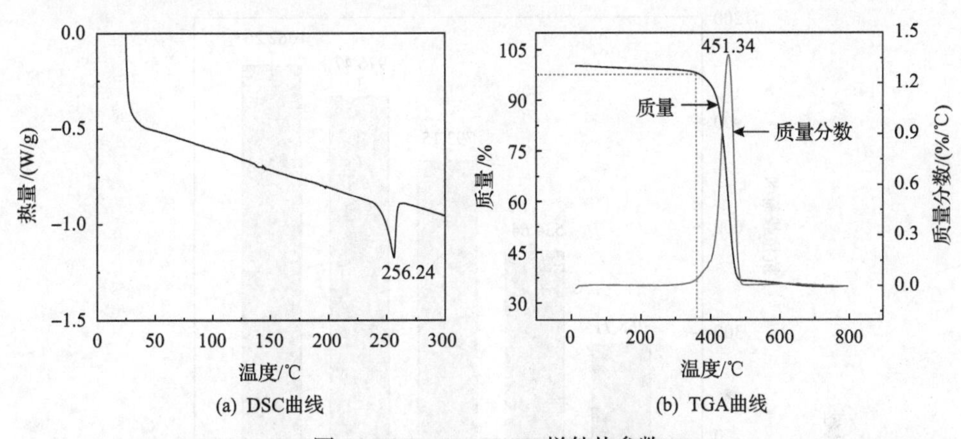

(a) DSC曲线　　(b) TGA曲线

图 3.39　PA66-30%GF 样件热参数

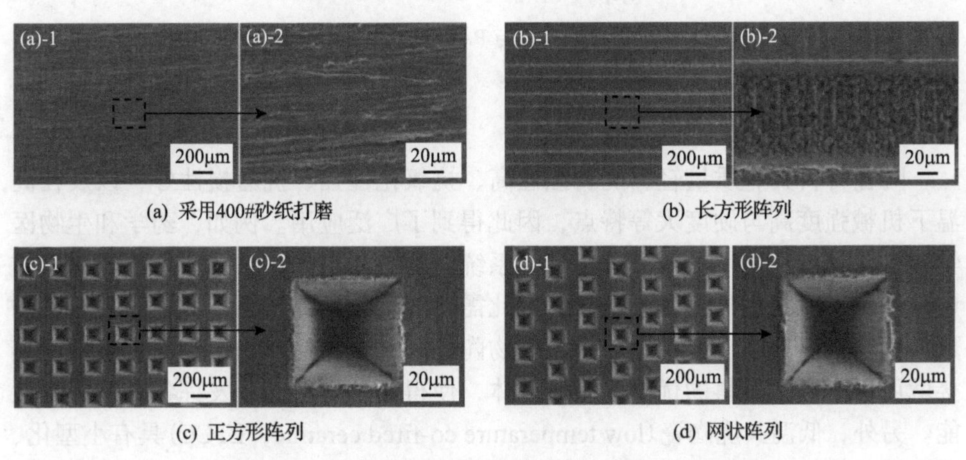

(a) 采用400#砂纸打磨　　(b) 长方形阵列

(c) 正方形阵列　　(d) 网状阵列

图 3.40　铝合金表面处理后表面微织构的 SEM 图

对 5182 铝合金板和 PA66-30%GF 进行激光焊接试验，测试选用激光焊接功率为 1200W、焊接速度为 2mm/s、离焦量为 20mm。在此焊接参数下，塑料能够充分熔融，同时焊接效果良好，未发现严重焊接缺陷。拉伸剪切试验结果如图 3.41 所示。未进行表面处理的铝合金与 PA66 的连接强度最低(图 3.41 中 ST-1)，最大抗拉载荷仅为 268.71N，铝合金与 PA66 的焊接强度无法满足使用需求。采用 400#砂纸打磨的铝合金板与塑料的焊接强度明显提高(图 3.41 中 ST-2)，焊接后最大抗拉载荷为 534.64N。铝合金板表面进行飞秒激光微结构加工后，焊接强度得到进一步提高。不同阵列的铝合金板 PA66 焊接件的抗拉载荷不同，长方形阵列微结构(ST-3)、正方形阵列微结构(ST-4)、网状阵列微结构(ST-5)的铝合金与 PA66 焊接件的抗拉载荷分别为 793.15N、976.47N 和 1062.26N，可知网状阵列的铝合金板与 PA66 的焊接强度最高。

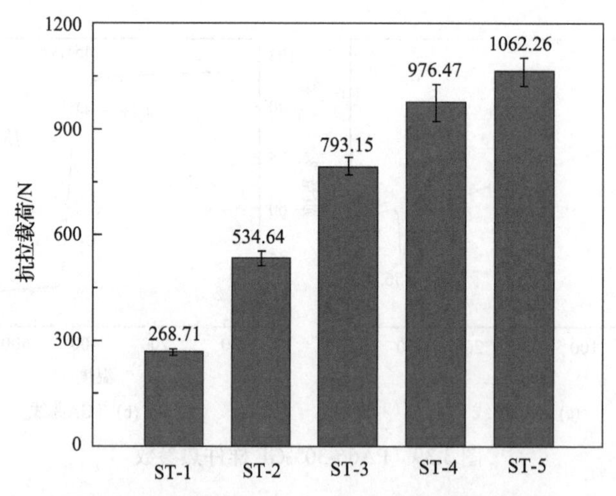

图 3.41 5182 铝合金与 PA66 焊接件的抗拉载荷

3.6.2 塑料与陶瓷/玻璃焊接

陶瓷材料具有质量轻、抗腐蚀性高、抗氧化性强、抗磨损性好，以及在高温下机械强度高与硬度大等特点，因此得到了广泛应用。例如，药学和生物医学界的研究者利用生物陶瓷分析传感系统，尝试采用光学方式从外部实时监控内部情况，但是生物陶瓷不透光，因此需要在生物陶瓷传感系统中安装透明的聚合物窗口以便光学分析。如果将生物陶瓷和聚合物这两种不同的材料进行连接就可以集两种材料的优异性能于一体，使得两种材料充分发挥各自的优异性能。另外，低温共烧陶瓷(low temperature co-fired ceramic，LTCC)具有小型化、高频化、集成化、低成本化和生物相容性的特点，它与塑料的连接对于集成化芯片实验室的研究意义重大。然而，陶瓷/玻璃与聚合物所具有的力学性能、热物理性能以及化学性能存在着明显差别，要实现陶瓷/玻璃与聚合物的高强度连接是非常困难的。

Kawahito 等[85]研究了 Si_3N_4 陶瓷和无定形 PET 塑料的连接。氮化硅板的尺寸为 110mm×30mm，厚度为 3mm；PET 板的尺寸为 70mm×30mm，厚度为 2mm。PET 板的透光率为 85%，热分解温度为 600K。结果如图 3.42 所示，当激光功率为 500W，激光移动速度为 6mm/s 时，PET 塑料与陶瓷之间形成较好的连接，PET 表面光滑且没有发生热分解，但是在焊缝内部存在一定的气泡。从局部放大图可以看出，塑料熔融时可以流入陶瓷粗糙的表面，形成一定的机械铆接。当激光移动速率为 6mm/s 时，焊接接头的剪切强度为 3100N，焊接面的透射电子显微镜图像表明，陶瓷和塑料在原子或分子尺寸水平上紧密结合；PET 聚合物进入了 Si_3N_4 表面形成的纳米级中空区域。因此，认为强连接可以通过金属和塑料在陶瓷板表面上的原子、纳米结构或分子键合来产生，其中不仅存在锚定(机械键合)效应，还存在范德瓦耳斯相互作用力和化学键。

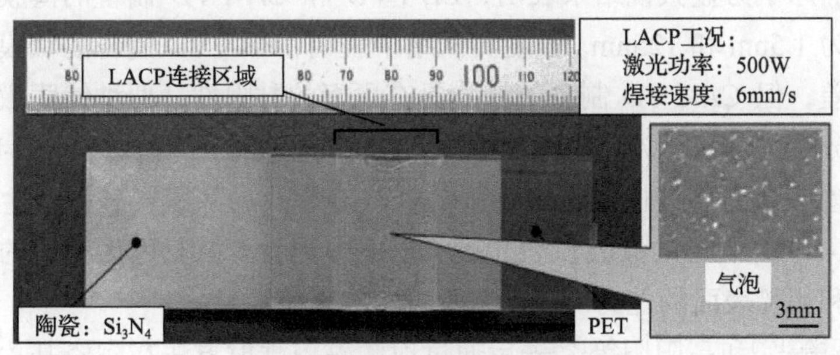

图 3.42 激光焊接塑料和陶瓷[85]
LACP 指激光辅助陶瓷和塑料

Tamrin 等[86]研究了 PETG 和陶瓷之间的焊接。PETG 具有耐高水分、氧气、溶剂、脱脂剂和酒精，高刚度和弹性，以及优异的热成型性能，因此在生物微纳制造中被广泛应用。陶瓷具有许多特性，包括对电流和温度的高电阻率及高介电强度，因此常在外科器械中用作绝缘体。已知 PETG 和陶瓷的熔点分别为 78℃和 1000℃，焊接所采用的激光器波长为 1060nm 通过改变不同激光加工参数，研究点焊强度和焊点直径的变化规律。对于所考虑的参数范围，得出以下结论：随着激光曝光和光斑数量的增加，抗拉强度增加；每增加一次点焊，接头强度就会显著提高，而延长激光曝光会导致点焊平均直径增加；虽然间隔距离的影响不大，但仍然可以观察到使用基于比率分析的多目标优化技术获得的最佳配置具有更大的间隔距离。然而，在低激光功率下，间隔距离对接头强度的影响需要广泛研究。

Klotzbach 等[87]使用短脉冲激光直接将 LTCC 与 PMMA 连接。他采用的方法分为两步：首先将聚合物局部熔化，然后将熔化部分直接推入陶瓷材料表面的孔隙及凹凸不平的地方。LTCC 能够吸收激光并将其转化为热量用于加热塑料。连接过程分为表面粗糙化处理和焊接两个步骤，其中表面粗糙化处理要求陶瓷表面必须足够粗糙或多孔，以确保聚合物具有足够密度的锚固点。此外，Klotzbach 探究了不同线能量密度和微结构对焊接质量的影响。尽管该研究验证了塑料与陶瓷连接在芯片实验室的应用前景，但是在陶瓷表面上制造表面结构对于现有的加工技术来说难度很大，而且实现起来成本过高。

利用磁控溅射法在玻璃材料上镀金属膜可以得到良好的陶瓷/玻璃与塑料之间的连接层，从而提高异质材料结合强度。Sultana 等[66]使用电子束蒸发物理气相沉积(electron beam evaporation physical vapor deposition，EB-PVD)和阴极电弧物理气相沉积(cathodic arc physical vapor deposition，CA-PVD)制备的钛膜连接玻璃和聚酰亚胺块体，发现使用 CA-PVD 制备的钛膜比 EB-PVD 制备的钛膜连接性能更好。原子力显微镜结果表明，EB-PVD 和 CA-PVD 制备的薄膜的表面粗糙度分别为 1.5nm 和 125nm。强度测试结果表明，EB-PVD 制备的钛膜对玻璃的黏附性较差，但 CA-PVD 制备的钛膜具有更好的黏附性，两种钛膜激光接头的剪切强度分别为(3.7±1.7)MPa 和(14.0±2.5)MPa。Sultana 等认为，EB-PVD 制备的钛膜较差的激光连接性能是由于膜的低热导率及局部膜脱黏而产生了热点的倾向；CA-PVD 制备的钛膜在激光接头形成中更为有效是因为沉积的膜具有改善附着力和粗糙表面的能力[88]。

刘会霞等[89]和高阳阳等[90]先后通过射频磁控溅射方法在陶瓷基片上镀了一层钛膜，作为 PET 与陶瓷间连接的激光能量吸收剂。激光光束透过 PET 透光层材料后，在镀钛膜与 PET 材料的接触面处被吸收层的钛膜所吸收，使得激光能量直接作用于钛膜表面，进而通过热传导加热和熔化上层的 PET 材料。在凝固的过程中，已经熔化的 PET 材料在恒定压紧力的辅助作用下与镀钛氧化铝陶瓷基片之间形成连接区域，从而实现了两者之间的连接。X 射线光电子能谱(X-Ray photoelectron spectroscopy, XPS)试验分析得到了氧化铝陶瓷镀钛与 PET 接触面处形成的 Ti—C、Ti—O 化学键，这说明 PET 与氧化铝陶瓷之间的连接与这些化学键的形成有关，而这种化学机理也是形成较高连接强度的原因。此外，他们还研究了玻璃基片的粗糙度对零件之间的连接强度的影响，发现随着镀钛薄膜厚度和玻璃基片粗糙度的增加，零件间的机械互锁特性与零件之间的热传导性能也逐渐增强，从而激光透射连接强度变大。采用响应曲面法对其工艺参数进行了优化，结果表明焊接质量影响因素的大小排序为激光功率>激光速度>钛膜厚度[91]。

3.6.3 塑料与木材焊接

随着全球资源日趋枯竭，人们的社会环保意识日见高涨，对木材和石化产品应用提出了更高的要求。木塑复合材料是以锯末、木屑、竹屑、稻壳、麦秸、大豆皮、花生壳、甘蔗渣、棉秸秆等低值生物质纤维为主原料，与塑料合成的一种复合材料。它同时具备植物纤维和塑料的优点，适用范围广泛，几乎可涵盖所有原木、塑料、塑钢、铝合金及其他类似复合材料的使用领域，同时也解决了塑料、木材行业废弃资源的再生利用问题。

塑料/木材激光焊接原理如图 3.43 所示，塑料为激光透射层，木材为激光吸收层。当激光通过塑料上方时，木材中的木质素能够有效吸收激光并将其转为热量，加热上层塑料，上层塑料受热熔融嵌入木塑复合材料表面，形成微铆接结构。同时，当木塑复合中的塑料和上层塑料具有相容性时，可以形成有效的分子链互穿，实现高质量连接。

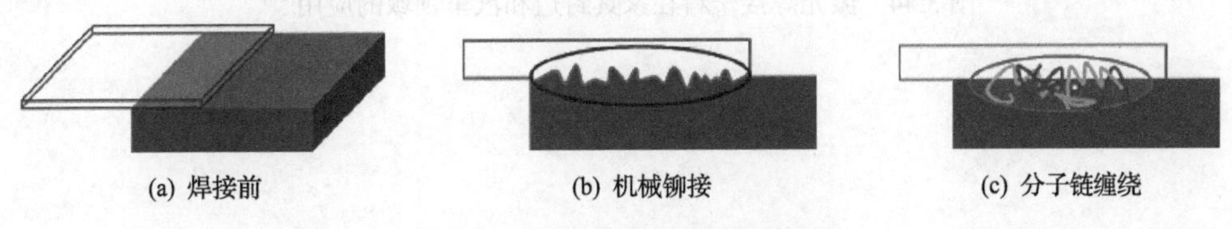

图 3.43　塑料/木材激光焊接原理

图 3.44 是激光焊接塑料在家具封边和汽车领域的应用。Haferkamp 等[92]研究了高功率二极管激光器(810940nm)和 Nd :YAG 激光系统 s1064nmd 不同激光源对焊接质量的影响，并开发了热成像系统用于鉴定不同材料的激光焊接性。该系统可以检测玻璃纤维增强和材料成分对所研究聚合物及木质材料的传输、吸收和散射的影响。另外，由于天然纤维复合材料具有强烈的材料不均匀性和各向异性结构，开发了适用于其应用的特殊工艺策略。木材与聚合物的连接机制表明界面处会发生大规模熔体流动、机械互锁和热相变。但是由于两种材料都有一个共同相，连接机制仍然没有得到证实。Barcikowski 等[93]研究了 PA66 和橡木之间的激光切割和激光连接，通过热影响区域观察到细胞壁内木质素的显著热改性主要发生在表面，并减小到距离表面约 35μm 或 40μm 处；通过改变材料和工艺参数，如木材组织、切割方向和每个截面的激光能量，选择性地修改了激光切割造成的材料损伤宽度；并指出木材(或木材复合材料)与热塑性塑料的激光传输焊接是一个热过程，证实了焊接区由熔融塑料和木质素组成的理论。

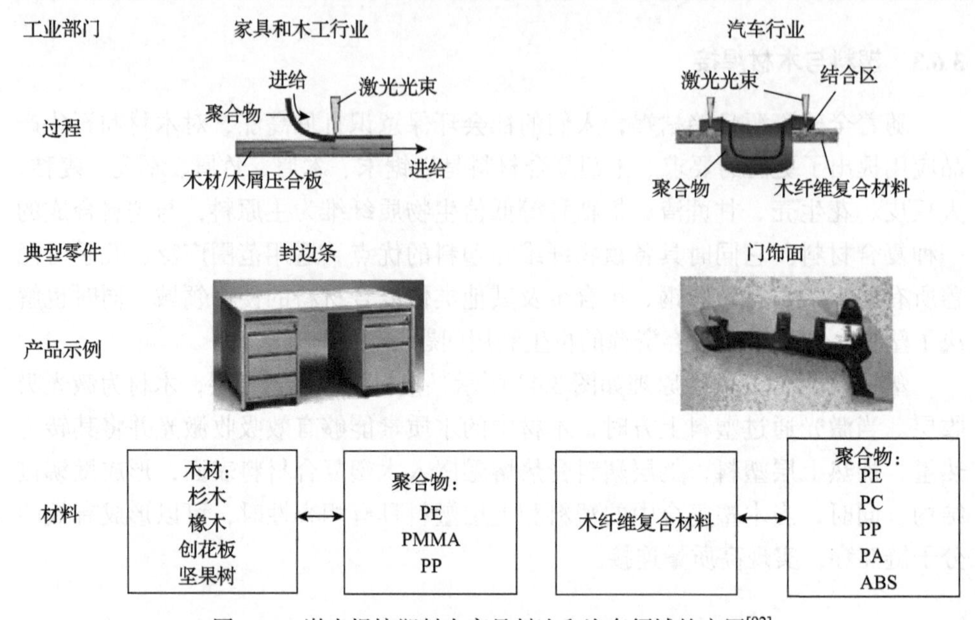

图 3.44 激光焊接塑料在家具封边和汽车领域的应用[92]

第4章　焊接工艺参数对焊接性能的影响

工业产品在高质量、大批量生产之前，通常需要进行焊接工艺参数的优化试验，以掌握产品焊接的工艺区间。在该过程中，明晰工艺参数、焊接质量及焊缝特征(宏观形貌、微观形貌和残余应力分布)三者之间的相关性关系对于降低研发人员的劳动强度、提高工作效率具有重要意义。本章首先介绍影响塑料焊接效果的工艺参数并分析相关工艺参数的影响机制；然后在此基础上进行不同工艺参数下的焊缝特征研究，为工业生产积累经验；最后介绍响应曲面法在焊接工艺参数优化中的具体应用。

4.1　激光功率对焊接性能的影响

4.1.1　影响机理分析

塑料激光焊接过程中，材料经历了玻璃态—黏流态的凝聚态转变历程，在接头处发生分子链间的相互扩散，实现塑料产品的紧密结合。在该过程中，激光功率通过影响焊接件表面上单位面积内激光能量的大小，进而影响凝聚态转变历程，最终决定焊接效果。如图4.1所示，激光功率的作用效果可以分为三种情况：①当激光功率不足时，激光直接作用区域内被焊接材料不能充分熔融，分子链之间的相互扩散不足，从而使得焊接件力学性能偏低；②提高激光功率之后，激光直接作用区域内被焊接材料充分熔融，分子链之间发生良好的相互

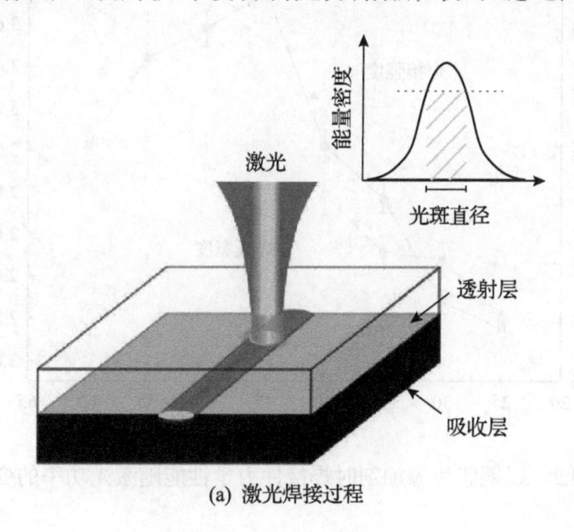

(a) 激光焊接过程

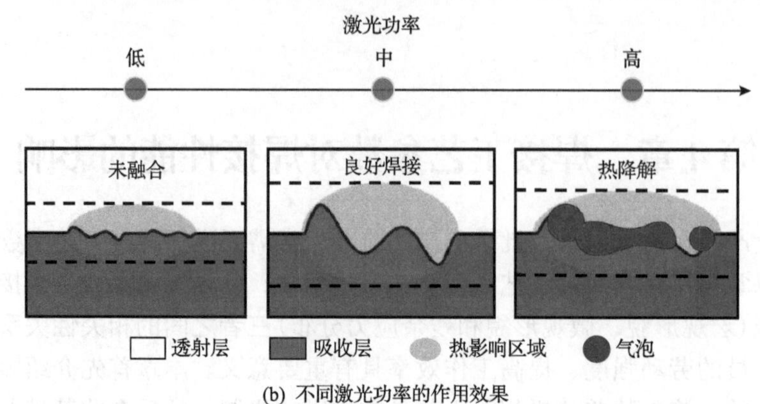

(b) 不同激光功率的作用效果

图 4.1 激光功率的影响机制

扩散，形成稳定的焊接接头；③过大的激光功率会引发被焊接塑料发生热降解，造成分子量下降，产生的气体在熔池中聚集，成为断裂失效发生的起始失效点。

4.1.2 对力学性能的影响

下面对不同类型添加剂的相关研究进行汇总，分析以金属铜膜、炭黑及金属粉末为添加剂的条件下，焊接件力学性能随激光功率的变化。

1. 铜膜添加剂[94]

图 4.2 展示的是以铜膜为添加剂时焊接件力学性能随激光功率的变化：在扫描速度为 6mm/s、铜膜宽度为 2mm 的条件下，PC 的焊接强度随激光功率的增

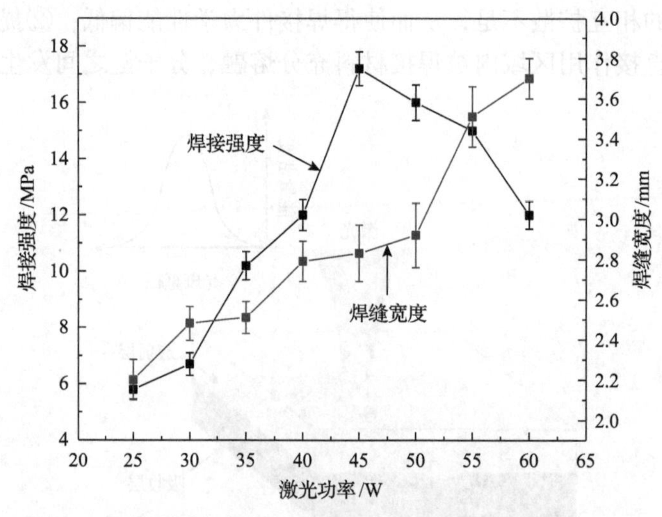

图 4.2 以铜膜为添加剂时焊接件力学性能随激光功率的变化

大先增大后减小。从图中可以看出，在激光功率上升到 45W 的过程中，PC 的焊接强度不断提高，这是由于在激光功率增加的过程中，PC 经历了不充分熔融和完全熔融的转变过程；当激光功率达到 45W 时，PC 焊接件具有最高的焊接强度 17.6MPa；随着激光功率进一步增加，焊接强度出现下降，这是由于过高的激光能量导致 PC 出现热降解。结合焊缝宽度随着激光功率的增加而线性增加的变化规律可以判断，随着激光功率的增加，焊缝中的温度水平逐渐增加。

2. 炭黑添加剂[95]

图 4.3 展示的是以炭黑为添加剂，在扫描速度为 15mm/s、夹紧力为 0.4MPa 条件下，PC 焊接件的力学性能随着激光功率的变化规律。从图中可以看出，当激光功率为 50W 时，焊接件具有最大拉断力 3.6kN；当激光功率达到 60W 时，焊接件的拉断力减小。这是由于在激光功率低于 50W 的情况下，随着激光功率的增大，PC 逐渐充分熔融，PC 分子链之间相互扩散、纠缠逐渐加大，因此焊接件的拉断力增大；继续增加激光功率，PC 出现局部热降解，拉断力减小。

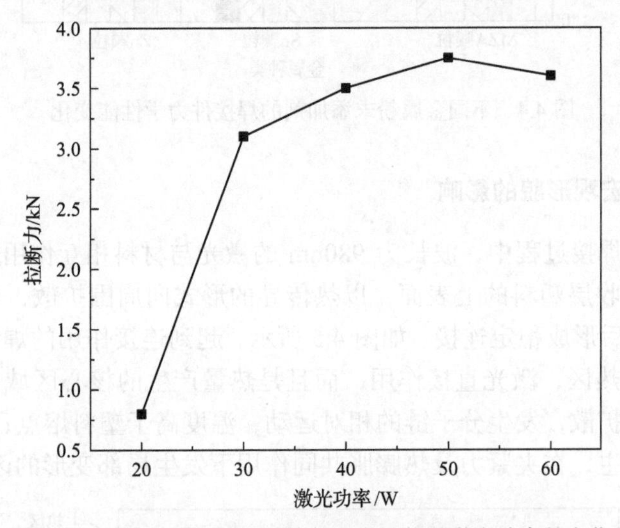

图 4.3　炭黑为添加剂时焊接件力学性能随激光功率的变化

3. 金属粉末添加剂[96]

图 4.4 展示的是以锡(Sn)粉、镁锌合金(MZA)粉和锌(Zn)粉为添加剂，在扫描速度为 5mm/s、夹紧力为 0.6MPa 的条件下，激光功率对透明塑料 PASF 和 PC 焊接件焊接强度的影响。从图中可以看出：

(1)采用不同金属颗粒添加剂焊接得到的焊接件的最大焊接强度不同，如使用 Sn 颗粒和 MAZ 颗粒焊接的最大焊接强度分别为 4.65MPa 和 5.20MPa。这是由于金属颗粒添加剂的差异导致产生了不同的焊接接头特征。

(2)采用不同金属颗粒添加剂获得最大焊接强度时所需要的激光功率不同，如使用Sn颗粒和MAZ颗粒焊接获得最大焊接强度时的激光功率分别为30W和35W。这主要和金属颗粒添加剂的激光吸收率不同有关。

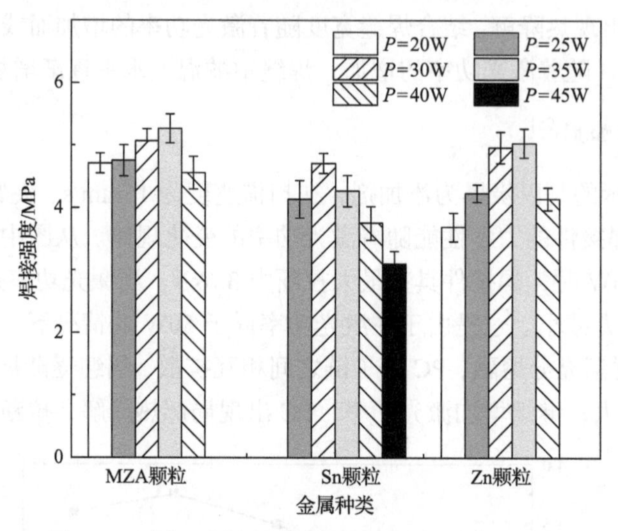

图 4.4　不同金属粉末添加剂的焊接件力学性能变化

4.1.3　对焊缝宏观形貌的影响

激光透射焊接过程中，波长为980nm的激光与材料相互作用过程中产生的热量集中在吸收层塑料的上表面，以热传导的形式向周围扩散，促进周围塑料的熔融，冷却后形成稳定连接。如图4.5所示，起到连接作用的焊缝主要包括三个区域：①生热区，激光直接作用，而且是热量产生的核心区域；②熔融区，熔融塑料相互扩散，发生分子链的相对运动，温度高于塑料熔点；③热影响区，以链段运动为主，在夹紧力及热膨胀共同作用下发生局部变形的区域。

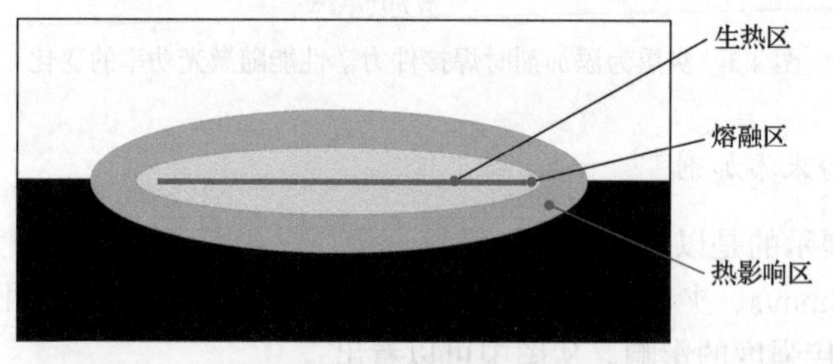

图 4.5　焊缝的组成

对焊接件进行切割、抛光处理之后，通过光学显微镜对焊缝形貌特征和大小进行观察。图 4.6 为不同激光功率(22～26W)条件下，以 Zn 粉和炭黑混合物为激光吸收剂制备的 PASF 焊接件的焊缝形貌[97]。焊接过程中激光的扫描速度为 3mm/s，夹紧力为 0.6MPa。从图中可以看出，随着激光功率的增大，焊缝宽度(W_d)和焊缝深度(H_d)都逐渐增大，主要是因为激光功率增大使得 Zn 粉/炭黑混合物吸收的能量增加，熔池扩大，尤其是透射层中的 Zn 粉吸收剂层面积占总熔池面积的比例逐步扩大。过小的熔池意味着焊接反应不充分，焊接强度较低；过大的熔池中可能存在焊接件局部的热降解降低焊接强度，同时影响焊缝的美观。

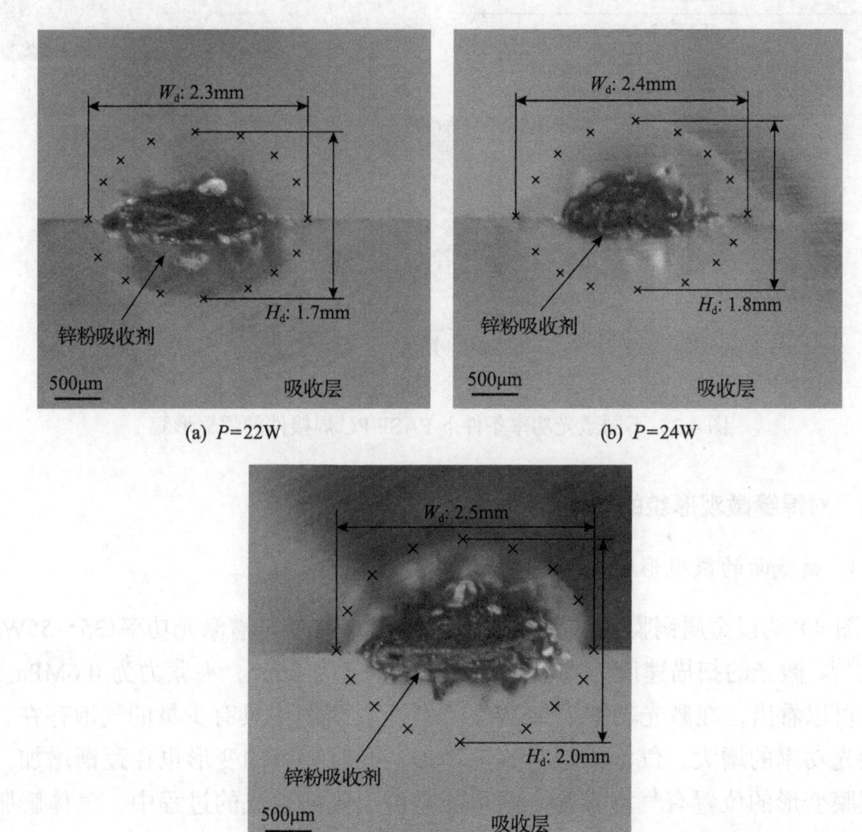

(a) P=22W　(b) P=24W

(c) P=26W

图 4.6　不同激光功率条件下 PASF 焊接件的焊缝形貌

图 4.7 为不同激光功率(25～35W)条件下，以 MZA 粉为激光吸收剂制备的 PASF/PC 焊接件的焊缝形貌[96]。焊接过程中激光的扫描速度为 6mm/s，夹紧力为 0.6MPa。从图中可以看出，随着激光功率的增加，焊缝宽度 W_1 和深度 H_d 均逐渐变大，这是由于激光功率增大使得 MZA 粉吸收剂吸收的能量增加。当激光

功率增大到 35W 时，可以看到焊缝局部有明显的黑色区域，这是由于过大的激光功率产生高温，塑料发生严重热降解，塑料热降解产生的气体未能及时从熔池中逃逸，因此在焊缝中可以看到大量的气泡存在。

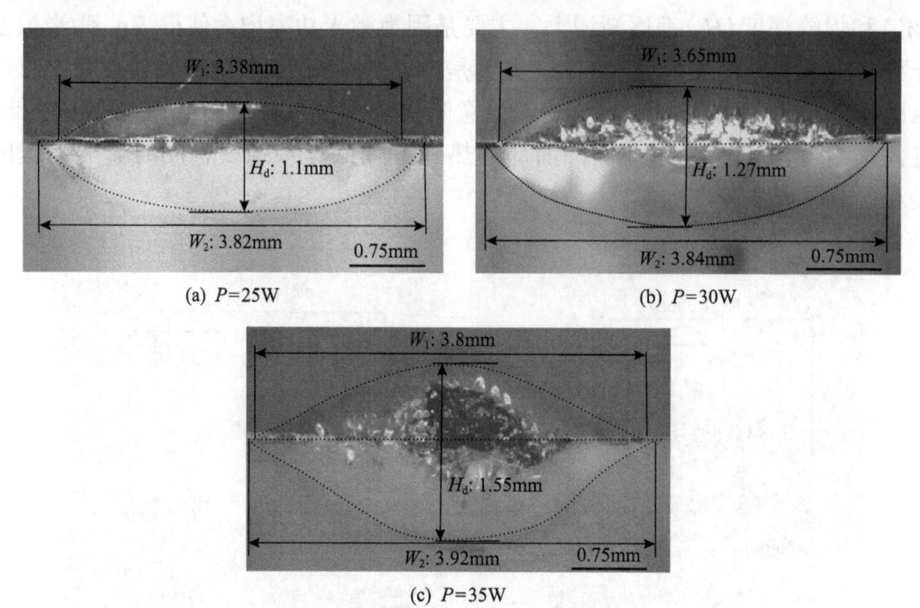

(a) P=25W (b) P=30W (c) P=35W

图 4.7 不同激光功率条件下 PASF/PC 焊接件的焊缝形貌

4.1.4 对焊缝微观形貌的影响

1. 横截面的微观形貌

图 4.8 为以金属铜膜为吸收剂时，焊缝的微观形貌随着激光功率(35～55W)的变化[94]。激光的扫描速度为 6mm/s，铜膜的宽度为 2mm，夹紧力为 0.6MPa。从图中可以看出，在激光功率为 35W 的条件下，焊缝中具有少量的气泡存在，随着激光功率的增大，气泡的数目逐渐增加，同时铜膜的变形也在逐渐增加，并且铜膜变形的位置有气泡存在。这可能是由于气泡生成的过程中，气体膨胀的反作用力作用于铜膜表面，对铜膜形成挤压，进而导致铜膜变形。

2. 拉断面的微观形貌

以炭黑填充的 PMMA 为研究对象，对焊接件的拉断面通过超景深显微镜和 SEM 进行微观形貌观察，表征 PMMA 焊缝的融合特征，如图 4.9 所示。从图中可以看出，当激光功率为 6W 时，激光在焊缝界面上产生的能量较低，不足以将塑料加热到玻璃化转变温度或熔化温度以上，使得上下层塑料间无法充分熔融，

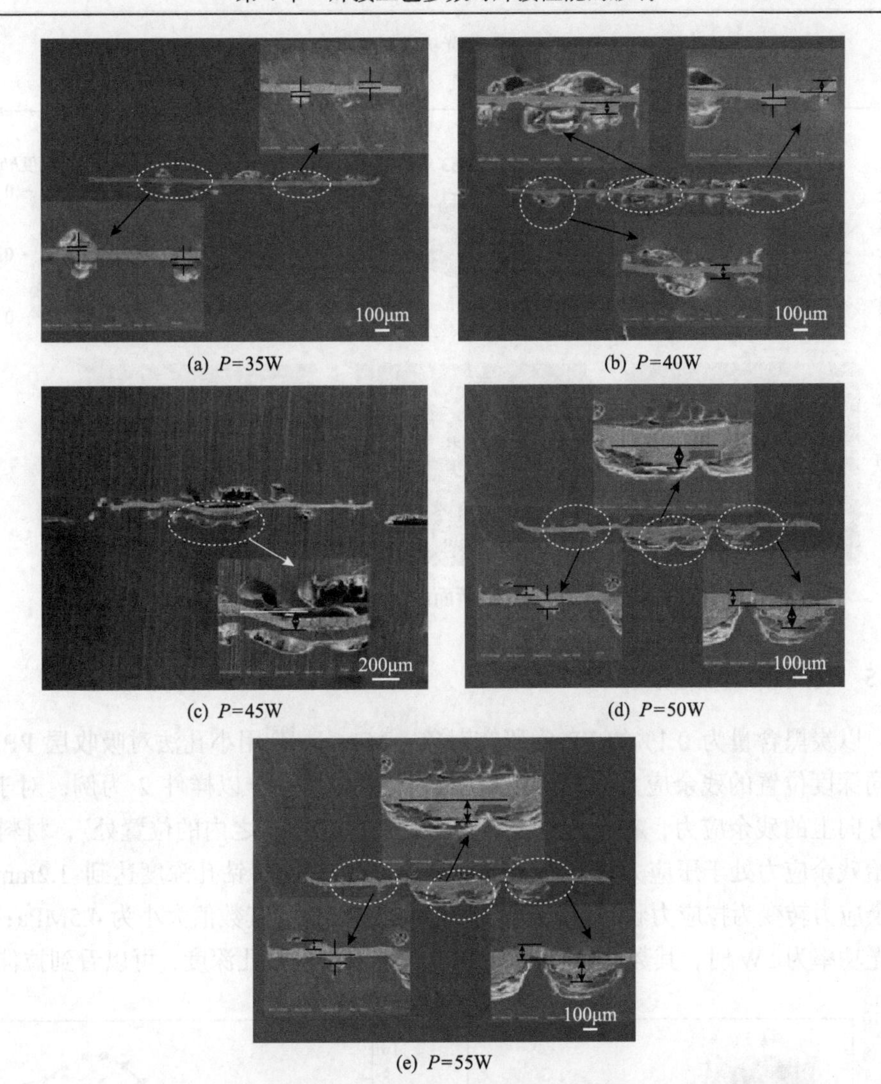

(a) P=35W　(b) P=40W　(c) P=45W　(d) P=50W　(e) P=55W

图 4.8　以金属铜膜为激光吸收剂时不同激光功率下的焊缝微观形貌

此时表面起伏 h 为 0.141mm，而且存在不连续的虚焊现象；随着激光功率增加到 10W，到达界面处的激光能量适中，上下层塑料间充分熔融，断面起伏增加到 0.483mm，断面处出现了连续的山脊状形貌，表明上下层塑料间相互镶嵌，这有利于提高焊缝的抗剪强度；当激光功率达到 14W 时，焊缝界面上的激光能量过高，使得焊接温度过高并超过了 PMMA 的热分解温度，进而发生 PMMA 局部热降解，并在焊缝中心处出现大小不均的气泡，气泡在一定程度上打断了上下层 PMMA 间的连接，降低了表面起伏 h，削弱了塑料间的镶嵌效果，从而弱化了焊接效果。

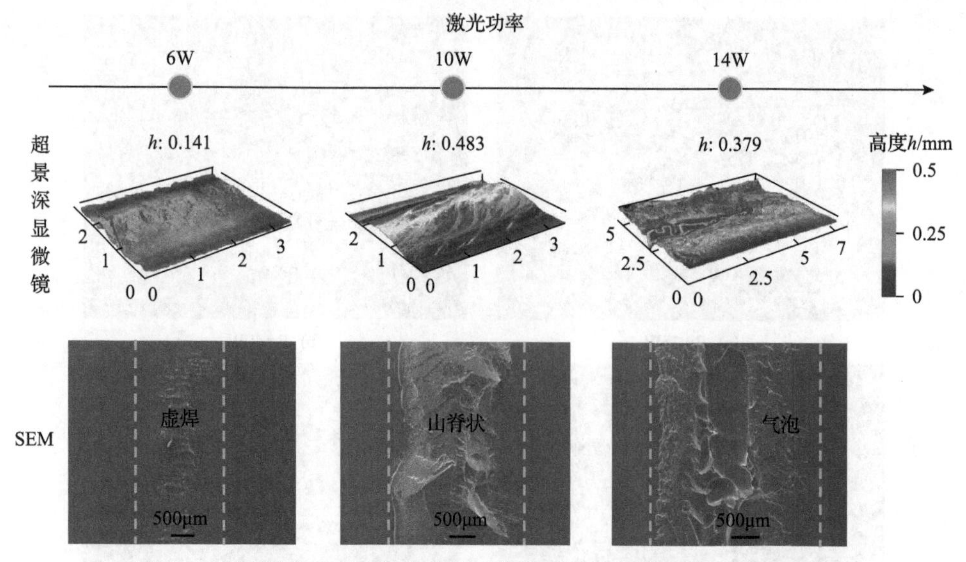

图 4.9　不同激光功率下焊缝拉断面的超景深显微镜和 SEM 微观形貌

4.1.5　对残余应力的影响

以炭黑含量为 0.1%的 PP 为研究对象，Magnier[98]用小孔法对吸收层 PP 上不同深度位置的残余应力进行了测定。如图 4.10 所示，以样件 2 为例，对于 x 轴方向上的残余应力，在接近材料表面(深度在 0.2mm 之内的位置处)，材料的初始残余应力处于压应力状态，其数值为−2.5MPa；随着钻孔深度达到 1.2mm，残余应力转变为拉应力状态，在激光功率为 3.25W 时，其数值大小为 4.5MPa；在激光功率为 5W 时，其数值大小为 6.8MPa；继续增加钻孔深度，可以看到拉伸残

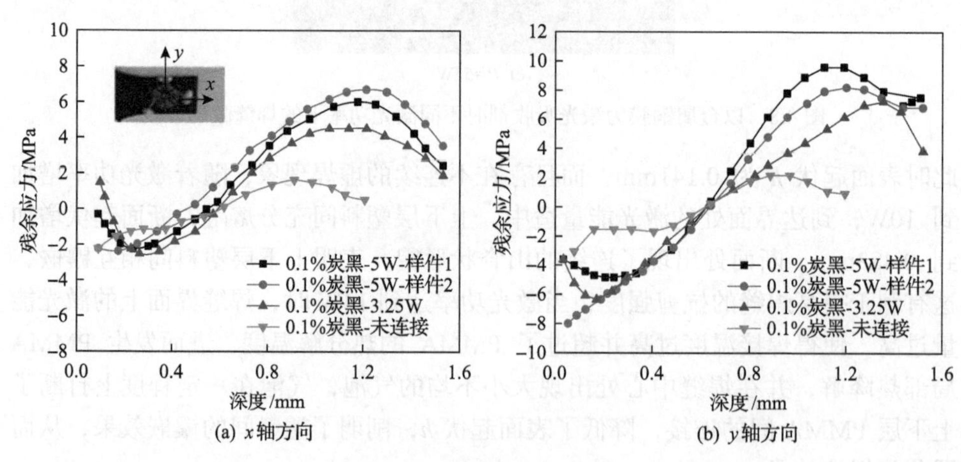

图 4.10　残余应力的分布

余应力出现下降。残余应力在 y 轴方向上的分布与 x 轴方向上的分布有相同的规律。在 y 轴方向上，激光功率为 3.25W 时，在钻孔深度为 1.36mm 时，最大残余应力为 7.2MPa；激光功率为 5W 时，最大残余应力为 9.6MPa(样件 1)。随着激光功率的增大，在 y 轴方向上的拉伸残余应力始终大于 x 轴方向上的拉伸残余应力。

以铜膜为激光吸收剂制备的 PC 焊接件为研究对象[94]，采用小孔法对残余应力的分布进行测定。测试过程中，首先在焊缝中心位置使用 H610 双组分环氧胶水完成应变花和接线端子的粘贴，放置两天待应变片稳定后，利用钻孔设备在塑料焊接件的焊缝中心位置钻孔(图 4.11(a))。本试验中，钻孔深度为 2mm，钻孔直径为 1.5mm。试验采用的 B 型应变花如图 4.11(b)所示，其中 1、2、3 为应变仪表玫瑰花结元件，σ_1、σ_2 为最大主应力和最小主应力，d 为钻孔直径，r 为应变栅圆的半径，r_1 为盲孔中心到应变栅近端距离，r_2 为盲孔中心到应变栅远端距离，θ 为最小主应力和元件 1 之间的角度。使用南京丹陌电子科技有限公司的动静态应变仪(DM-YB1820)采集圆孔的应变量，测试设备如图 4.11(c)所示。该设备的采样频率为 10kHz/通道，分辨率为 1με，测量应变范围为 ±19999με。

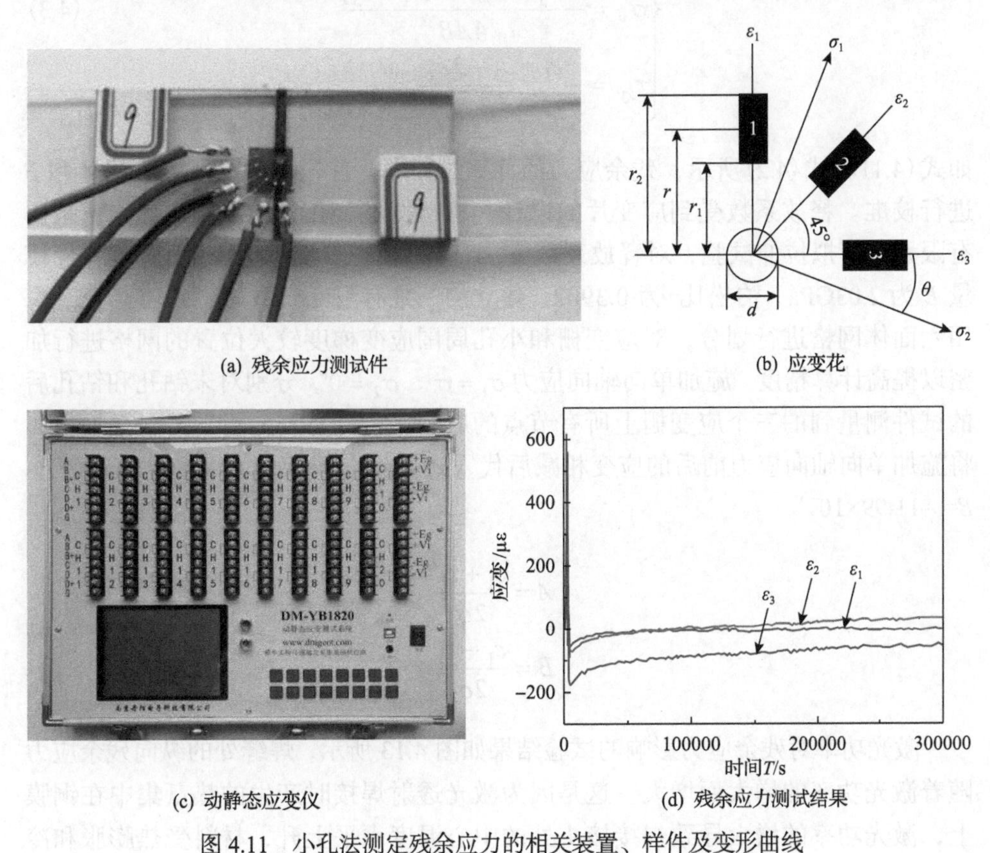

(a) 残余应力测试件　(b) 应变花

(c) 动静态应变仪　(d) 残余应力测试结果

图 4.11　小孔法测定残余应力的相关装置、样件及变形曲线

测试时间为1h，待测定的应变变动幅度在1～2μm，并保持稳定后结束测量。读取稳定后的三个方向的应变值，记应变片平行于焊缝方向的应变为ε_1，与焊缝成45°的方向的应变为ε_2，垂直于焊缝方向的应变为ε_3，测量到的数据如图4.11(d)所示。

将小孔法释放的应变值代入式(4.1)～式(4.3)，即可算出主应力和横向、纵向残余应力及其方向：

$$\sigma_{1,2}=\frac{\varepsilon_1+\varepsilon_3}{4A}m\frac{\sqrt{(\varepsilon_1-\varepsilon_3)^2+[2\varepsilon_2-(\varepsilon_1+\varepsilon_3)]^2}}{4B} \tag{4.1}$$

$$\theta=\frac{1}{2}\arctan\left(\frac{\varepsilon_1+\varepsilon_3-2\varepsilon_2}{\varepsilon_3-\varepsilon_1}\right) \tag{4.2}$$

$$\begin{cases}\sigma_x=\dfrac{B(\varepsilon_1+\varepsilon_3)+A(\varepsilon_1-\varepsilon_3)}{4AB}\\ \sigma_y=\dfrac{B(\varepsilon_1+\varepsilon_3)-A(\varepsilon_1-\varepsilon_3)}{4AB}\\ \tau_{xy}=-\dfrac{\varepsilon_1+\varepsilon_3-2\varepsilon_2}{4B}\end{cases} \tag{4.3}$$

如式(4.1)和式(4.2)所示，残余应力的计算过程中，首先需要对释放系数A和B进行校准。释放系数受到应变片的设计、材料特性、孔径和深度的影响。采用有限元法模拟拉伸试验，对释放系数A、B进行标定。模拟过程中PC的弹性模量E为2.03GPa，泊松比ν为0.3902。建立的三维有限元模型如图4.12所示，采用六面体网格进行划分，对应变栅和小孔周围应变梯度较大位置的网格进行加密以提高计算精度。施加单向轴向应力$\sigma_1=\sigma$、$\sigma_2=0$，分别对未钻孔和钻孔后的试件测量到的三个应变栅上所有节点的应变进行计算和分析，并取平均值，将施加单向轴向应力前后的应变相减后代入式(4.4)，计算得到$A=-8.01\times10^{-6}$，$B=-11.99\times10^{-6}$。

$$\begin{cases}A=\dfrac{\varepsilon_1+\varepsilon_3}{2\sigma}\\ B=\dfrac{\varepsilon_1-\varepsilon_3}{2\sigma}\end{cases} \tag{4.4}$$

激光功率对残余应力影响的试验结果如图4.13所示，焊缝处的纵向残余应力随着激光功率的增大而增大。这是因为激光透射焊接时产生的热量集中在铜膜上，激光功率的增大导致焊接接头处的中心温度水平上升，材料受热膨胀和冷却收缩导致的变形量加大，所以铜膜受到的挤压更加强烈，产生的残余变形和残余应力也更大。

图 4.12　有限元标定释放系数

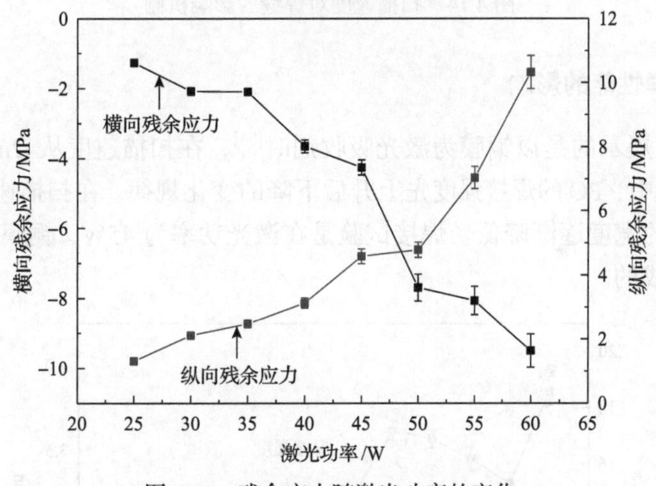

图 4.13　残余应力随激光功率的变化

4.2　扫描速度对焊接性能的影响

4.2.1　影响机理分析

扫描速度的改变会影响激光-材料相互作用的时间，进而决定焊缝的温度水平。扫描速度对焊缝的影响机制如图 4.14 所示。在激光功率一定时，高的扫描速度导致激光-材料相互作用时间较短，由此产生的温度较低，此时被焊接塑料不能充分熔融，焊接件的焊接强度偏低；在低的扫描速度条件下，激光-材料相互作用时间长导致在焊缝处产生高的温度，易于引发塑料热降解：一方面，热降解导致塑料分子量降低，分子链之间的相互作用力被削弱，不利于塑料物理性能的保持；另一方面，塑料热降解产生的气体在焊缝聚集，形成气泡，成为应力集中点，进而降低焊接件的焊接强度。因此，通过扫描速度的研究确定合适的相互作用时间，对于保证良好的焊接效果至关重要。

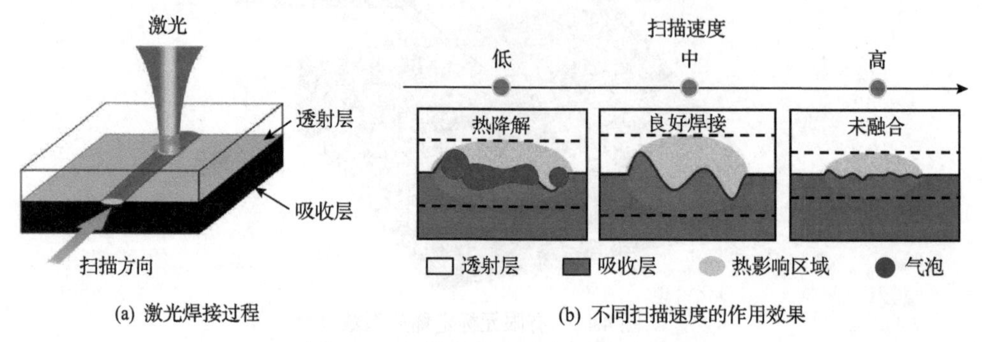

(a) 激光焊接过程　　(b) 不同扫描速度的作用效果

图 4.14　扫描速度对焊缝的影响机制

4.2.2　对力学性能的影响

图 4.15 展示的是以铜膜为激光吸收剂时[94]，在扫描速度从 2mm/s 增加到 12mm/s 过程中，PC 的焊接强度先上升后下降的变化规律。在扫描速度增加的过程中，焊缝的宽度逐渐降低。焊接试验是在激光功率为 45W、铜膜宽度为 2mm 的条件下完成的。

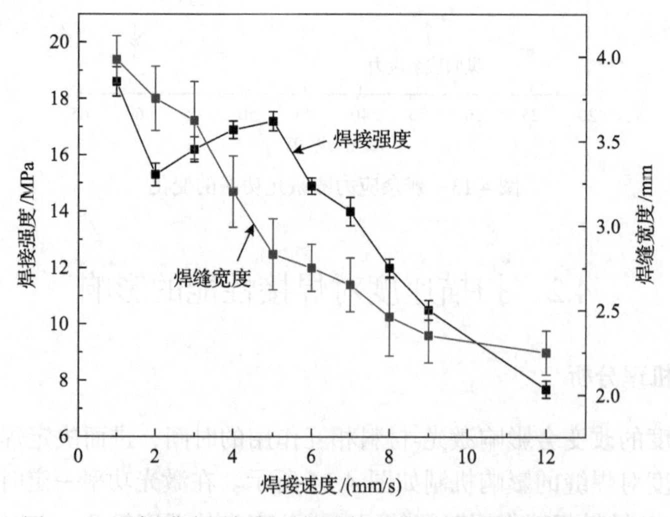

图 4.15　以铜膜为添加剂时焊接件力学性能随焊接速度的变化

图 4.16 展示了以炭黑为激光吸收剂时，在扫描速度从 5mm/s 增大到 25mm/s 过程中，拉断力随扫描速度增大逐渐减小的变化规律[95]。焊接强度的下降是由于随着速度不断增大，激光-材料相互作用时间逐渐缩短，激光输入能量减小，温度水平下降，PC 难以获得足够的能量发生熔融扩散。焊接试验是在激光功率为 45W、夹紧力为 0.4MPa 的条件下完成的。

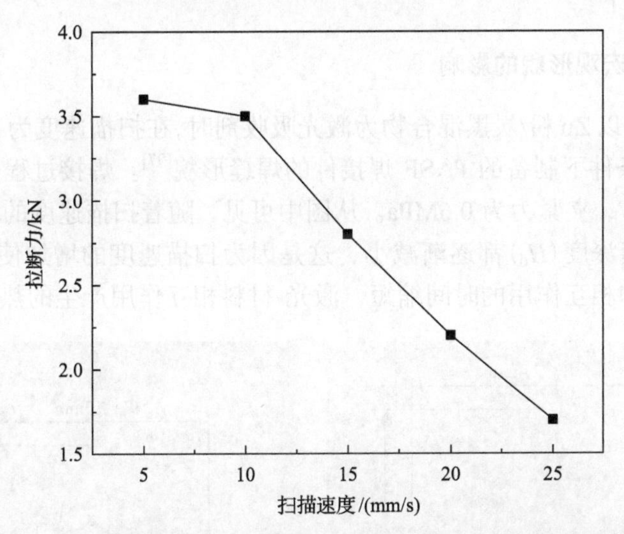

图 4.16　以炭黑为添加剂时焊接件力学性能随扫描速度的变化

图 4.17 为以 Sn 粉、MZA 粉和 Zn 粉为激光吸收剂时，异种透明塑料 PASF 和 PC 焊接件的焊接强度随扫描速度的增大先增大后减小的变化规律[96]。焊接试

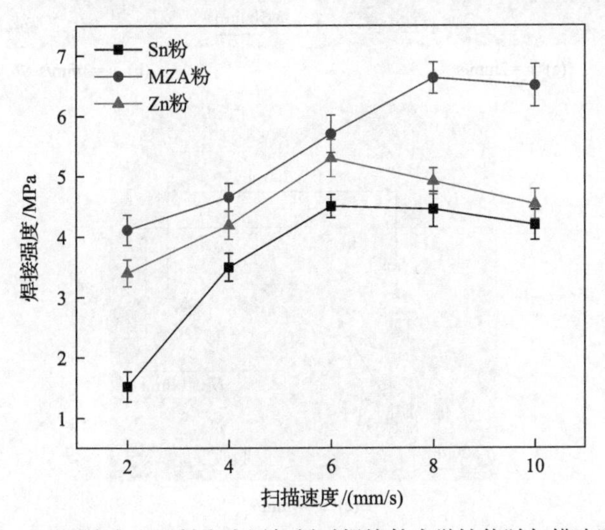

图 4.17　以不同熔点金属粉末为添加剂时焊接件力学性能随扫描速度的变化

验是在激光功率为 35W、夹紧力为 0.6MPa 的条件下完成的。在扫描速度增大的过程中，PASF/PC 焊接接头处发生的变化逐渐从低扫描速度（2mm/s）条件下的热降解演变成高扫描速度（10mm/s）条件下的熔融不充分。需要注意的是，以 Sn 粉和 Zn 粉为吸收剂时，具有最大焊接强度的焊接件出现在扫描速度为 6mm/s 的条件下；以 MZA 粉为吸收剂时，具有最大焊接强度的焊接件出现在扫描速度为 8mm/s 的条件下。

4.2.3 对焊缝宏观形貌的影响

图 4.18 为以 Zn 粉/炭黑混合物为激光吸收剂时，在扫描速度为 2mm/s、3mm/s 和 4mm/s 的条件下制备的 PASF 焊接件的焊缝形貌[97]。焊接过程中应用的激光功率 P 为 22W，夹紧力为 0.6MPa。从图中可见，随着扫描速度的增大，焊缝宽度（W_d）和焊缝深度（H_d）都逐渐减小，这是因为扫描速度的增加使得激光与 Zn 粉/炭黑混合物相互作用的时间缩短，激光-材料相互作用产生的热量减少。

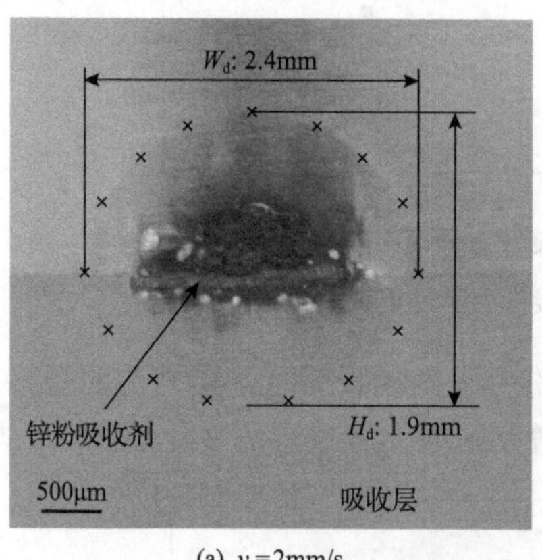

(a) $v=2$mm/s

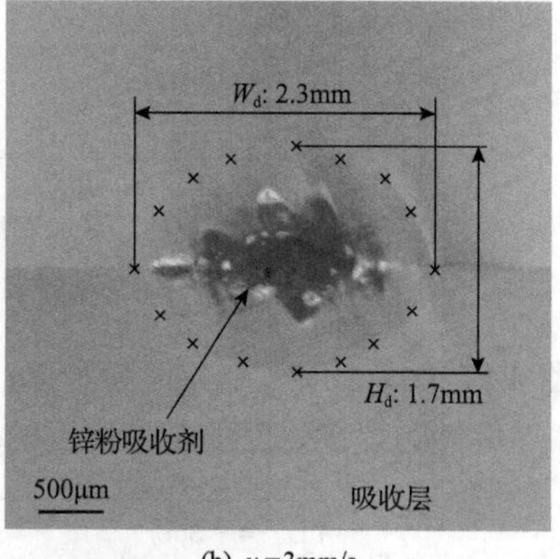

(b) $v=3$mm/s

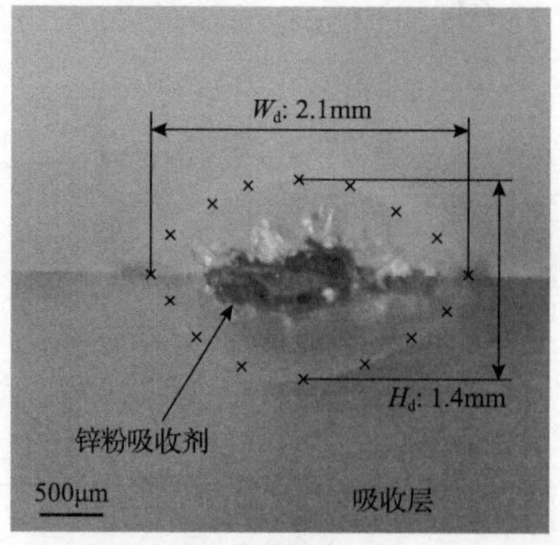

(c) $v=4$mm/s

图 4.18 不同扫描速度下 PASF 焊接件的焊缝宏观形貌

图 4.19 为以 MZA 粉为激光吸收剂时不同扫描速度 4mm/s、6mm/s 和 8mm/s 条件下制备的 PASF/PC 焊接件的焊缝形貌[96]。焊接过程中应用的激光功率为 30W，夹紧力为 0.6MPa。从图中可以看到，随着扫描速度的增加，热影响区域的宽度和深度均有明显的下降，这说明激光与塑料相互作用时间的缩短可以明显降低热量的生成。

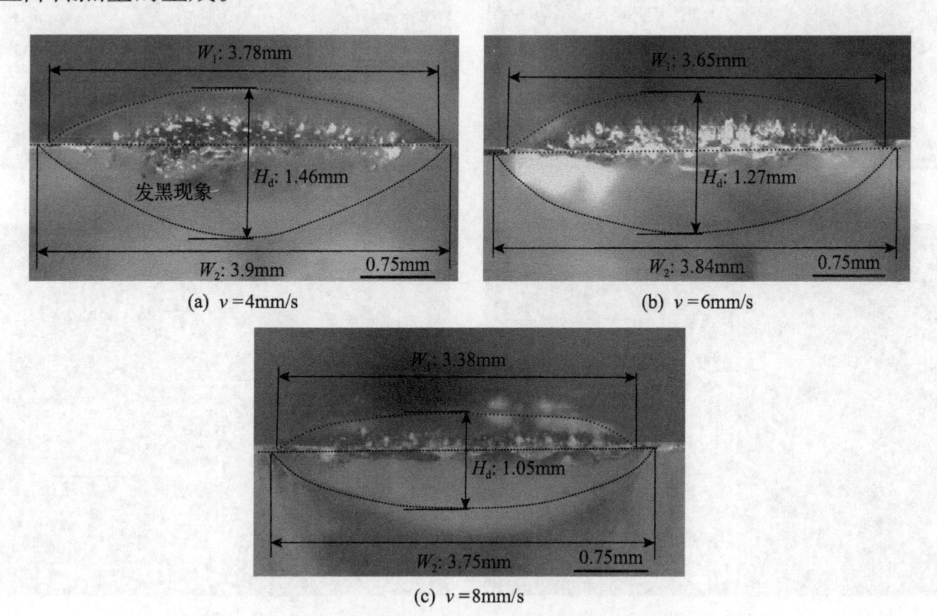

图 4.19　不同扫描速度下 PASF/PC 焊接件的焊缝宏观形貌

4.2.4　对焊缝微观形貌的影响

图 4.20 显示了以铜膜为激光吸收剂时，在不同扫描速度（1～9mm/s）下制备的 PC 焊接件的焊缝微观形貌[94]。从图中可以看出，在低扫描速度的条件下，焊缝微观形貌上有大量气泡存在；当扫描速度为 7mm/s 时，焊缝微观形貌上的气泡完全消除；进一步提高扫描速度到 9mm/s 时，铜膜的变形也进一步减弱。由于 PC 热降解产生的气体在熔融的塑料凝固之前未及时逃逸，在焊接接头处聚集生成气泡。由于热量的产生集中在激光与铜膜相互作用的位置处，PC 热降解产生的气体在运动过程中产生的反作用力作用在铜膜表面，铜膜存在不同程度的弯曲与变形。在焊接过程中，扫描速度增大会缩短激光与铜膜的相互作用时间，由此产生的热量下降，因此铜膜的变形随扫描速度的增大不断减小。需要注意的是，在扫描速度为 9mm/s 的条件下，铜膜与塑料边界处的不规则凸起是铜膜表面的沟壑在 SEM 下的成像结果。铜膜表面沟壑的存在有利于形成镶嵌结构，增加塑料与金属的接触面积，进而提高焊接效果。

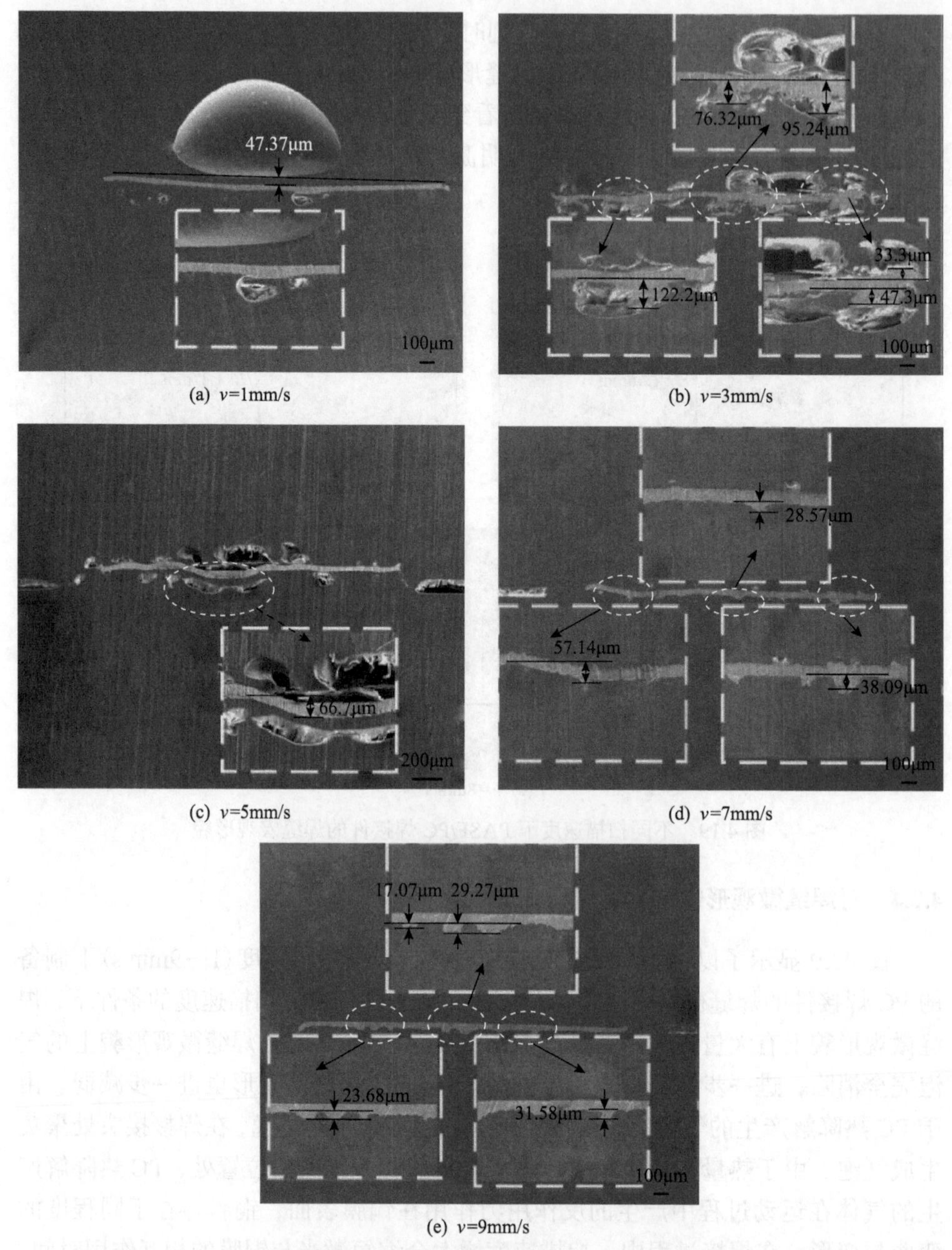

(a) v=1mm/s　(b) v=3mm/s

(c) v=5mm/s　(d) v=7mm/s

(e) v=9mm/s

图 4.20　以铜膜为激光吸收剂时不同扫描速度下 PC 焊接件的焊缝微观形貌

图 4.21 是以炭黑为激光吸收剂时不同扫描速度下制备的 PMMA 焊接件焊缝拉断面的微观形貌。从 SEM 图中可以看出，当扫描速度为 5mm/s 时，焊缝中心处有气泡存在。从拉断面的超景深显微镜图中可以看出，拉断面表面起伏高度 h

为 0.343mm，这是因为在低扫描速度条件下，激光与塑料间相互作用时间较长，单位时间产生的热量过高，温度超过了 PMMA 的热分解温度，焊接过程中有热降解发生；随着扫描速度提高到 9mm/s 时，焊接界面处激光能量适中，上下层塑料间充分熔融，如 SEM 图中所示的山脊状形貌进一步验证了焊缝抗剪强度的增大；当扫描速度增加到 13mm/s 时，激光与塑料间相互作用时间较短，单位时间内塑料的热输入较少，上下层塑料还未来得及熔融流动，激光光束的作用就已经结束，界面处出现不连续的虚焊，进而导致焊缝抗剪强度下降。同时，随着扫描速度的提高，单位时间内的热输入减少，母材的熔融区域减小，焊缝宽度也减小。

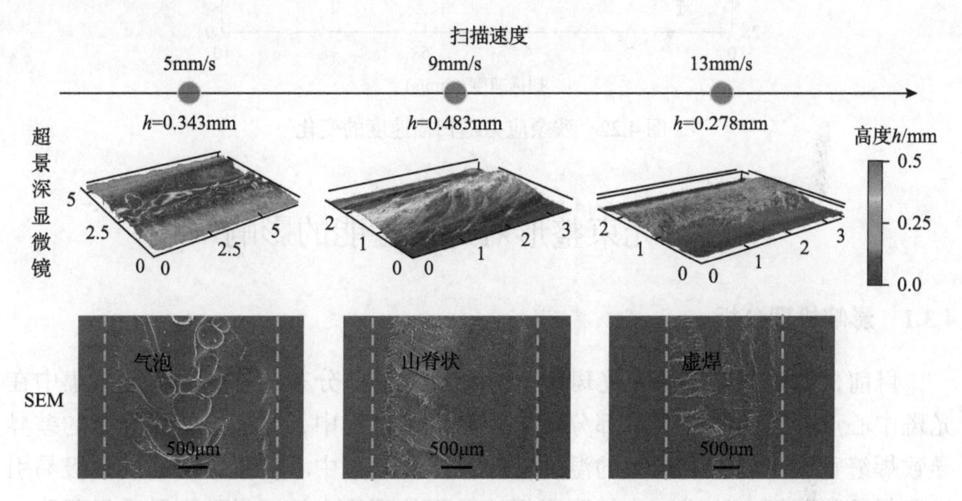

图 4.21　以炭黑为激光吸收剂时不同扫描速度下 PMMA 焊接件的焊缝拉断面形貌

4.2.5　对残余应力的影响

以用铜膜为激光吸收剂制备的 PC 焊接件为研究对象，采用小孔法对焊接件残余应力进行测定，并研究扫描速度对残余应力的影响[94]。试验测得的横向残余应力和纵向残余应力如图 4.22 所示。其中焊接件的横向残余应力为压应力(为负值)，纵向残余应力为拉应力(为正值)，这是由焊接过程中塑料不同的凝聚态转变历程导致的。随着扫描速度的增加，横向和纵向残余应力在数值上呈逐渐减小的趋势，这是由于扫描速度的增加降低了焊接过程中的温度水平，温度变化引发的凝聚态转变减弱，在焊接完成后由不均匀温度场导致的残余应力逐渐减小。

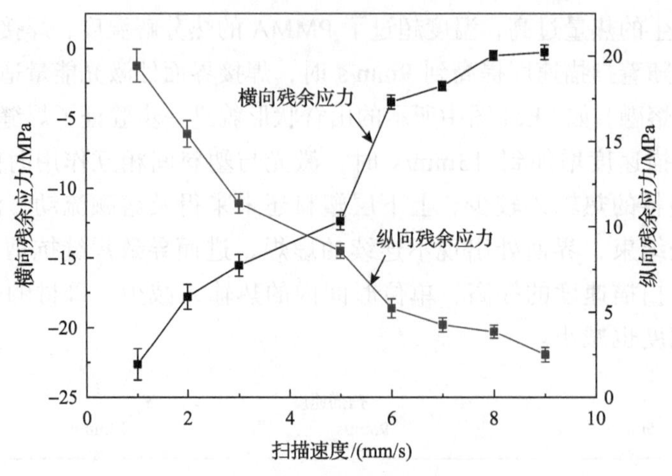

图 4.22　残余应力随扫描速度的变化

4.3　光束整形对焊接性能的影响

4.3.1　影响机理分析

目前，用于焊接的激光光斑能量分布具有高斯分布的特征，其能量集中在光斑中心点处，边缘的能量部分较弱。在焊接过程中，光斑上能量分布的差异导致焊缝宽度方向上有较大的温度差异，同时光斑中心位置集中的能量极易引发塑料的热降解，这进一步加剧了焊接过程的不稳定性，导致产品质量下降。如图 4.23 所示，通过光束整形器将高斯光束转变为能量分布均匀的平顶光束之后，可以有效提高焊缝宽度方向上温度分布的均匀性，进而提高焊接过程的稳定性，确保产品的高质量加工。

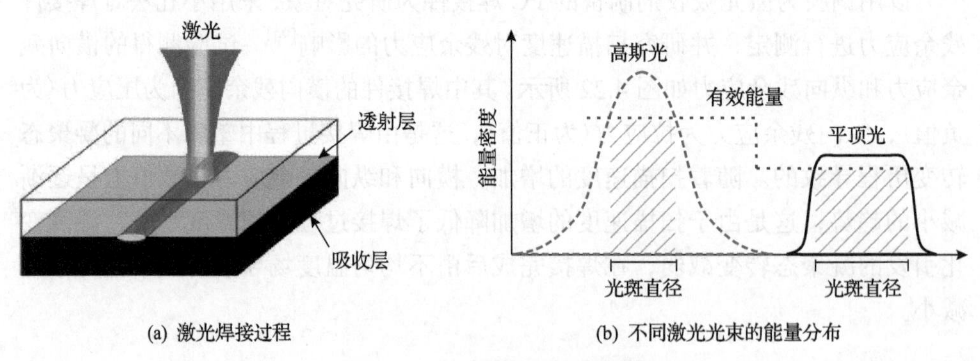

图 4.23　光束整形的作用机理

4.3.2　对力学性能的影响

本节以玻璃纤维含量为 20%的 PBT 为研究对象，对比具有不同能量分布形式的高斯光束和平顶光束对焊接性能的影响。PBT 的激光透射焊接(laser transmission welding，LTW)试验在相同激光功率(20～50W)、扫描速度(5mm/s)和夹紧力(0.6MPa)的条件下完成。微电子拉力机对焊接件焊接强度的测试结果如图 4.24 所示，在使用高斯光束进行 LTW 时，PBT 焊接件的最大焊接强度为 25.6MPa，此时的激光功率为 30W；该焊接强度低于平顶光束制备的 PBT 焊接件的焊接强度(26.5MPa)，此时的激光功率为 35W。在激光功率低于 30W 的条件下，高斯光束中心集中的能量可以产生较高的温度水平，进而形成良好的熔融效果，因此焊接强度较高；进一步提高激光功率，整形后的平顶光束有更均匀的能量分布，有利于降低焊缝上由于温度差异较大导致的残余应力，因此焊接件的焊接强度较高。

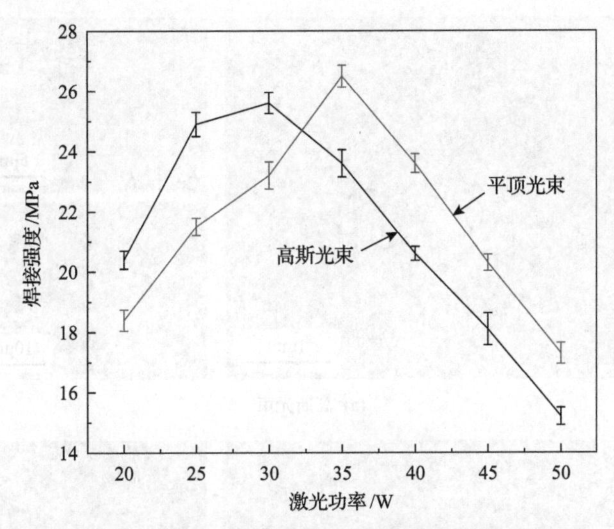

图 4.24　不同能量分布激光制备焊接件焊接强度对比

4.3.3　对焊缝宏观形貌的影响

以激光功率为 35W、扫描速度为 3mm/s 的条件下制备的焊接件为研究对象，对比高斯光束和平顶光束对焊接件焊缝宏观形貌的影响。如图 4.25 所示，使用高斯光束焊接的材料中央气孔面积更大，热降解现象更严重，熔池深度更深，焊接热影响区域更大，焊接过程中基材的损伤严重且焊缝的美观性较差，这是高斯光束中心集中的能量分布导致的，因此在相同的焊接工艺参数下，使用平顶光束对基材的损伤较小，制备的焊接件具有更优的焊接效果。

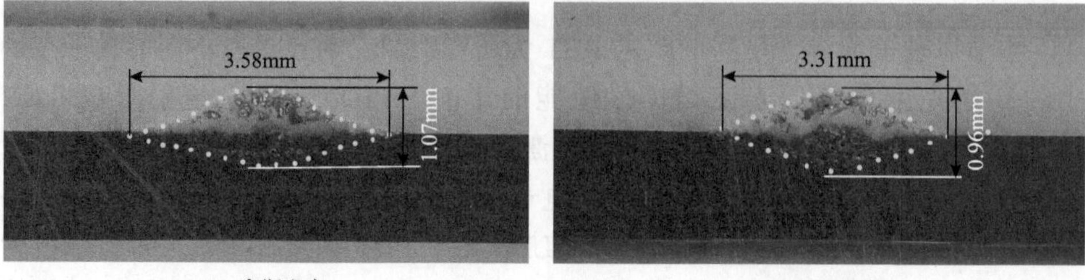

(a) 高斯光束　　(b) 平顶光束

图 4.25　不同光束下焊接件焊缝的宏观形貌

4.3.4　对焊缝微观形貌的影响

通过 SEM 对高斯光束和平顶光束制备焊接件的拉断面微观形貌进行对比，结果如图 4.26 所示。从图中可以看出，高斯光束制备焊接件拉断面上焊缝中心

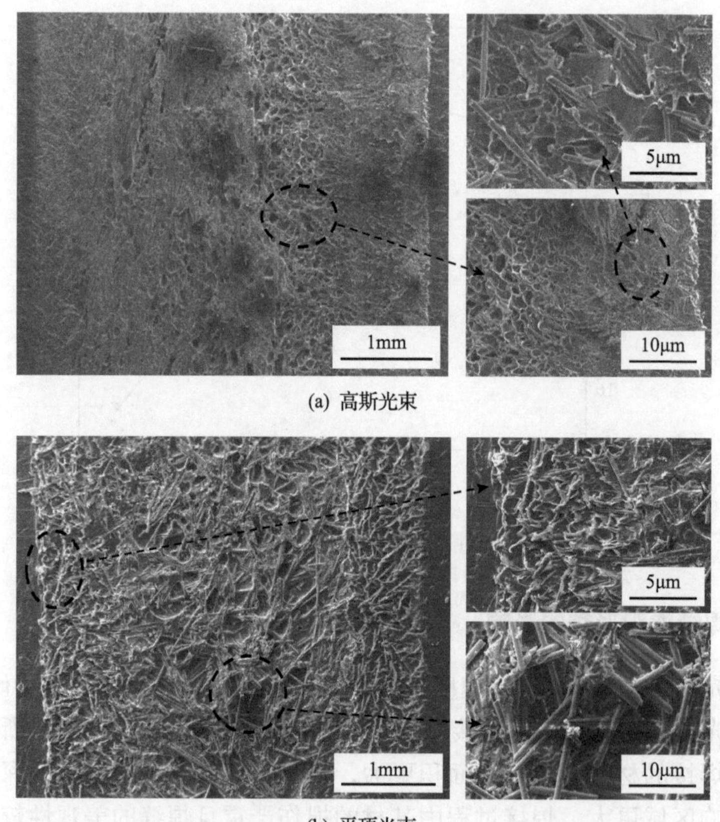

(a) 高斯光束

(b) 平顶光束

图 4.26　不同光束下焊接件拉断面的微观形貌

位置气泡较大且气泡数量较多，而平顶光束制备焊接件拉断面上气泡较为均匀且数目较少，这说明与高斯光束相比，平顶光束制备的焊接件焊缝处的降解现象较弱，对基材的破坏小，焊接质量高。

4.4　夹紧力对焊接性能的影响

4.4.1　影响机理分析

LTW 过程中，激光作用在吸收层上完成光热转化，促使被焊接塑料在发生凝聚态转变的过程中同时发生热传导、热膨胀和塑性流动等物理变化。如图 4.27 所示，夹紧力的施加可以保证被焊接塑料之间紧密接触，提高塑料间的热传导效率，保证接头处熔融塑料的稳定流动，促进分子链之间的相互扩散，从而形成良好的焊接接头。

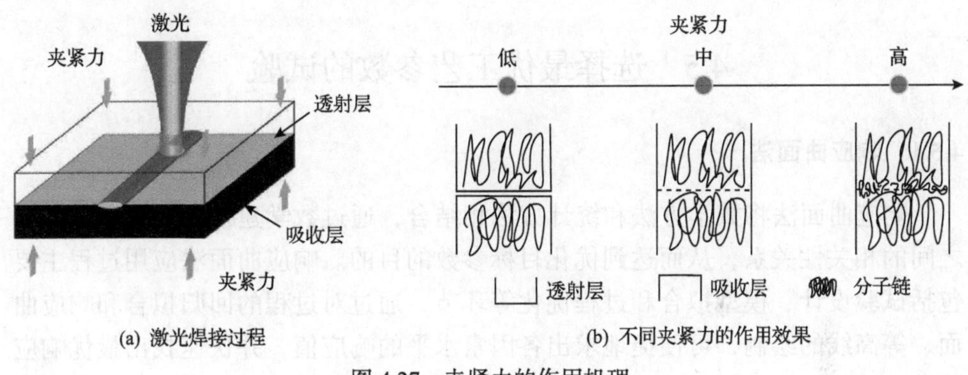

图 4.27　夹紧力的作用机理

4.4.2　对力学性能的影响

在激光功率为 30W、扫描速度为 15mm/s 的条件下，对厚度为 3mm 的 PC 进行 LTW 试验，研究夹紧力对焊接件焊接强度的影响[39]。如图 4.28 所示，在夹紧力从 0MPa 增大到 0.25MPa 的过程中，焊接强度从 26.7MPa 增大到 30.5MPa。由于夹紧力的增加促进了被焊接塑料之间的紧密接触，有利于降低热传导过程中的能量损失，提高焊缝温度水平，促进分子链之间的相互扩散，因此形成良好的焊接接头。在夹紧力从 0.25MPa 增大到 0.5MPa 的过程中，焊接强度从 30.5MPa 减小到 28.3MPa，这可能是由于过大的夹紧力加剧了熔融塑料的溢出，导致焊缝中塑料基体体积的减少，进而形成空腔，在外力作用下这些空腔极易演变成断裂失效点，导致焊接强度下降。

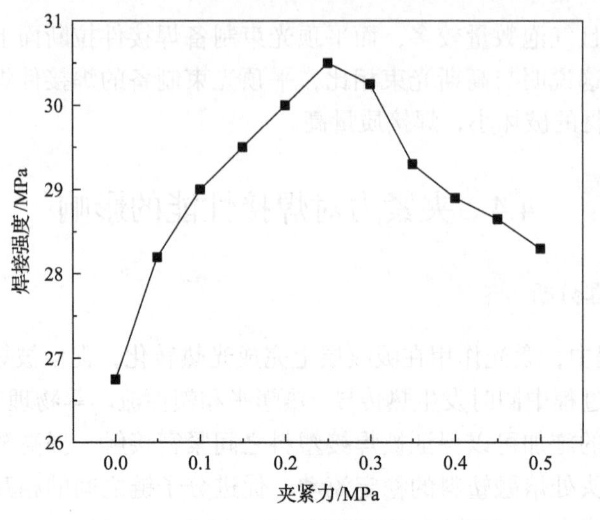

图 4.28　夹紧力对焊接件焊接强度的影响

4.5　选择最优工艺参数的试验

4.5.1　响应曲面法

响应曲面法将数学方法和统计方法相结合，通过数学建模研究响应与变量之间的相关性关系，从而达到优化目标参数的目的。响应曲面法应用过程主要包括试验设计、模型拟合和过程优化等环节，通过对过程的回归拟合和响应曲面、等高线的绘制，可便捷地求出各因素水平的响应值，并快速找出最优响应值及相应的试验条件。

响应曲面法考虑了试验随机误差，同时将复杂、未知的函数关系在小区域内用简单的一次或者二次多项式模型拟合，具有计算简便的特征，是解决实际问题的一种有效途径。与正交试验相比，其优势在于：在试验条件寻优过程中，可以连续对试验的各个水平进行分析；其局限性在于：设计的试验点应包括最佳的试验条件，若试验点选取不当，则响应曲面法无法得出最佳的优化结果。

在响应曲面问题中，自变量和响应之间的关系是未知的，需要得出一个响应值 R 和自变量 $(\xi_1,\xi_2,\cdots,\xi_k)$ 之间真实的函数关系逼近式：

$$R = f(\xi_1,\xi_2,\cdots,\xi_k) + \varepsilon \tag{4.5}$$

式中，真实响应函数 f 的形式未知；ε 为系统误差，包括响应测量误差、系统或过程本身的不确定来源、其他变量的作用等，表示由其他变异来源造成的 f 所

无法解释的方差。通常假设均值为 0，方差为σ^2，那么有

$$E(R)=E[f(\xi_1,\xi_2,\cdots,\xi_k)]+E(\varepsilon)=f(\xi_1,\xi_2,\cdots,\xi_k) \tag{4.6}$$

式中，$(\xi_1,\xi_2,\cdots,\xi_k)$为独立变量，用测量值的自然单位表示(如温度、压力、速度等)。在实际模型中，通常把这些独立变量转化为规范变量$(X_1,X_2,\cdots,X_k)$，这些规范变量一般没有量纲，均值为 0，具有标准方差。

1. 基于中心复合设计的响应曲面法分析[97]

中心复合设计(central composite design，CCD)是包括中心点并使用一组轴点(又称星形点)扩充的因子或部分因子设计。中心复合设计在顺序试验中尤为有用，因为经常可以通过添加轴点和中心点来基于以前的因子试验进行构建工作。例如，在确定塑料部件注塑成型的最佳条件的基础上，可运行因子试验和确定显著因子：温度(在 190℃和 210℃下设置的水平)和压力(在 50MPa 和 100MPa 下设置的水平)。图 4.29 显示的是在因子设计检测到弯曲的情况下，利用响应曲面设计试验确定每个因子的最优设置。

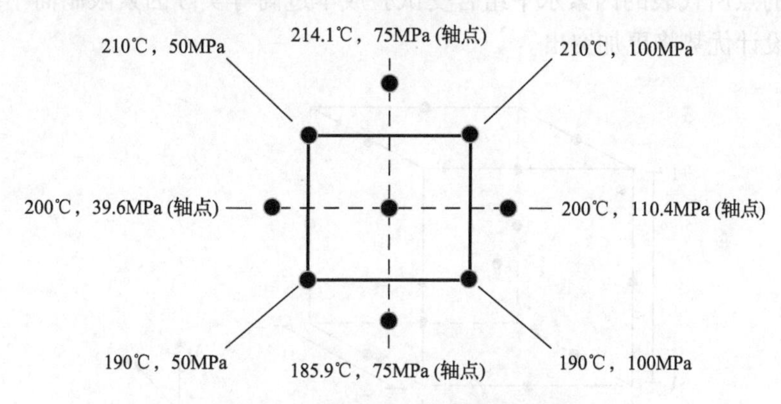

图 4.29　最优因子出现位置的设计点

旋转中心复合设计(central composite rotatable design，CCRD)的设计方案基于编码方式编制，其编码方法为

$$x_i=\frac{y_i-y_{oi}}{\Delta_i} \tag{4.7}$$

式中，Δ_i为y_i变化区间的半径；y_{oi}为y_i变化区间的中心点；x_i的取值范围为[−1,1]，$i=1,2,\cdots,k$。

旋转中心复合设计在编码空间中由三类不相容的试验数据点构成：

$$N = m_c + m_r + m_0 \tag{4.8}$$

式中，m_c为各二水平响应因素的试验数据点数；m_r=2m 为 m 个坐标轴上的试验数据点数；星号臂 r 为轴试验点与中心点之间的距离，调节 r 可以获得期望的目标性能，如正交性、旋转性等；m_0 为中心点重复试验的次数，其数值一般大于 3。

2. Box-Behnken 设计响应曲面法分析[95]

Box-Behnken 设计可以安排 3～7 个因素，在因素相同的情况下，要比中心复合设计所需要的试验次数少，而且不需要多次连续试验。和中心复合设计相比，Box-Behnken 设计不存在轴向点，因此在操作时水平设置不会超过安全操作范围。图 4.30 显示了三因素 Box-Behnken 设计的试验点。由图中可以看出，Box-Behnken 设计在设计方案加入一些中心点，但不包含由各个变量的上限和下限所生成的立方体区域的顶点处的任意一点，因此更加安全，尤其是当立方体顶角上的点所代表的因素水平组合受试验成本过高等实际因素限制而不能达到时，此设计优势将更加突出。

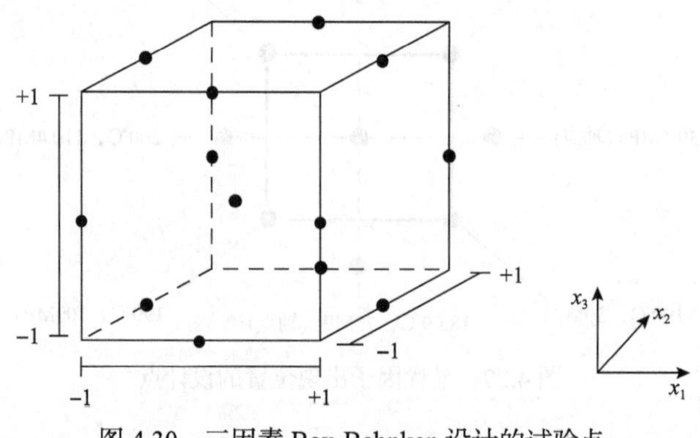

图 4.30 三因素 Box-Behnken 设计的试验点

4.5.2 基于 CCD 的响应曲面试验

1. 试验方案设计

采用旋转中心复合设计规划三因素五水平试验，探究以 Zn 粉作为激光吸收剂实现 PASF 焊接的最优工艺参数。研究的输入变量为激光功率(P)、扫描速度(v)和 Zn 粉吸收剂水平(Z)，响应输出变量为焊接强度(S)。数学分析模型的建立、优化和工艺参数的统计分析在 Design-Expert v8.0.5b 软件上完成。表 4.1 为响应曲面试验水平编码表。为减小测量过程中的偶然误差，每组试验重复三次取其平均值。表 4.2 为响应曲面试验方案设计矩阵及其对应的试验结果。

表 4.1　响应曲面试验水平编码表

参数	简写	水平				
		−2	−1	0	1	2
激光功率/W	P	20	22	24	26	28
扫描速度/(mm/s)	v	2	3	4	5	6
Zn 粉吸收剂水平	Z	1	2	3	4	5

表 4.2　响应曲面试验方案设计矩阵及其对应的试验结果

序号	P/W	v/(mm/s)	Z	W_d/mm	S/MPa
1	26.00	3.00	4	2.643	9.456
2	24.00	4.00	3	2.071	9.578
3	24.00	4.00	3	2.098	9.588
4	20.00	4.00	3	2.103	5.363
5	28.00	4.00	3	2.199	7.108
6	26.00	5.00	2	2.009	5.601
7	26.00	3.00	2	2.136	11.945
8	24.00	2.00	3	2.532	9.106
9	24.00	4.00	1	1.702	12.464
10	24.00	4.00	3	2.129	9.852
11	26.00	5.00	4	2.451	3.532
12	24.00	4.00	5	3.000	6.164
13	22.00	3.00	2	1.897	10.483
14	24.00	4.00	3	2.109	9.498
15	22.00	5.00	4	2.507	3.453
16	24.00	6.00	3	2.015	2.282
17	22.00	3.00	4	2.684	6.867
18	24.00	4.00	3	2.133	10.699
19	22.00	5.00	2	1.717	8.059
20	24.00	4.00	3	2.206	9.843

注：S 指焊接强度，W_d 指焊缝宽度。

2. 焊接强度数学分析模型

表 4.3 为焊接强度数学分析模型的方差分析表，其中相关 P 值（概率值）小于

0.0001 表明该模型项具有统计显著性。拟合系数 R^2=0.9791，修正拟合系数 $R_{\mathrm{adj}}^2=0.9604$ 和预测拟合系数 $R_{\mathrm{pred}}^2=0.8773$ 都接近 1，证明了该模型的充分性。模型信噪比（Adeq Precision）为 26.620，明显大于 4，这说明在给定的工艺参数范围内数学模型具有较好的预测能力。

表 4.3　焊接强度数学分析模型的方差分析表（案例 1）

名称	方差和	自由度	平均方差	F 值	P 值（Prob>F）	
模型	153.42	9	17.05	52.15	<0.0001	显著
P	1.67	1	1.67	5.10	0.0476	
v	63.02	1	63.02	192.80	<0.0001	
Z	40.26	1	40.26	123.17	<0.0001	
Pv	5.17	1	5.17	15.81	0.0026	
PZ	1.68	1	1.68	5.13	0.0469	
vZ	0.041	1	0.041	0.12	0.7318	
P^2	21.18	1	21.18	64.79	<0.0001	
v^2	27.89	1	27.89	85.31	<0.0001	
Z^2	0.55	1	0.55	1.69	0.2231	
残差	3.27	10	0.33			
失拟合	2.18	5	0.44	2.01	0.2311	不显著
纯误差	1.09	5	0.22			
总离差	156.69	19				
R^2=0.9791，$R_{\mathrm{adj}}^2=0.9604$，$R_{\mathrm{pred}}^2=0.8773$，信噪比=26.620						

模型分析是在已编码数据基础上完成试验数据处理的过程，在输入未编码的因素水平值后，软件将自动转化为编码值，再进行响应统计分析与响应方程拟合，最后会获得一个编码方程和一个实际未编码的拟合方程。通过实际方程的求解，获得试验最佳的工艺参数。利用 Design-Expert v8.0.5b 软件拟合获得的编码方程和实际方程如下：

焊接强度 S（MPa）的编码方程为

$$\begin{aligned}S=&9.72+0.32A-1.98B-1.59C-0.80AB+0.46AC\\&-0.071BC-0.92A^2-1.05B^2-0.15C^2\end{aligned}\tag{4.9}$$

实际方程为

$$S=-154.73538+12.09481P+16.29913v-5.90850Z-0.40187Pv+0.22900PZ-0.071250vZ-0.22944P^2-1.05313v^2-0.14813Z^2 \quad (4.10)$$

图 4.31 为焊接强度数学分析模型的残差正态概率分布图，图中的点分布呈现线性关系，说明焊接强度数学分析模型的误差服从正态分布，能够很好地反映焊接强度和工艺参数之间的内在联系。

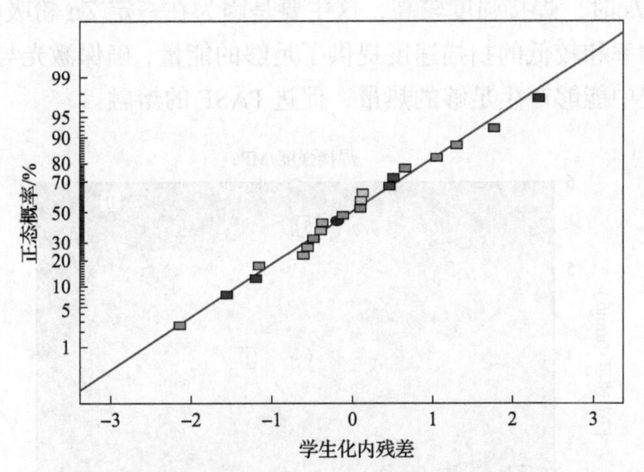

图 4.31　焊接强度数学分析模型的残差正态概率分布

3. 工艺参数对焊接强度的交互影响

图 4.32 显示了工艺参数对焊接强度影响的扰动。由图可知，激光功率、扫描速度和 Zn 粉吸收剂水平均对焊接强度有显著影响。曲线 A 代表激光功率的影响：

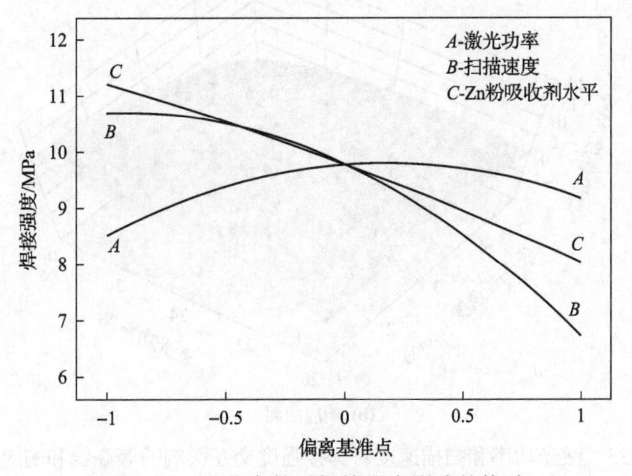

图 4.32　工艺参数对焊接强度影响的扰动

在激光功率增加的过程中，焊接强度先上升后降低。曲线 *B* 代表扫描速度的影响：在扫描速度增加的过程中，焊接强度先略有提高后显著降低。曲线 *C* 代表 Zn 粉吸收剂水平的影响：在 Zn 粉吸收剂水平上升的过程中，焊接强度逐渐降低。这个变化规律与单因素试验中各工艺参数对焊接强度影响规律保持高度一致。

当 Zn 粉吸收剂水平为 3 时，激光功率和扫描速度对焊接强度交互影响的等高线和响应曲面如图 4.33 所示。从图中可知，当激光功率为 24～28W、扫描速度为 2～4mm/s 时，焊接强度较高，这主要是因为在一定 Zn 粉吸收剂水平下，较大的激光功率和较低的扫描速度提供了足够的能量，确保激光与 Zn 粉吸收剂相互作用过程中能够产生足够的热量，促进 PASF 的熔融。

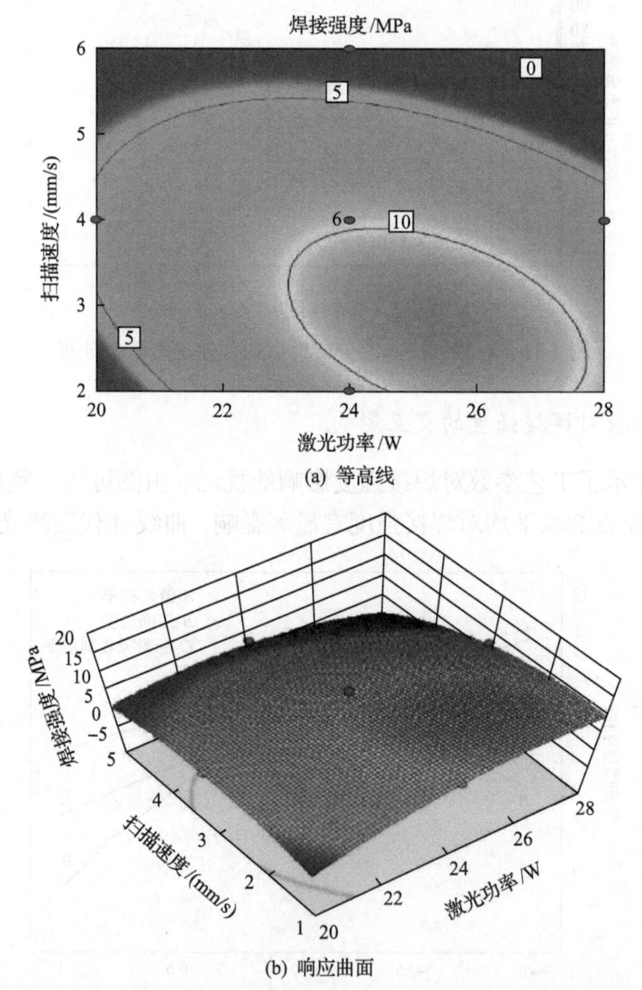

图 4.33　激光功率和扫描速度对焊接强度交互影响的等高线和响应曲面

当扫描速度为 4mm/s 时，激光功率和 Zn 粉吸收剂水平对焊接强度交互影响的等高线和响应曲面如图 4.34 所示。从图中可知，当激光功率为 22～26W、Zn 粉吸收剂水平为 1～2 时，焊接强度较高，这主要是因为在一定扫描速度时，较低的 Zn 粉吸收剂水平使得 Zn 粉吸收剂吸收足够的激光能量，确保激光与 Zn 粉吸收剂相互作用过程中能够产生足够的热量，促进 PASF 的熔融。

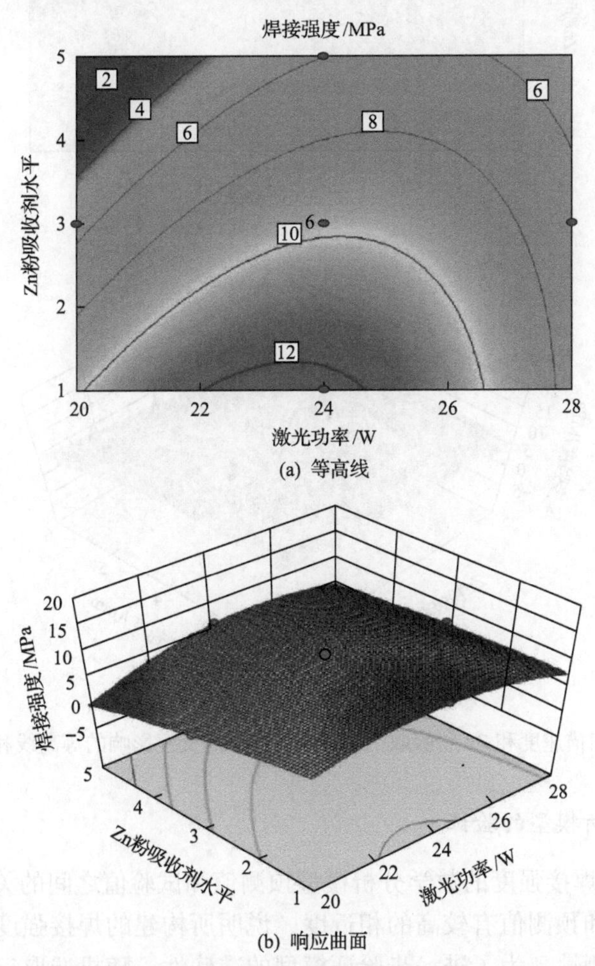

图 4.34　激光功率和 Zn 粉吸收剂水平对焊接强度交互影响的等高线和响应曲面

当激光功率为 24W 时，扫描速度和 Zn 粉吸收剂水平对焊接强度交互影响的等高线和响应曲面如图 4.35 所示。从图中可知，当扫描速度为 2～4mm/s、Zn 粉吸收剂水平为 1～2 时，焊接强度较高，这主要是因为在一定激光功率时，较低的扫描速度确保激光与 Zn 粉有足够长的相互作用时间，焊接反应得以充分进行；较低的 Zn 粉吸收剂水平保证足够的热量在被焊接的 PASF 中传递。

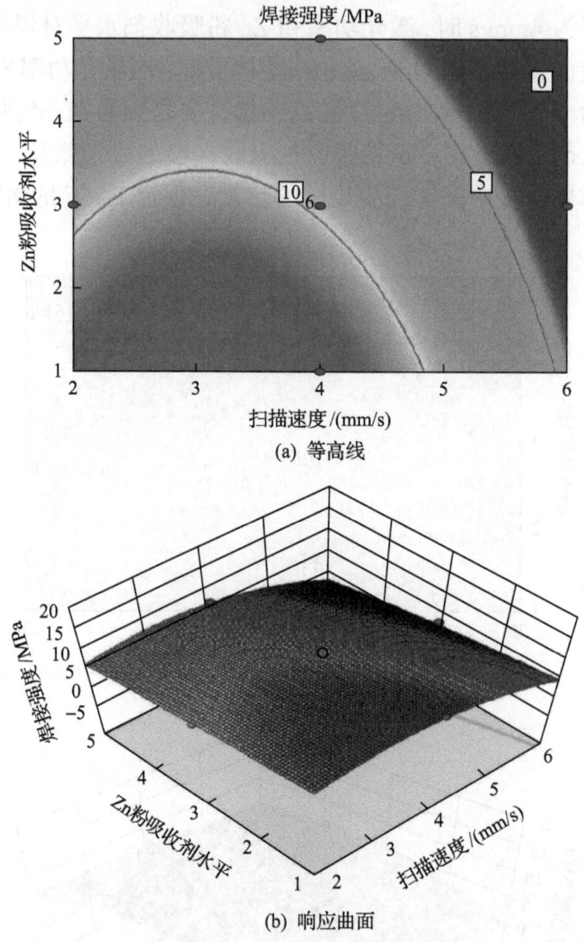

(a) 等高线

(b) 响应曲面

图 4.35　扫描速度和 Zn 粉吸收剂水平对焊接强度交互影响的等高线和响应曲面

4. 数学分析模型的验证

图 4.36 为焊接强度的数学分析模型预测值和试验值之间的关系。从图中可以看出试验值和预测值有较高的相近度，说明所构建的焊接强度数学分析模型具有较好的预测性。为了进一步验证模型的准确性，随机选取三组预测范围内的工艺参数进行验证试验，结果如表 4.4 所示。根据 Design-Expert 软件对经过手动优化后的回归方程进行求解，在试验的因素水平范围内，预测焊接强度最大的最佳条件为：激光功率为 22.53W，扫描速度为 3.72mm/s，Zn 粉吸收剂水平为 1，此时预测焊接强度可达 12.4954MPa。考虑试验条件和环境的影响，将其最佳条件修正为：激光功率 20～23W、扫描速度 3～5mm/s、Zn 粉吸收剂水平为 1。在上述条件范围内进行多次验证性试验，测得实际焊接强度和焊缝宽度

与最佳响应值之间的偏差均不超过 5%，说明经手动优化后的回归方程对焊接工艺参数的优化分析以及焊接强度和焊缝宽度的预测是准确的。

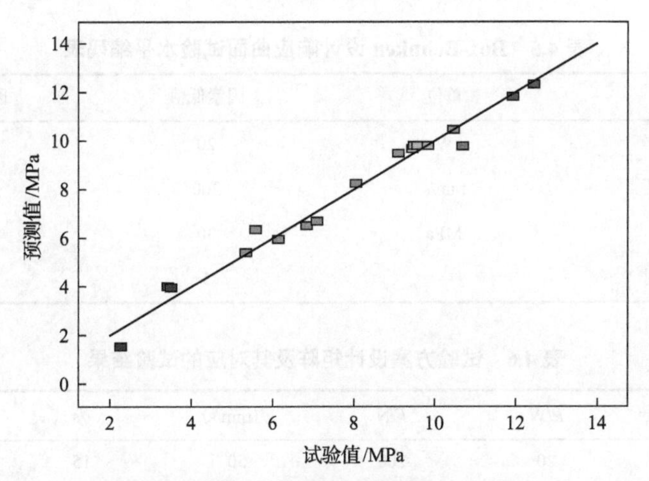

图 4.36　焊接强度的数学分析模型预测值和试验值的关系(案例 1)

表 4.4　数学分析模型的验证试验结果

序号	激光功率/W	扫描速度/(mm/s)	Zn 粉吸收剂水平	焊接强度/MPa	
				试验值	预测值
1	22	2	1	9.597	9.75863
2	24	6	2	3.005	3.10035
3	28	4	3	6.587	6.69141

4.5.3　基于 Box-Behnken 设计的响应曲面试验

1. 试验方案设计[99]

采用 Box-Behnken 设计规划三因素五水平试验，探究 PC 焊接的最优工艺参数。研究的输入变量为激光功率(P)、扫描速度(v)、夹紧力(F)和保压时间(t)，响应输出变量为焊接强度(S)。数学分析模型的建立、优化和工艺参数的统计分析在 Design-Expert v8.0.5b 软件上完成。表 4.5 为 Box-Behnken 设计响应曲面试验水平编码表。为减小测量过程中的偶然误差，每组试验重复三次取其平均值。表 4.6 为试验方案设计矩阵及其对应的试验结果。

2. 焊接强度分析模型

表 4.7 为焊接强度数学分析模型的方差分析表，其中相关 P 值(概率值)小于 0.0001 表明该模型项具有统计显著性。拟合系数 R^2=0.8619，修正拟合系数 R_{adj}^2 =

0.7583和预测拟合系数$R_{\text{pred}}^2 = 0.5205$，证明了该模型的充分性。信噪比为10.602，明显大于4，这说明在给定的工艺参数范围内数学模型具有较好的预测能力。

表4.5　Box-Behnken设计响应曲面试验水平编码表

因素	单位	因素低值	因素高值
激光功率	W	20	60
扫描速度	mm/s	200	600
夹紧力	MPa	30	70
保压时间	s	5	25

表4.6　试验方案设计矩阵及其对应的试验结果

序号	试验号	P/W	F/N	v/(mm/s)	t/s	S/MPa
1	14	20	200	50	15	145
2	28	60	200	50	15	350
3	21	20	600	50	15	161
4	2	60	600	50	15	361
5	20	40	400	30	5	301
6	9	40	400	70	5	201
7	29	40	400	30	25	343
8	19	40	400	70	25	231
9	11	20	400	50	5	159
10	15	60	400	50	5	333
11	23	20	400	50	25	162
12	3	60	400	50	25	303
13	7	40	200	30	15	331
14	5	40	600	30	15	351
15	13	40	200	70	15	208
16	8	40	600	70	15	194
17	6	20	400	30	15	183
18	17	60	400	30	15	342
19	24	20	400	70	15	109
20	25	60	400	70	15	287
21	26	40	200	50	5	292
22	12	40	600	50	5	321
23	18	40	200	50	25	341

续表

序号	试验号	P/W	F/N	v/(mm/s)	t/s	S/MPa
24	10	40	600	50	25	367
25	27	40	400	50	15	303
26	16	40	400	50	15	332
27	1	40	400	50	15	341
28	22	40	400	50	15	339
29	4	40	400	50	15	350

表 4.7　焊接强度数学分析模型的方差分析表（案例 2）

名称	方差和	自由度	平均方差	F 值	P 值(Prob>F)
模型	1.550×10^5	12	12913.72	8.32	<0.0001
P	93104.08	1	93104.08	59.58	<0.0001
F	645.33	1	645.33	0.42	0.5282
v	32136.75	1	32136.75	20.70	0.0003
t	1633.33	1	1633.33	1.05	0.3203
PF	6.25	1	6.25	4.026×10^{-3}	0.9502
Pv	90.25	1	90.25	0.058	0.8125
Pt	272.25	1	272.25	0.18	0.6809
Fv	289.00	1	289.00	0.19	0.6719
Ft	2.25	1	2.25	1.449×10^{-3}	0.9701
vt	36.00	1	36.00	0.023	0.8809
P^2	25474.50	1	25474.50	16.41	0.0009
F^2	181.08	1	181.08	0.12	0.7371
残差	24837.20	16	1552.32	—	—
失拟合	23547.20	12	1962.27	6.08	0.0476
纯误差	1290.00	4	322.50	—	—
总离差	1.798×10^5	28	—	—	—

R^2=0.8619，$R^2_{\text{adj}}=0.7583$，$R^2_{\text{pred}}=0.5205$，信噪比=10.602

较为适合用于描述焊接强度的数学模型为二阶模型，对模型拟合方程进行手动优化后，得到的二阶模型方程为

$$S=300.30+88.08P+7.33v-51.75F+11.67t-1.25Pv \\ +4.75PF-8.25Pt-3Ft-60.75P^2+5.12v^2 \tag{4.11}$$

式中，S 为焊接强度；P、v、F、t 分别为激光功率、扫描速度、夹紧力和冷却时间。

3. 工艺参数对焊接强度的交互作用

图 4.37 显示了工艺参数对焊接强度影响的扰动。从图中可以看出，随着激光功率的不断增大，焊接强度不断增大(曲线 A)，这是因为焊接强度主要取决于吸收层材料吸收能量密度的大小。激光功率增大，单位面积上吸收的能量也不断增大，焊接表面的熔融区域面积增大，分子链间产生较强的范德瓦耳斯力，从而形成较强的连接。随着扫描速度的增大，试件的焊接强度呈现下降趋势(曲线 C)，这是由于扫描速度的增大降低了单位面积上所吸收的能量，熔融区域面积变小，分子链间产生的范德瓦耳斯力较小，连接强度下降。夹紧力的变化影响被焊接材料之间的接触状态以及两零件在接触面上的热传导性能，大的夹紧力能够降低被焊接材料间的接触热阻，提高熔融效果，促进分子链的相互纠缠，进而确保焊接接头形成良好的连接。随着冷却时间的增加，两零件在接触面上有足够的时间从熔融态达到玻璃态结合，有利于提高焊接强度。其中激光功率对焊接强度影响曲线的变化曲率最大，表面焊接功率是首要影响因素，其次是扫描速度、夹紧力和冷却时间。

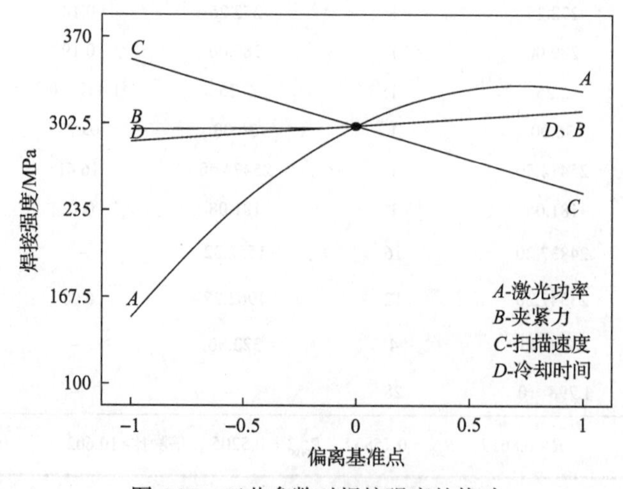

图 4.37　工艺参数对焊接强度的扰动

图 4.38 显示的是激光功率和扫描速度对焊接强度交互影响的等高线与响应曲面。激光功率过低时，材料的黏性流动不够充分，高分子链之间的相互扩散不充分，焊接强度低。激光功率过高时，激光辐射的增加导致焊缝温度水平上升，材料发生严重热降解，弱化分子链之间的相互作用，进而导致焊接强度下

降。扫描速度对焊接强度的影响与功率相反，扫描速度降低，激光与材料的相互作用时间变长，产生更高的温度；提高扫描速度会降低焊缝的温度水平，导致塑料熔融不充分，造成焊接强度过低。

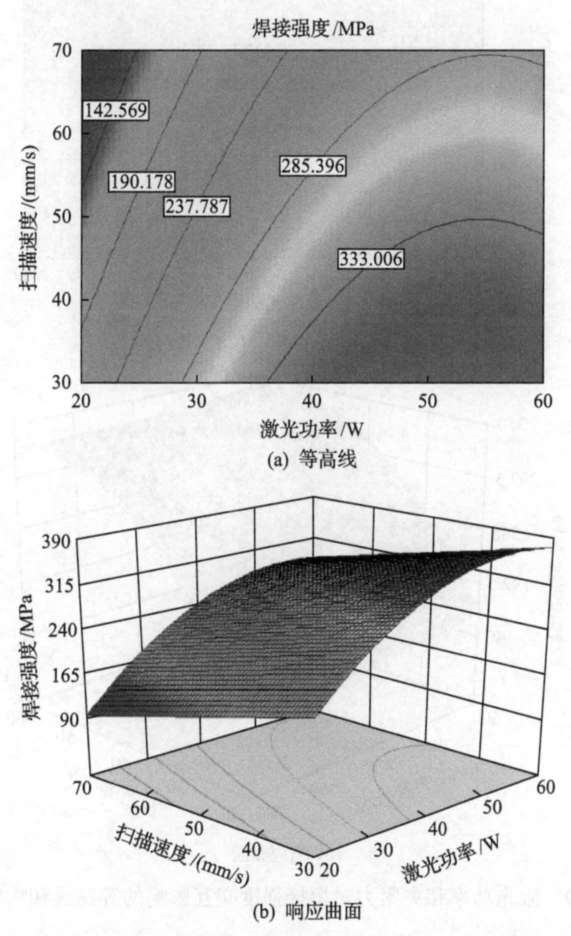

(a) 等高线

(b) 响应曲面

图 4.38　激光功率和扫描速度对焊接强度交互影响的等高线和响应曲面

图 4.39 显示的是激光功率和夹紧力对焊接强度交互影响的等高线与响应曲面。与夹紧力相比，激光功率的变化对焊接强度的影响更为显著。当激光功率较高时，随着夹紧力的增加，试件的焊接强度呈上升趋势。在恒定激光功率下，夹紧力增加可以提高材料的表面接触状态，使吸收层材料与激光相互作用产生的热量迅速传导到透射层，形成熔融区域，提高连接强度。

图 4.40 显示的是激光功率和冷却时间对焊接强度交互影响的等高线与响应曲面。由图可知，在激光功率较高同时冷却时间足够长时，样件的连接强度较高。

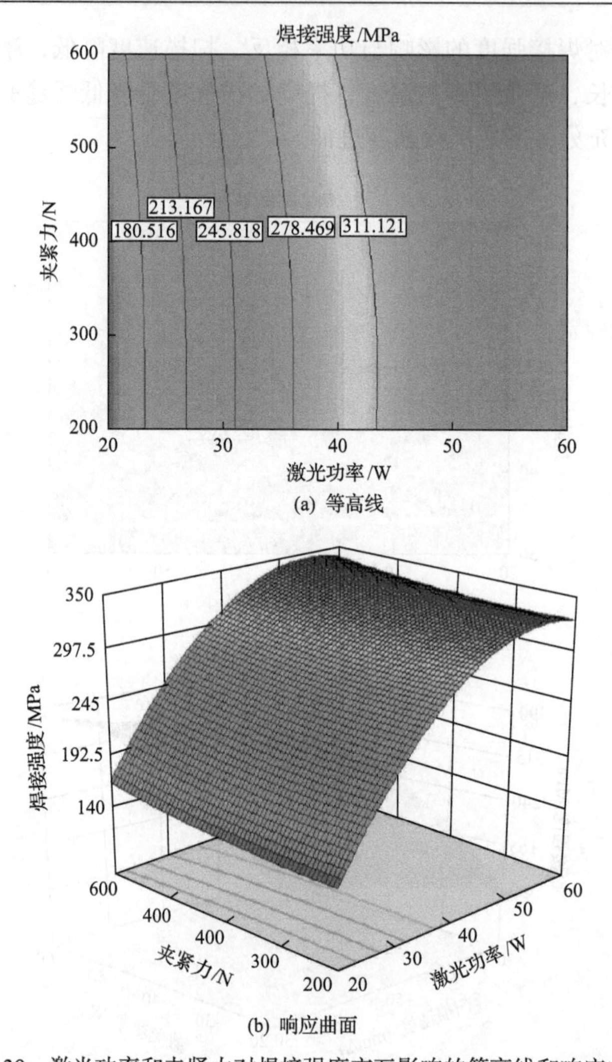

(a) 等高线

(b) 响应曲面

图 4.39　激光功率和夹紧力对焊接强度交互影响的等高线和响应曲面

较长的冷却时间有利于确保熔融塑料完全冷却凝固，形成良好的焊接接头。

4. 数学分析模型的验证

图 4.41 给出了焊接强度数学分析模型预测值和试验值之间的关系。从图中可以看出试验值和预测值有较高的相近度，说明所构建的焊接强度数学分析模型具有较好的预测性。为了进一步验证模型的准确性，随机选取四组预测范围内的工艺参数进行验证试验，结果如表 4.8 所示。根据 Design-Expert 软件对经过手动优化后的回归方程进行求解，在试验的因素水平范围内，预测焊接强度最大的最佳条件为激光功率 31W、扫描速度 30mm/s、夹紧压力 600N、冷却时

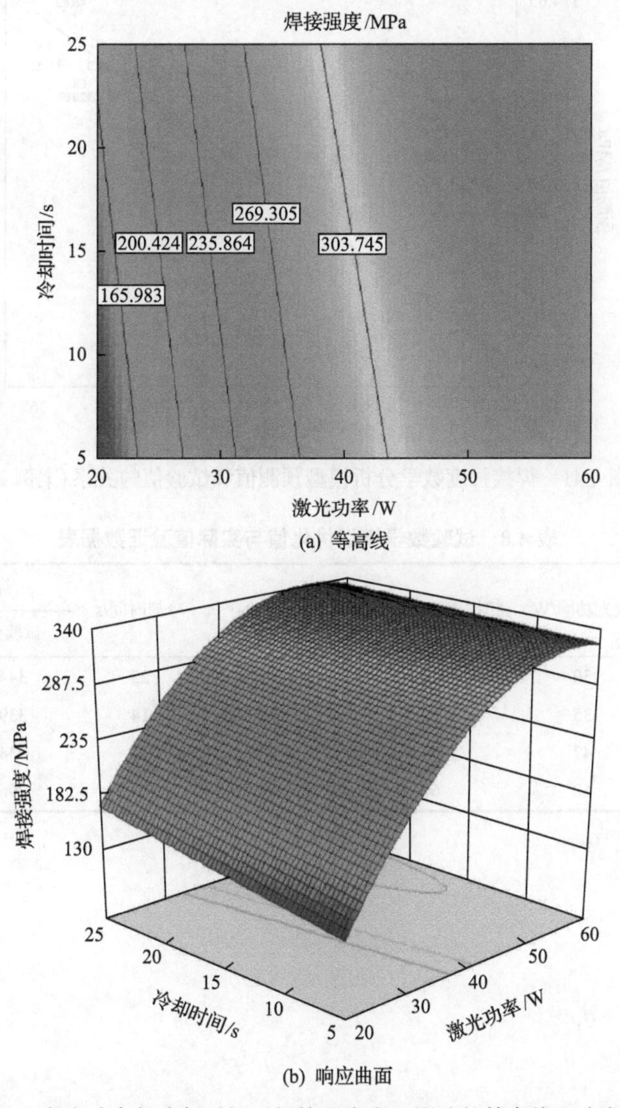

(a) 等高线

(b) 响应曲面

图 4.40　激光功率与冷却时间对焊接强度交互影响的等高线和响应曲面

间 25s，此时预测焊接强度可达 343.137MPa。考虑试验条件和环境的影响，将其最佳条件修正为激光功率 30～40W、扫描速度 30～35mm/s、夹紧力 500～600N、冷却时间 25s 以上。在上述条件范围内经过多次验证性试验，测得实际焊接强度值和焊缝宽度与最佳响应值之间的偏差均不超过 5%，说明经手动优化后的回归方程对焊接工艺参数的优化分析以及焊接强度和焊缝宽度的预测是准确的。

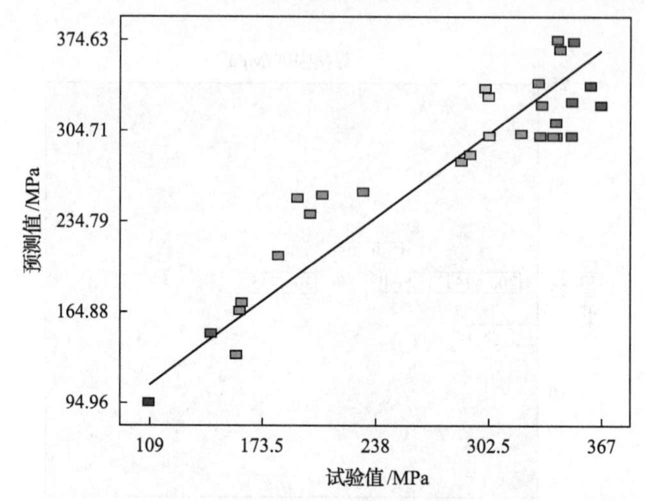

图 4.41　焊接强度数学分析模型预测值和试验值的关系(案例 2)

表 4.8　试验数学模型优化值与实际值验证数据表

序号	激光功率/W	扫描速度/(mm/s)	夹紧力/N	冷却时间/s	焊接强度/MPa	
					试验值	预测值
1	30	30	600	25	344	337.78
2	35	30	600	14	339	345.08
3	47	50	600	25	334	343.71
4	60	60	200	5	296	305.31

第5章　样品厚度和表面质量对焊接性能的影响

除了材料本身的物理和化学性能外，塑料样品的厚度和表面质量也会影响激光透射焊接的质量。在焊接过程中，焊接区厚度过薄，产品在密封测试及长周期试验中有不合格的风险；焊接区厚度过厚，材料的透光率会降低，会造成焊接不充分、焊接效率低等现象，导致产品在密封、爆破测试中不合格。焊接表面粗糙度越大，接触越不充分，会造成焊缝内部存在孔洞，导致产品质量下降。因此，本章分别从样品厚度和表面质量与激光的作用机理、温度场变化以及焊接质量表征等方面进行介绍。

5.1　样品厚度对焊接性能的影响

5.1.1　样本厚度对激光透过率的影响

样品厚度是指上层激光透射层塑料的厚度。通常，激光透过率与样品厚度之间的关系如朗伯-比尔定律所示：

$$T = \mathrm{e}^{-ad} \tag{5.1}$$

式中，T 为激光透过率；a 为散射系数，由材料本身的结构决定；d 为样品厚度。

对于同种材料，材料厚度越大，对激光的透过率越低。岳贵成等[100]进行了PA66-30%GF 厚度对激光透过率影响的相关研究，结果表明，材料厚度从 1mm 增加至 3mm，激光透过率从 66%减至 33%。因此，在相同的工艺条件下，到达激光吸收层材料的能量减少，温度下降，导致焊接效果下降。另外，焊缝宽度越窄，剪切强度越低。

对于不同的材料，由于散射系数不同，其穿透不同厚度样品表现出的行为也不同。如图 5.1 所示，激光对激光透过率较高的材料，如纯 PC、PMMA，厚度增加对激光透过率几乎没有影响；对于中等激光透过率材料，如添加玻璃纤维的 PA66 复合材料或者半结晶 PP 等，样本厚度增加会较大影响激光透过率；对于激光透过率较低的材料，如添加炭黑的复合材料，样本厚度增加会导致激光透过率急剧下降，到达下层界面的激光几乎为零，因此材料无法焊接。

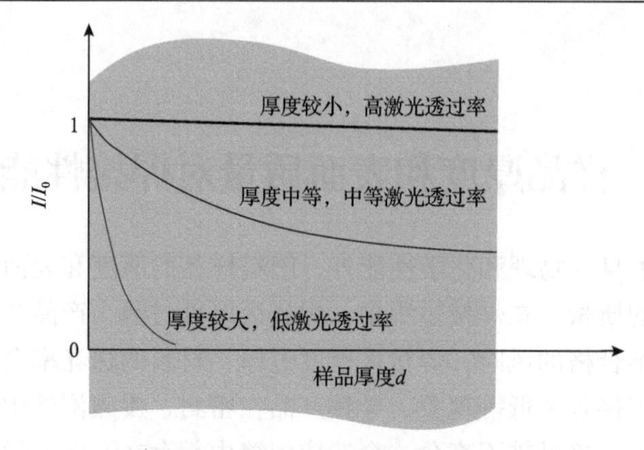

图 5.1　样品厚度和材料的散射系数对激光透过率的影响

5.1.2　样品厚度对激光散射率的影响

样品的散射程度与材料厚度、激光波长、材料种类等密切相关。图 5.2(a)给出了不同厚度的 PP 材料在不同波长时的散射率，由图可以看出：

(1)厚度相同时，波长增加，散射率减小，如 0.8mm 厚的 PP 在波长为 500nm、1000nm 和 2000nm 下的散射率分别为 78%、40%和 30%。这主要是因为波长增加，激光与散射区域的作用减小。

(2)整体上看，同一波长，样品厚度增加，散射程度增加。例如，当波长为1000nm 时，厚度为 0.8mm、1.3mm 和 3.2mm 的样品的散射率为 40%、65%和70%左右。这主要是因为厚度增加，激光通过样品的路径变长，相同情况下导致散射增多。

(3)对于同种材料，样品厚度增加，散射曲线随波长变化幅度增加。

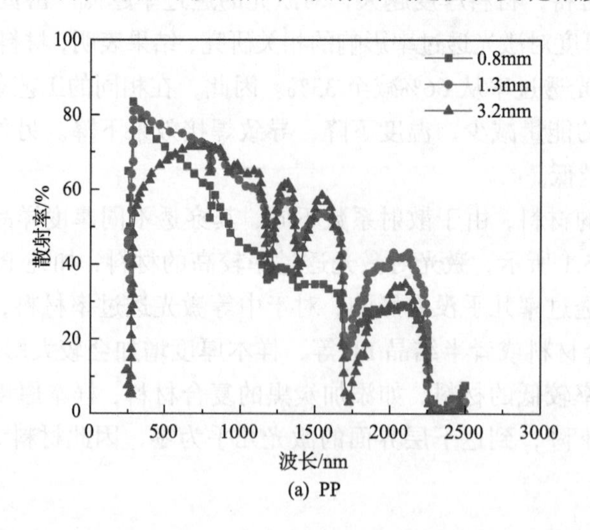

(a) PP

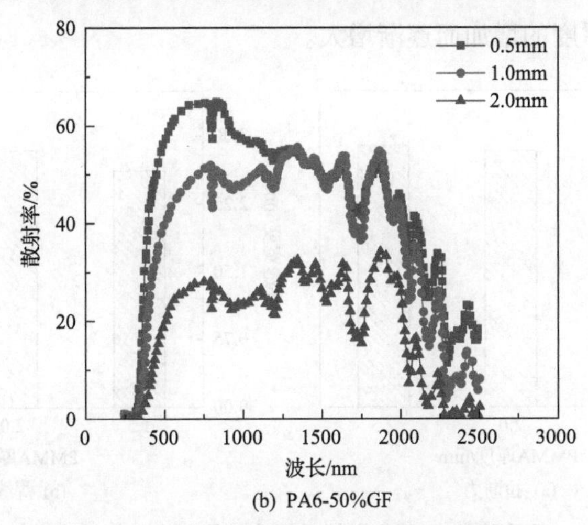

(b) PA6-50%GF

图 5.2　不同样品厚度对材料散射率的影响

加入添加剂会影响材料的光线散射分布。图 5.2(b)给出了添加 50%玻璃纤维的尼龙 6(PA6-50%GF)在不同厚度和不同波长下的散射率。与纯 PP 材料相比，PA6-50% GF 的散射程度下降，具体如下：

(1)厚度相同时，波长增加，散射率基本呈减小的趋势。例如，当厚度为 0.5mm 时，PA6-50%GF 在波长为 500nm、1000nm 和 2000nm 下的散射率分别为 63%、58%和 40%。这主要是因为波长增加，激光与散射区域的作用减小。

(2)同一波长，样品厚度增加，散射程度降低。例如，当波长为 1000nm 时，厚度为 0.5mm、1.0mm 和 2.0mm 的样品的散射率为 58%、50%、28%左右。这主要是因为厚度增加，激光通过样品的路径变长，相同情况下导致 PA6-50%GF 对激光的吸收比例增加，所以散射降低。

(3)对于同种材料，样品厚度增加，散射曲线随波长变化幅度增加。

综上可以看出，不同的材料、添加剂、厚度、波长均对激光散射都有直接影响。

5.1.3　样品厚度对焊接件质量的影响

对不同厚度的激光焊接 PMMA 的焊接件质量进行了测试。当激光功率为 10W、焊接速度为 9mm/s、夹紧力为 0.4MPa 时，激光焊接不同厚度 PMMA 样件，其拉断力和焊缝宽度的关系如图 5.3 所示。由图可知，随着 PMMA 厚度的增加，拉断力和焊缝宽度都逐步增大，在 PMMA 厚度为 2.5mm 时，拉断力和焊缝宽度达到最大值 825.6N 和 2.86mm，但是增大的趋势逐步变缓。

对不同 PMMA 厚度焊接件焊接后的焊缝形貌进行了观测，如图 5.4 所示。从图中可以看出，随着 PMMA 厚度的增加，焊缝界面处呈现出山脊状的焊缝形貌，此时材料吸收足够的能量充分熔融镶嵌，样件焊接强度高，同时，焊缝宽

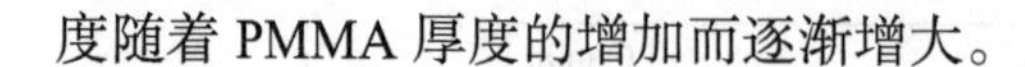
度随着 PMMA 厚度的增加而逐渐增大。

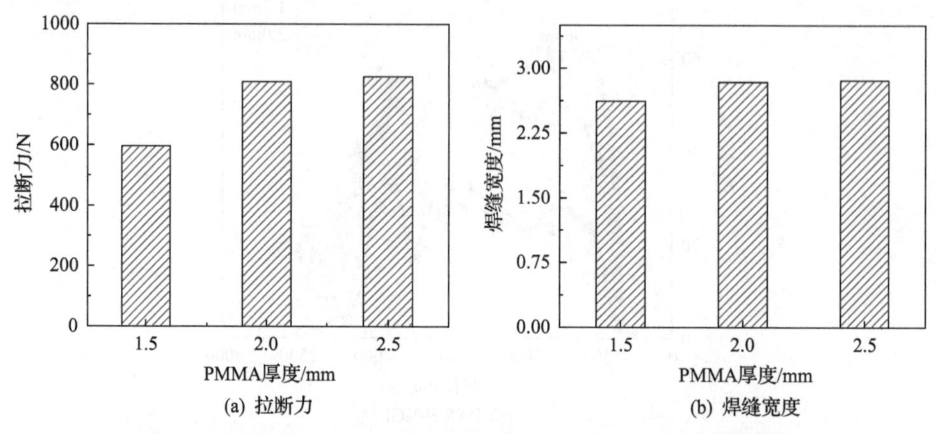

(a) 拉断力　　(b) 焊缝宽度

图 5.3　不同厚度 PMMA 样件对焊接件拉断力和焊缝宽度的影响

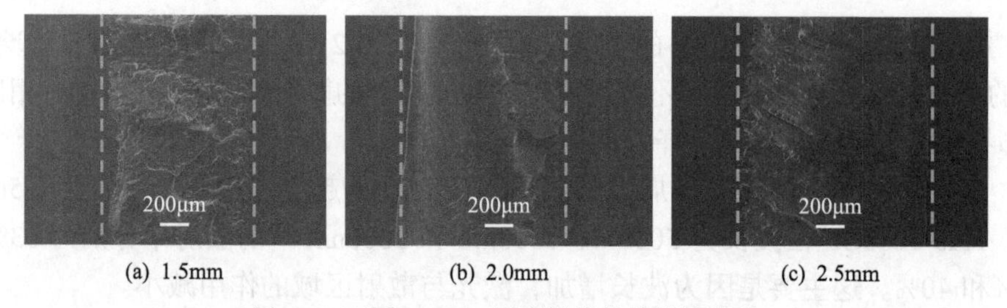

(a) 1.5mm　　(b) 2.0mm　　(c) 2.5mm

图 5.4　不同 PMMA 厚度焊接件的焊缝形貌

为从热传导的角度解释样品厚度对焊接质量的影响，绘制热量传递示意图，如图 5.5 所示。焊缝处的热量向周围扩散，不仅促进了上下层 PMMA 之间的熔融连接，还有部分热量透过吸收层传递到激光器的铁块上，如图 5.5(a)所示。添加炭黑的 PMMA 吸收层相当于一个热阻，如图 5.5(b)所示，在材料热导率 λ 一定的情况下，根据式(5.2)可知，

$$R=\frac{L}{\lambda} \tag{5.2}$$

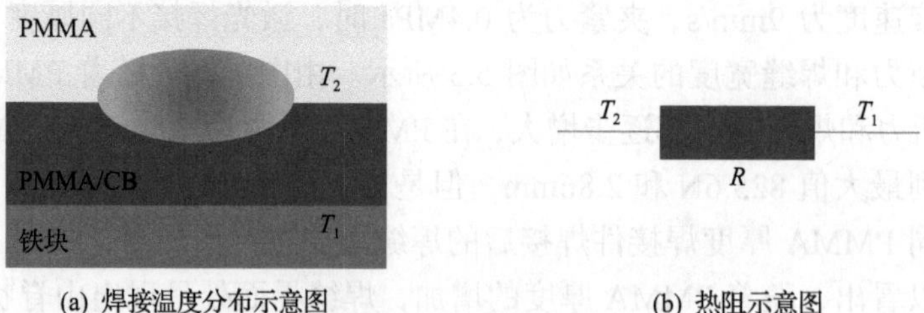

(a) 焊接温度分布示意图　　(b) 热阻示意图

图 5.5　焊缝区域热量传递示意图

PMMA 厚度 L 越大，热阻 R 越大，传递到激光器下部的热量越少，PMMA 内部就会形成越高水平的热量积累，PMMA 之间充分熔融镶嵌，焊接强度高，但随着热量的进一步增大，可能会在 PMMA 界面处发生热降解，对焊接产生不良影响。同时，随着 PMMA 厚度增加，材料热量积累增加，母材熔融区域扩大，焊缝宽度增加。

5.2　表面粗糙度对激光吸收和传热的影响

表面质量是指被加工面的微观不平度，定义为加工表面具有的较小间距和微小峰谷的不平度。当两波峰或两波谷之间的距离(波距)很小(在 1mm 以下)时，表面质量属于微观几何形状误差。通常，表面粗糙度越小，表面越光滑。评定参数主要包括高度特征参数、间距特征参数和形状特征参数。最常使用的是高度特征参数中轮廓算术平均偏差，一般标注采用 R_a 表示。R_a 是指在取样长度内轮廓偏距绝对值的算术平均值，定义如图 5.6 所示。

$$R_a = \frac{1}{n}\sum_{i=1}^{n}\left|y_i\right| \tag{5.3}$$

式中，y_i 为第 i 点的轮廓偏距(i=1,2,⋯,n)；n 为轮廓点。轮廓偏距是指轮廓上各点至基准线的距离。在实际测量中，测量点的数目越多，越准确。

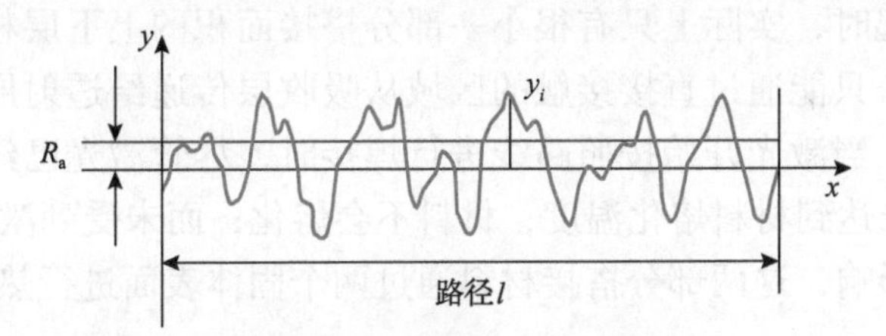

图 5.6　表面粗糙度 R_a 的示意图

样件的表面粗糙度一般与材料的加工方法密切相关。对于激光焊接塑料，试样通常是采用热压、注塑或者挤出等方式制备的，表面粗糙度与材料、成型模具的表面质量以及后处理有关。

5.2.1　表面粗糙度对焊接过程中热量吸收的影响

表面粗糙度与焊接过程中焊接界面处上下材料的接触质量密切相关。理想状态如图 5.7(a)所示，上下表面密切接触，下层激光吸收层吸收热量并均匀加热上下层塑料，形成致密的焊缝。实际应用中的表面如图 5.7(b)所示，由于表面具有一定的表面粗糙度，两试样表面相互接触时，实际的接触仅仅发生在一些离散的点或微小的面积上。当激光照射到下层塑料时，激光吸收层吸收热量通过点或者线加热上层塑料。当表面粗糙度 R_a 较小时，熔融塑料能够流入孔隙中，形成致密焊缝；但是在表面粗糙度较大或者工艺参数不适当的情况下，这种不完全接触方式极易导致焊接界面不连续，从而影响焊接的质量与强度。因此，对非理想接触的激光透射焊接的研究越来越重要。

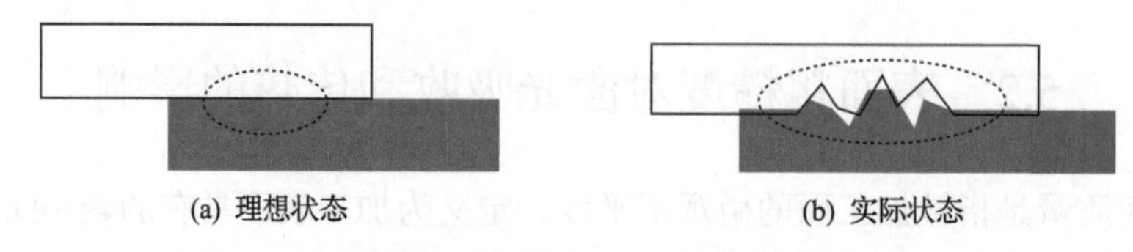

图 5.7　表面粗糙度对焊接质量的影响

另外，粗糙表面会影响激光在界面处的能量分布。一般来说，光滑表面对激光存在较大反射，导致激光吸收下降；而粗糙表面能够很好地实现激光多次反射，从而提高能量吸收。但是值得注意的是，塑料对激光的吸收具有一定的角度依赖性，因此表面粗糙度对激光的影响十分复杂。

5.2.2　表面粗糙度对焊接过程中热量传递的影响

1. 固-固接触热阻

如图 5.8 所示，在激光透射焊接过程中，当透明层和吸收层材料通过挤压的方式搭接在一起时，实际上只有很小一部分搭接面积的上下层相互接触；大部分热流被限制，只能通过直接接触的区域从吸收层传递给透射层材料，即接触热阻作用表现。当激光开始按照路线进行焊接时，尽管激光已经照射在焊接板件上，但温度未达到材料熔化温度，材料不会熔化；而未受到激光照射的区域，由于热传导的影响，这两部分搭接材料通过两个固体表面进行热传递。

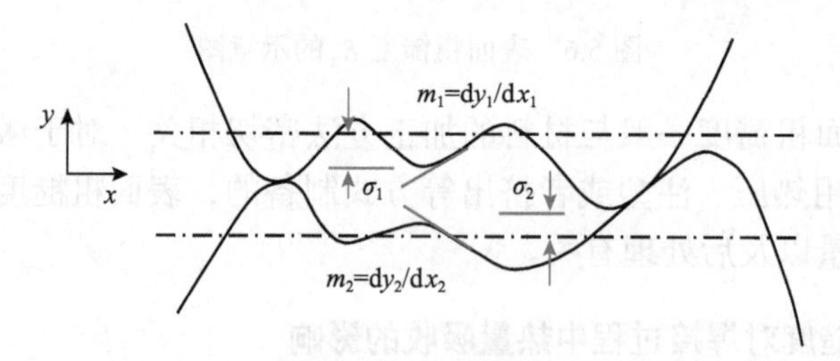

图 5.8　粗糙表面搭接的横截面示意图

Berger 等[62]提出的两个固体间的热传导系数 h_c 可以表示为

$$h_c = 1.25 k_s \frac{m}{\sigma}\left(\frac{P_c}{H_c}\right) \tag{5.4}$$

式中，k_s 为两种搭接材料的平均接触热导；σ 为构成搭接面的两个表面的有效平均表面粗糙度；H_c 为材料表面的显微硬度；P_c 为搭接受到的挤压力；m 为构成搭接面的两个表面的有效平均斜度。Long 等[64]进行了研究，并给出相应的公式：

$$m = 0.076\left(10^6\sigma\right)^{0.52} \tag{5.5}$$

2. 固-液接触热阻

随着焊接时间增加，激光热输入不断增加，受激光照射的吸收层材料及附近材料温度达到 PC 材料的熔化温度，吸收层材料开始逐渐熔化。但是受到固-固接触条件的影响，透射层材料并未同时达到熔化温度，因此吸收层熔化，而透射层未被熔化，搭接面在局部形成固-液接触的条件，如图 5.9 所示。由于焊接过程中固-液接触的原理与压铸类似，借鉴压铸条件下液态合金与模具接触下的接触热导模型，计算焊接过程中的固-液接触区域的接触热阻。固体和液体间的热传导系数 h_c 可以表示为

$$h_c = 2k_{s\text{-}1}b_s\left[\frac{8}{\varepsilon\pi^2}\left(\frac{1}{R_{sm}}\right)\mathrm{erfc}\left(\frac{Y_0}{\sqrt{2}\sigma}\right)\right]\frac{\frac{1}{2}\sqrt{\frac{\pi}{2}}\frac{R_{sm}}{\sigma}\left(\frac{2\sigma}{\sqrt{2\pi}}\exp\left(-\frac{Y_0^2}{2\sigma^2}\right)-Y_0\mathrm{erfc}\left(\frac{Y_0}{\sqrt{2}\sigma}\right)\right)}{\left\{\frac{R_{sm}}{2}-\left[\frac{1}{2}\sqrt{\frac{\pi}{2}}\frac{R_{sm}}{\sigma}\left(\frac{2\sigma}{\sqrt{2\pi}}\exp\left(-\frac{Y_0^2}{2\sigma^2}\right)-Y_0\mathrm{erfc}\left(\frac{Y_0}{\sqrt{2}\sigma}\right)\right)\right]\right\}} \tag{5.6}$$

式中，$k_{s\text{-}1}$ 为固态聚合物和液态聚合物材料的平均接触热导；b_s 为基平面上凸峰的平均半径(0.05μm)；Y_0 为初始搭接面基平面的间距(5.63×10^{-9}m)；R_{sm} 为平均凸峰间距；ε为统计相邻间隙可容纳圆弧因素(1.5)。

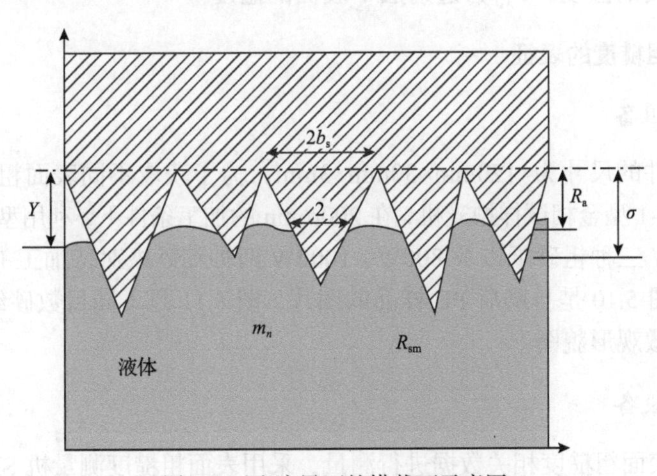

图 5.9　固-液界面的横截面示意图

3. 液-液接触热阻

随着激光继续工作，焊接件的部分透射材料也达到熔化的温度，这部分固体间的间隙被熔化的材料完全填充。熔融材料相互扩散和缠结，焊缝在熔融材料凝固后形成。在焊接材料将间隙填充好后，原来的搭接表面就不存在了，吸收层材料可以直接通过材料内部将热量传递给透射层材料，完全接触条件就形成了，接触热阻将不再存在，即接触热阻为无穷小。在焊接过程结束前，搭接表面的接触状态就会从固-固接触状态到固-液接触状态，最后到完全接触状态并不断循环。

由于激光束相对于焊接件非常小，熔化区域被限制在激光照射区域附近。受到搭接表面接触状态的影响，激光照射区域的吸收层材料向透射层材料传递能量的热传递模型可以表示为

$$\lambda \frac{\partial T}{\partial Z} = I_0 - h_c \left(T_{A,u} - T_{T,l} \right) \tag{5.7}$$

式中，I_0为吸收层上表面激光功率密度。

当吸收层区域不直接从激光中吸收能量，但是受到吸收层材料热传导影响，使得该区域的温度高于透射层的材料时，上下层搭接表面受到搭接面接触状态影响的热传递模型可以表示为

$$-\lambda \frac{\partial T}{\partial Z} = h_c \left(T_{A,u} - T_{T,l} \right) \tag{5.8}$$

式中，λ为焊接材料的热导率；h_c为搭接面实际接触状态下的热传导系数；$T_{A,u}$为吸收层上表面的温度；$T_{T,l}$为透射层下表面的温度。

5.2.3 表面粗糙度的表征

1. 样件准备

试验试件的尺寸为 120mm×30mm×3mm，为了获取不同表面粗糙度的焊接表面，利用P-1型金相试样抛光机，在200r/min的加工条件下，利用型号为100W、120W、150W三种粗砂纸以及800W、1000W两种细砂纸对待加工PC试样表面进行打磨。图5.10是打磨后PC样品的图片，图5.11是不同目数砂纸打磨后PC样品的表面微观形貌图。

2. 表征设备

为了对表面粗糙度相关数据进行测量，采用表面粗糙度测量机SE300进行轮

廓测量，测量触针扫描全长度为 12.5mm，扫描分辨率为 0.0064μm，粗糙度纵向测定范围为 600μm，粗糙度横向测定范围为 100μm，纵向轮廓测定范围为 50mm，横向轮廓测定范围为 100mm。评价长度在 0.2～25mm，测量范围为 0～800μm，测量时主要设置参数如表 5.1 所示。

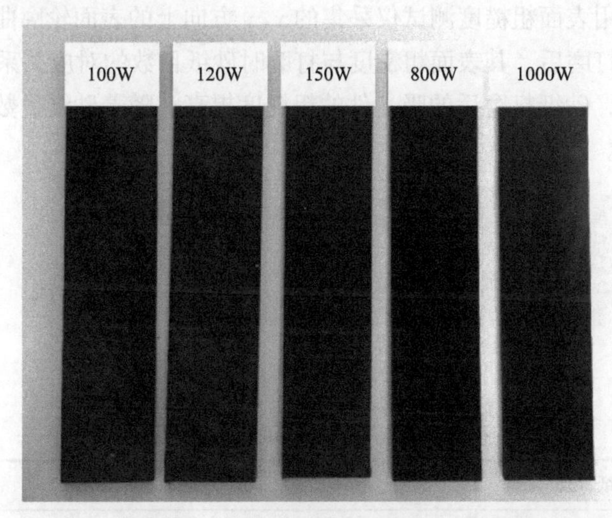

图 5.10　五种不同粗糙度的 PC 样品表面

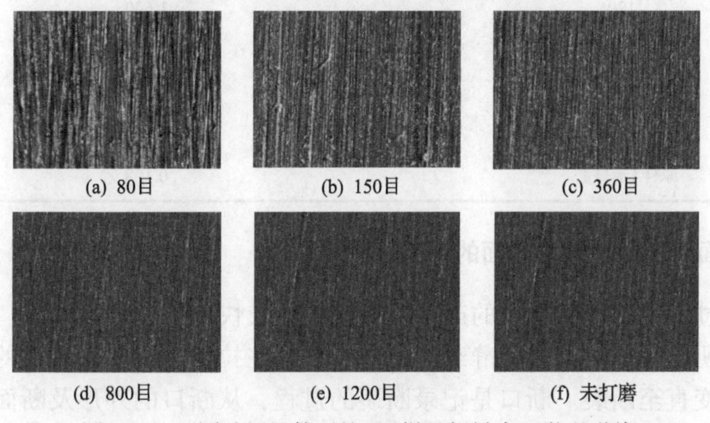

图 5.11　不同砂纸目数下的 PC 样品粗糙表面微观形貌

表 5.1　SE300 参数设置

参数	数值
测量范围	800μm
分辨率	0.0064μm
测量速度	0.2mm/s
长度	12.5mm

3. 表面粗糙度 R_a 测定

焊接试验试件的尺寸为 120mm×30mm×3mm，透过试件与吸光件的搭接尺寸为 40mm×30mm，表面粗糙度采集处位于搭接中心，表面粗糙度采集图片如图 5.12 所示，利用表面粗糙度测试仪采集的 x、y 方向上的表面轮廓曲线如图 5.12 所示。当吸光件打磨后，其表面粗糙度与打磨时砂纸目数的对应关系如表 5.2 所示。相比于原样，砂纸打磨后的吸光件的粗糙度提高；随着砂纸目数的增大，其粗糙度逐渐降低。

图 5.12　表面粗糙度采集路线图

表 5.2　砂纸目数与吸光件表面粗糙度对应关系

砂纸目数	表面粗糙度 R_a/μm
100	1.625
120	1.600
150	0.715
800	0.218
1000	0.184
原样(未打磨)	0.108

5.2.4　表面粗糙度对焊接断面的影响

断裂过程主要包括裂纹的产生、慢速扩展及快速扩展三个阶段。上述焊接拉伸试验所受载荷的状态为静载断裂，即材料在拉伸这一单调增长的载荷作用下发生形变直至断裂。断口是记录断裂的过程，从断口的外形及断面的宏观特征可初步判断断裂的性质(脆性断裂或者韧性断裂)、断裂源的位置和断裂的扩展方向。

经 120 目砂纸打磨后的表面在焊接功率为 30W、焊接速度 15mm/s、夹紧力为 0.5MPa 和透光件厚度为 3mm 的情况下，经过拉伸试验所得到的断口形貌如图 5.13 所示。由图 5.13(b)可以观察到，从焊缝中心到边缘，气体孔洞由稀疏逐渐变得密集，主要是因为激光在快速扫过时，高分子链降解，在降解过程中产生的气体向焊缝两端扩散，而由于粗糙表面相较于光滑表面吸收的能量少，分

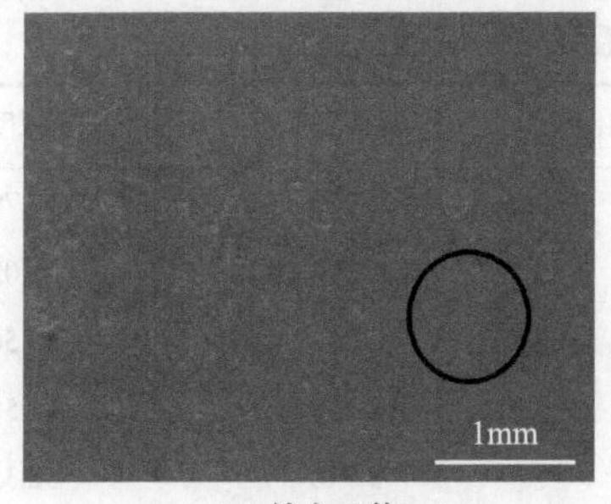

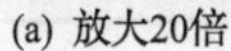

(a) 放大20倍

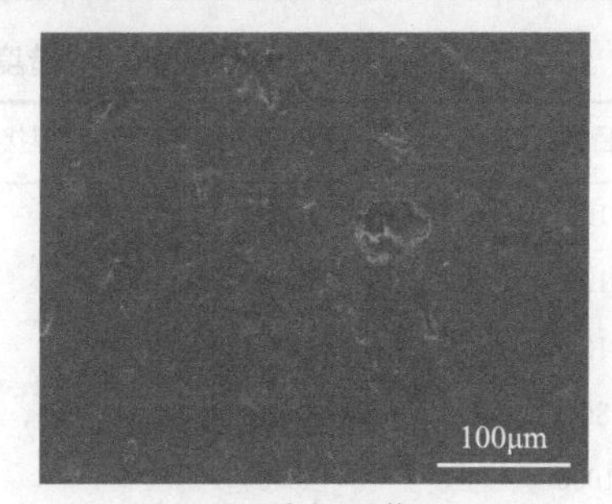

(b) 放大100倍

图 5.13　经 120 目砂纸打磨后的表面的断口形貌

子之间的范德瓦耳斯力较弱，在拉伸过程中分子链断裂，造成脆性断裂。

经 800 目砂纸打磨后的表面在焊接功率为 30W、焊接速度 15mm/s、夹紧力为 0.5MPa 和透光件厚度为 3mm 的情况下，经过拉伸试验所得到的断口形貌，如图 5.14(b)可以看出，断口区域存在较多韧窝，因为此区域内材料表面热效应较低，熔融材料少；由图 5.14(c)可以看出，在焊缝中间位置，热降解产物黏附在透光材料表面，拉伸过程中产生了翘曲的形貌，断口表现为伴随明显塑性变形的延性撕裂特征，属于准解理裂纹，整体而言，此断口属于脆性与韧性混合型断口。对比可知，光滑表面在相同焊接条件下的焊接强度更高。

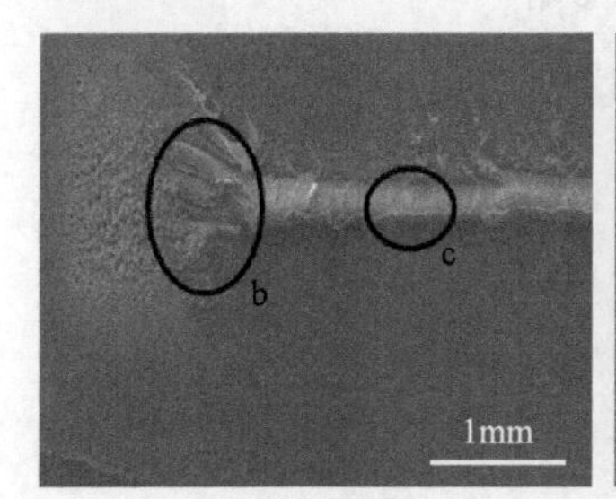

(a) 放大20倍

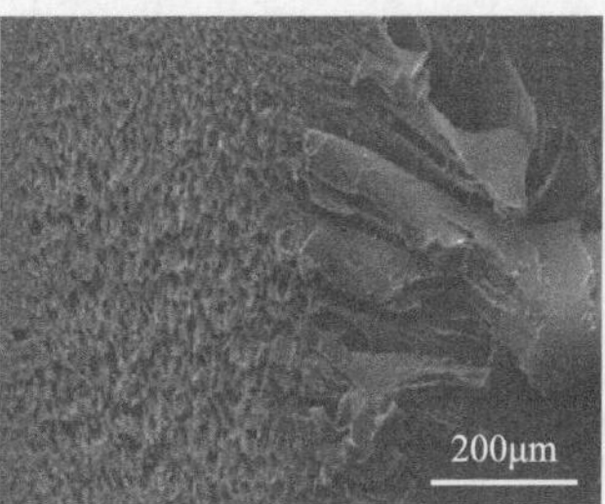

(b) 放大50倍

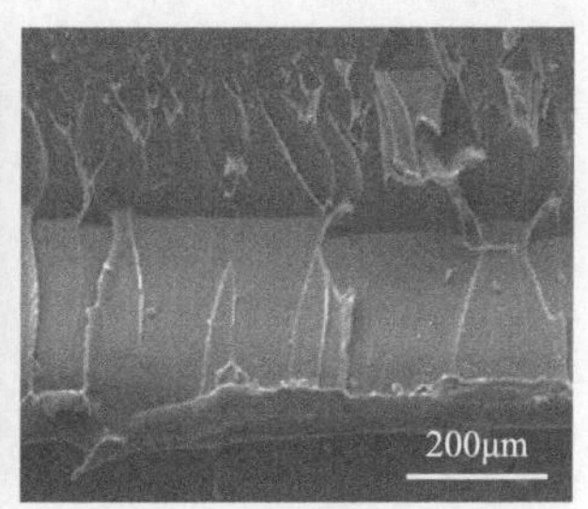

(c) 放大100倍

图 5.14　经 800 目砂纸打磨后的表面的断口形貌

5.2.5　表面粗糙度对焊接质量的影响

对六种不同粗糙度的吸光件进行透射焊接试验和拉伸测试，透光件均选用 3mm 厚的 PC 板。为了突出表面粗糙度对焊接质量的影响，选用的焊接线能量不宜太大，因此选用了焊接功率 20W、焊接速度 15mm/s、夹紧力 0.5MPa 的条件，试验结果如表 5.3 所示。图 5.15 展示了焊接质量与表面粗糙度的关系，由图可以看出，随着表面粗糙度的增加，焊接强度随之降低，焊缝的宽度及深度也随之减小，进一步证实了模拟试验所提出光滑表面可以更好地吸收激光能量。

表 5.3　不同表面粗糙度 PC 板焊接后测试试验结果

目数	表面粗糙度/μm	焊接强度/MPa	焊缝宽度/mm	焊缝深度/μm
100	1.652	890	1.910	17.79
120	1.600	1206	2.290	33.02
150	0.715	1240	2.610	40.56
800	0.218	1443	2.655	48.58
1000	0.184	1512	2.940	52.35

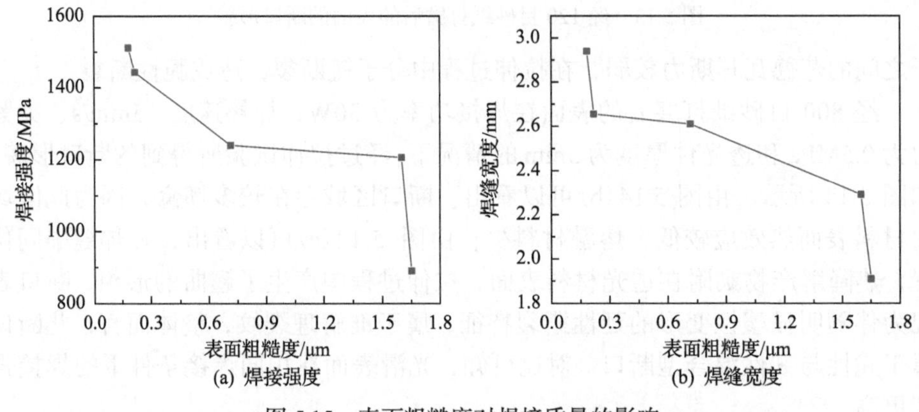

图 5.15　表面粗糙度对焊接质量的影响

第6章　焊接过程模拟仿真及监控技术

塑料的激光焊接是一种涉及光学、材料学、热力学以及流体力学等众多交叉学科的前沿技术。对焊接过程中的温度变化、凝聚态转变、熔体流动以及应力变化等物理现象的准确描述有利于加深对焊接机制的理解，为解决焊接过程中出现的问题提供理论支撑，从而确保稳定、高质量的焊接。受限于焊接过程的复杂变化，现有的技术手段难以实现对焊接过程中物理现象全面、准确的监控，而计算机技术的发展为通过有限元仿真分析描述焊接过程存在的物理变化提供了可能。本章重点介绍焊接过程中温度场分布、热流耦合、热力耦合的相关研究进展，同时对现有监控技术进行介绍。

6.1　焊接过程模拟仿真概述

6.1.1　研究重点及解决方案

近年来，国内外学者应用激光透射焊接(LTW)过程的数值模拟技术对焊接机理的研究取得了较大进展，重点分析了焊接过程中温度变化、熔体流动、应力演变等现象。但是关于焊接过程中热量的传递机制以及不同温度水平下材料性质的差异对力学性能演变影响等内容的相关研究未见报道。究其原因，焊接过程中复杂的凝聚态转变以及熔体流动机制相关模型的建立和求解存在诸多难点，具体内容如下：

(1)焊接过程中的物理变化极为复杂，建模困难。激光作为能量的载体作用在吸收层，产生的热量受到材料光学特征、几何特征及光斑能量分布等因素的影响；热量传递过程中材料的热物理性能是瞬时变化的，没有合适的控制方程描述材料的表面特征、表面接触和熔体流动对热量传递的影响。除此之外，激光与材料的相互作用是一个复杂的过程，包含熔化、热降解等多物态转变，其中介观熔池及气泡、微观分子链断裂等不同尺度的物理现象共存。

(2)焊接过程中光、热、流等变化具有高度的非线性特点。激光在吸收层透射的过程中，其能量呈指数型衰减；描述塑料黏弹性、弹性、弹塑性的状态转变的本构方程具有显著的非线性特征，导致仿真过程具有较长的收敛时间，提高了对计算机资源的需求。

(3)多场耦合计算量大。数值模拟过程是对激光、机械力耦合作用下的温度场、流场、力场的求解，其中包含了熔池的温度、速度、压强、密度、变形、位移等，具有计算量大、数值算法要求高的特征。

本章在焊接温度仿真分析的基础上，进一步分析了工艺参数、温度水平与热降解之间的相关关系，同时针对焊接过程中凝聚态转变导致的黏性、黏弹性和弹塑性差异，研究了焊接过程的热应力演变与焊接件内残余应力的分布。

6.1.2 控制方程

1. 质量守恒方程

通常质量守恒方程为

$$\frac{\partial \rho}{\partial t}+\frac{\partial(\rho u)}{\partial x}+\frac{\partial(\rho v)}{\partial y}+\frac{\partial(\rho w)}{\partial z}=0 \tag{6.1}$$

式中，ρ 为密度；t 为时间；u、v 和 w 分别为速度矢量 $\boldsymbol{u}$ 在 x、y 和 z 方向的分量。式(6.1)可以简写为

$$\frac{\partial \rho}{\partial t}+\operatorname{div}(\rho \boldsymbol{u})=0 \tag{6.2}$$

式中，

$$\operatorname{div}(\rho \boldsymbol{u})=\frac{\partial(\rho u)}{\partial x}+\frac{\partial(\rho v)}{\partial y}+\frac{\partial(\rho w)}{\partial z}$$

2. 动量守恒方程

动量守恒方程也是所有流动系统都应遵守的基本方程之一。其中心思想为：依据牛顿第二定律，单位体积内流体的动量随时间的变化率与流体所受外界作用力之和相等，即

$$\rho \frac{\mathrm{d}\boldsymbol{u}}{\mathrm{d}t}=\nabla \cdot \sigma+\rho \cdot g \tag{6.3}$$

写成 x、y、z 的分量表达式如下：

x 方向分量为

$$\rho\left(\frac{\partial u}{\partial t}+u\frac{\partial u}{\partial x}+v\frac{\partial u}{\partial y}+w\frac{\partial u}{\partial z}\right)=-\frac{\partial p}{\partial x}+\left(\frac{\partial \tau_{xx}}{\partial x}+\frac{\partial \tau_{yx}}{\partial y}+\frac{\partial \tau_{zx}}{\partial z}\right)+\rho g_x \tag{6.4}$$

y 方向分量为

$$\rho\left(\frac{\partial v}{\partial t}+u\frac{\partial v}{\partial x}+v\frac{\partial v}{\partial y}+w\frac{\partial v}{\partial z}\right)=-\frac{\partial p}{\partial y}+\left(\frac{\partial \tau_{xy}}{\partial x}+\frac{\partial \tau_{yy}}{\partial y}+\frac{\partial \tau_{zy}}{\partial z}\right)+\rho g_y \tag{6.5}$$

z 方向分量为

$$\rho\left(\frac{\partial w}{\partial t}+u\frac{\partial w}{\partial x}+v\frac{\partial w}{\partial y}+w\frac{\partial w}{\partial z}\right)=-\frac{\partial p}{\partial z}+\left(\frac{\partial \tau_{xz}}{\partial x}+\frac{\partial \tau_{yz}}{\partial y}+\frac{\partial \tau_{zz}}{\partial z}\right)+\rho g_z \tag{6.6}$$

忽略其中重力和惯性力，则上述公式可简化为

$$\rho\left(\frac{\partial u}{\partial t}+u\frac{\partial u}{\partial x}+v\frac{\partial u}{\partial y}+w\frac{\partial u}{\partial z}\right)=-\frac{\partial p}{\partial x}+\left(\frac{\partial \tau_{xx}}{\partial x}+\frac{\partial \tau_{yx}}{\partial y}+\frac{\partial \tau_{zx}}{\partial z}\right) \tag{6.7}$$

$$\rho\left(\frac{\partial v}{\partial t}+u\frac{\partial v}{\partial x}+v\frac{\partial v}{\partial y}+w\frac{\partial v}{\partial z}\right)=-\frac{\partial p}{\partial y}+\left(\frac{\partial \tau_{xy}}{\partial x}+\frac{\partial \tau_{yy}}{\partial y}+\frac{\partial \tau_{zy}}{\partial z}\right) \tag{6.8}$$

$$\rho\left(\frac{\partial w}{\partial t}+u\frac{\partial w}{\partial x}+v\frac{\partial w}{\partial y}+w\frac{\partial w}{\partial z}\right)=-\frac{\partial p}{\partial z}+\left(\frac{\partial \tau_{xz}}{\partial x}+\frac{\partial \tau_{yz}}{\partial y}+\frac{\partial \tau_{zz}}{\partial z}\right) \tag{6.9}$$

3. 能量守恒方程

焊接过程中在固定坐标系下，控制系统中能量传递的控制方程为

$$\rho c_{\mathrm{p}}\left(\frac{\mathrm{d}T}{\mathrm{d}t}+u\frac{\partial T}{\partial x}+v\frac{\partial T}{\partial y}+w\frac{\partial T}{\partial z}\right)=\frac{\partial}{\partial x}\left(\lambda\frac{\partial T}{\partial x}\right)+\frac{\partial}{\partial y}\left(\lambda\frac{\partial T}{\partial y}\right)+\frac{\partial}{\partial z}\left(\lambda\frac{\partial T}{\partial z}\right) \tag{6.10}$$

式中，ρ 为密度；c_{p} 为比热容；T 为温度；t 为时间；λ 为流体传热系数；u、v、w 分别为 x、y、z 方向上的速度分量。

考虑激光焊接过程中热源是一个热流密度为 $q(r)$ 且以恒速运动的光斑，将 x 代入式(6.10)，可以将固定坐标转化为以热源中心为坐标原点的移动坐标：

$$\rho c_{\mathrm{p}}\left[\frac{\mathrm{d}T}{\mathrm{d}t}+(u-u_0)\frac{\partial T}{\partial x}+v\frac{\partial T}{\partial y}+w\frac{\partial T}{\partial z}\right]=\frac{\partial}{\partial x}\left(\lambda\frac{\partial T}{\partial x}\right)+\frac{\partial}{\partial y}\left(\lambda\frac{\partial T}{\partial y}\right)+\frac{\partial}{\partial z}\left(\lambda\frac{\partial T}{\partial z}\right) \tag{6.11}$$

式中，u_0 为光斑运动速度在 x 轴方向上分量的数值。

6.1.3　边界条件

1. 动量边界条件

在激光透射焊接过程中，熔池在自由界面的法向上受到的作用力包括材料

热膨胀形成的反冲压力、熔体的表面张力及黏性作用力。因此，法向力学边界条件可以描述为

$$P_{\mathrm{f}} = \lambda \kappa + P_{\mathrm{m}} + 2\mu \boldsymbol{n} \cdot \nabla \boldsymbol{v} \tag{6.12}$$

式中，P_{f} 为熔池在自由界面法向上的受力；λ 为表面张力系数；$\boldsymbol{n}$ 和 κ 分别为自由界面的法向向量和曲率；P_{m} 为塑料在激光产生热量作用下因热膨胀而产生的作用力，由式(6.13)计算：

$$P_{\mathrm{m}} = A_{\mathrm{s}} \alpha \left(T - T_0\right) \tag{6.13}$$

其中，A_{s} 为激光作用区域的面积；α 为与温度相关的热膨胀系数，通常采用热机械法测定。

2. 能量边界条件

热传导问题常见的边界条件可归纳为以下三类：第一类边界条件为已知边界上的温度值，求解温度分布；第二类边界条件为已知边界上的热流密度值，此时要考虑温差导致的热传导；第三类边界条件为已知边界上物体与周围流体的换热系数和热源的热辐射系数。

对激光透射焊接过程中温度分布的研究是在目标区域作用已知能量密度的热源基础上完成的，同时考虑热传导、热对流和热辐射等因素的综合作用。其中，由热对流和热辐射导致的能量消耗由方程(6.14)表征：

$$-\lambda(T) \cdot \nabla T \cdot \boldsymbol{n} = \alpha_{\mathrm{r}} \left(T_{\mathrm{s}} - T_0\right) \tag{6.14}$$

式中，$\boldsymbol{n}$ 为表面的法向向量；T_{s} 和 T_0 分别为表面温度和环境温度；α_{r} 为热对流和热辐射系数，通常表达为

$$\alpha_{\mathrm{r}} = \alpha + \varepsilon \sigma_{\mathrm{B}} \left(T_{\mathrm{s}} - T_0\right)\left(T_{\mathrm{s}}^2 - T_0^2\right) \tag{6.15}$$

其中，σ_{B} 为玻尔兹曼常量；ε 为材料的发射率。

6.1.4　数值计算流程

激光透射焊接过程的数值计算主要包含三个模块：前处理、分析计算和后处理。其分析步骤主要包括建立物理模型、划分网格、设置边界条件、施加必要的载荷和约束、选择合适的求解器进行求解以及对仿真结果进行分析验证，具体的数值计算流程如图 6.1 所示。

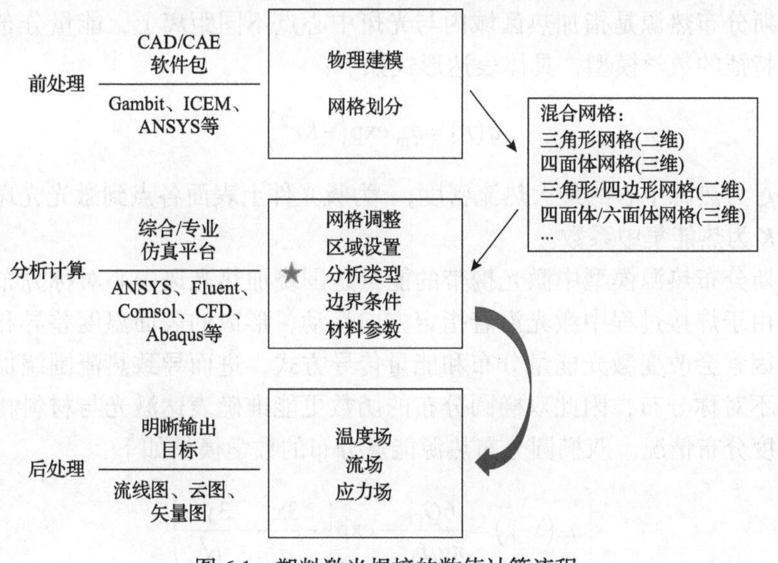

图 6.1　塑料激光焊接的数值计算流程

6.2　焊接过程中的温度场仿真

准确描述激光透射焊接过程中的温度分布是熔池流动和应力分布分析的基础。焊接过程中温度水平的控制对提高焊接质量至关重要。本节重点介绍常用的描述激光能量分布的热源模型以及相关的研究。

6.2.1　热源模型

焊接过程中，根据热源作用方式和焊接场景的不同，焊接热源可以设定为集中热源、平面分布热源和体分布热源三种方式。

1) 集中热源

集中热源本质上是将能量集中作用在物体的某一点、某条线或者某个面上，描述焊接过程的经典理论 Rosenthal-Rykalin 公式便是采用该方法得到的。集中热源适用于焊接件与热源距离较远的情况，但是受限于简化后的热源不能准确地描述热源能量分布规律，计算得到的熔合区和热影响区误差较大，因此应用较少。

2) 平面分布热源

平面分布热源是指激光能量作用在焊接件表面上，而且具有面加热的特征。以波长为 980nm 的激光为例，激光与材料相互作用产生的热量集中在塑料表面，然后以热传导的形式在塑料内传递，因此在温度场仿真中将激光热源处理为具有平面分布特征的数学模型。根据热源能量分布规律，综合考虑热源对被加工材料的作用效果，平面分布热源包括高斯分布热源、双椭圆分布热源和平顶分布热源。

高斯分布热源是指加热区域内与光斑中心点不同距离上，能量分布具有高斯函数特征的数学模型，具体表达形式如下：

$$q(r) = q_{\mathrm{m}} \exp\left(-Kr^2\right) \tag{6.16}$$

式中，q_{m} 为热源中心的最大热流密度；r 为吸光件上表面各点到激光光斑中心的距离；K 为热能集中系数。

高斯分布热源模型中激光携带的能量是围绕加热光斑中心对称分布的。事实上，由于焊接过程中激光沿着指定方向运动，形成的表面温度差异和熔池的流动等因素会改变激光能量分布和能量传导方式，进而导致热流围绕加热光斑中心的不对称分布，因此双椭圆分布的函数更能准确表达激光与材料相互作用下的温度分布情况。双椭圆分布热源能量分布的数学模型如下：

$$\begin{cases} q_{\mathrm{f}}(x,y) = \dfrac{6Q_{\mathrm{f}}}{\pi a_{\mathrm{f}} b_{\mathrm{h}}} - \exp\left(-\dfrac{3x^2}{a_{\mathrm{f}}^2} - \dfrac{3y^2}{b_{\mathrm{h}}^2}\right) \\ q_{\mathrm{r}}(x,y) = \dfrac{6Q_{\mathrm{r}}}{\pi a_{\mathrm{r}} b_{\mathrm{h}}} - \exp\left(-\dfrac{3x^2}{a_{\mathrm{r}}^2} - \dfrac{3y^2}{b_{\mathrm{h}}^2}\right) \end{cases} \tag{6.17}$$

式中，$q_{\mathrm{f}}(x,y)$ 为光斑前半部分的热流分布；$q_{\mathrm{r}}(x,y)$ 为光斑后半部分的热流分布；a_{r}、a_{f} 和 b_{h} 为椭圆的分布参数；Q_{f}、Q_{r} 分别为光斑前半部分和后半部分的热流的总能量。

由于高斯分布热源的激光热流主要集中在中心位置，在光斑边缘的热流密度相对偏弱，因此在焊接过程中存在严重的能量分布不均匀情况，进而导致焊接件有较大的残余应力和不规整的熔池特征。因此，通过光束整形技术制备的平顶分布热源具有更佳的焊接效果。描述激光能量分布的数学函数如下：

$$q_{\mathrm{r}} = \frac{\alpha_{\mathrm{j}} P}{A_{\mathrm{s}}} \tag{6.18}$$

式中，α_{j} 为激光的吸收系数；P 为热流的总能量；A_{s} 为热流作用区域的面积，m^2。

3）体分布热源

体分布热源一般专指长波长近红外激光（波长大于 1500nm）与透明塑料相互作用过程中产生的能量分布。由于透明塑料对长波长具有体加热的特点（详见 3.2.2 节），需要考虑激光能量密度在样件厚度方向上的作用效果。常见的体分布热源模型有半椭球体分布热源和三维锥体热源。

半椭球体分布热源假设椭球体的半轴分别为 a_{h}、b_{h} 和 c_{h}，热源中心点的坐标为(0,0,0)，热流密度的最大值为 q_{m}，假设有 95%的热能集中在半椭球体之内，则可得到描述激光在半椭球体内能量分布的数学模型为

$$q(x,y,z)=\frac{6\sqrt{3}q_{\mathrm{m}}}{a_{\mathrm{h}}b_{\mathrm{h}}c_{\mathrm{h}}\pi\sqrt{\pi}}\exp\left(-\frac{3x^2}{a_{\mathrm{h}}^2}-\frac{3y^2}{b_{\mathrm{h}}^2}-\frac{3z^2}{c_{\mathrm{h}}^2}\right)\tag{6.19}$$

由于激光沿着焊接方向运动，激光热流密度是不对称分布的，激光光斑前方的加热区域要比激光光斑后方的小，因此双椭圆分布热源加热区域不是关于电弧中心线对称的半椭球体，而是双半椭球体。前后半椭球体内的热流分布为

$$\begin{cases}q_{\mathrm{f}}(x,y,z)=\dfrac{6\sqrt{3}(f_{\mathrm{f}}Q)}{a_{\mathrm{f}}b_{\mathrm{h}}c_{\mathrm{h}}\pi\sqrt{\pi}}\exp\left(-\dfrac{3x^2}{a_{\mathrm{f}}^2}-\dfrac{3y^2}{b_{\mathrm{h}}^2}-\dfrac{3z^2}{c_{\mathrm{h}}^2}\right), & x\geqslant 0\\ q_{\mathrm{r}}(x,y,z)=\dfrac{6\sqrt{3}(f_{\mathrm{r}}Q)}{a_{\mathrm{r}}b_{\mathrm{h}}c_{\mathrm{h}}\pi\sqrt{\pi}}\exp\left(-\dfrac{3x^2}{a_{\mathrm{r}}^2}-\dfrac{3y^2}{b_{\mathrm{h}}^2}-\dfrac{3z^2}{c_{\mathrm{h}}^2}\right), & x\geqslant 0\end{cases}\tag{6.20}$$

式中，q_{f}、q_{r} 分别为前、后半椭球体内热输入的份额。

三维锥体热源的实质是一系列平面高斯分布热源沿焊接件厚度方向的叠加，每个界面的热流分布半径与厚度方向呈线性衰减，而热流密度在激光中心线上保持不变。描述热流分布的公式如下：

$$q_{\mathrm{v}}(r,z)=\frac{9\eta Q\mathrm{e}^3}{\pi(\mathrm{e}^3-1)}\times\frac{1}{(z_{\mathrm{e}}-z_{\mathrm{i}})-(r_{\mathrm{e}}^2-r_{\mathrm{e}}r_{\mathrm{i}}+r_{\mathrm{i}}^2)}\exp\left(-\frac{3r^2}{r_0^2}\right)\tag{6.21}$$

$$r_0=r_{\mathrm{i}}+(r_{\mathrm{e}}-r_{\mathrm{i}})\frac{z-z_{\mathrm{i}}}{z_{\mathrm{e}}-z_{\mathrm{i}}}\tag{6.22}$$

式中，η 为工作效率；r 为热流分布的半径；z 为焊接件上、下表面在 z 轴上的坐标。

非线性瞬态热传导的微分方程用于描述激光透射焊接过程中能量产生及传递机制：

$$\rho(T)c(T)\left(\frac{\partial T}{\partial t_{\mathrm{m}}}\right)=h(T)\left(\frac{\partial^2T}{\partial x^2}+\frac{\partial^2T}{\partial y^2}+\frac{\partial^2T}{\partial z^2}\right)+Q\tag{6.23}$$

式中，ρ 为材料密度，$\mathrm{kg/m^3}$；c 为比热容，$\mathrm{J/(kg\cdot K)}$；h 为热传导系数，$\mathrm{W/(m\cdot K)}$；T 为热力学温度，K；t_{m} 为时间，s；x、y、z 为笛卡儿坐标系的坐标值；Q 为内热源强度，$\mathrm{W/mm^3}$。

6.2.2　以铜膜为吸收剂焊接 PC 过程中的温度场仿真

1. 建立热源模型

以铜膜为吸收剂实现 PC 焊接的过程中，激光的能量分布具有高斯特征，表达形式如下：

$$q(x,y,z)=\begin{cases}0\\ \alpha_{\mathrm{j}}\dfrac{P_0}{\pi R^2}\exp\left(-\dfrac{r^2}{R^2}\right)\end{cases} \tag{6.24}$$

式中，P_0为激光功率；R为有效激光点半径。

焊接过程中的热对流和热辐射引起的热损失可由式(6.25)计算：

$$q_{\mathrm{loss}}=\lambda\left(T_{\mathrm{s}}-T_0\right)+\varepsilon\sigma\left(T_{\mathrm{s}}^4-T_0^4\right) \tag{6.25}$$

式中，λ为热导率；T_{s}为工件的表面温度；T_0为环境温度(20℃)；ε为辐射率(0.2)；σ为Stefan-Boltzmann常量。

2. 物理模型及网格划分

描述以铜膜为激光吸收剂实现PC焊接的三维数学模型如图6.2所示。图中铜膜的厚度为0.02mm、长度为30mm，为了确保计算的准确性并缩短计算时间，对模型进行了简化处理，简化流程如图6.2所示，模型尺寸为10mm×8mm×2mm。

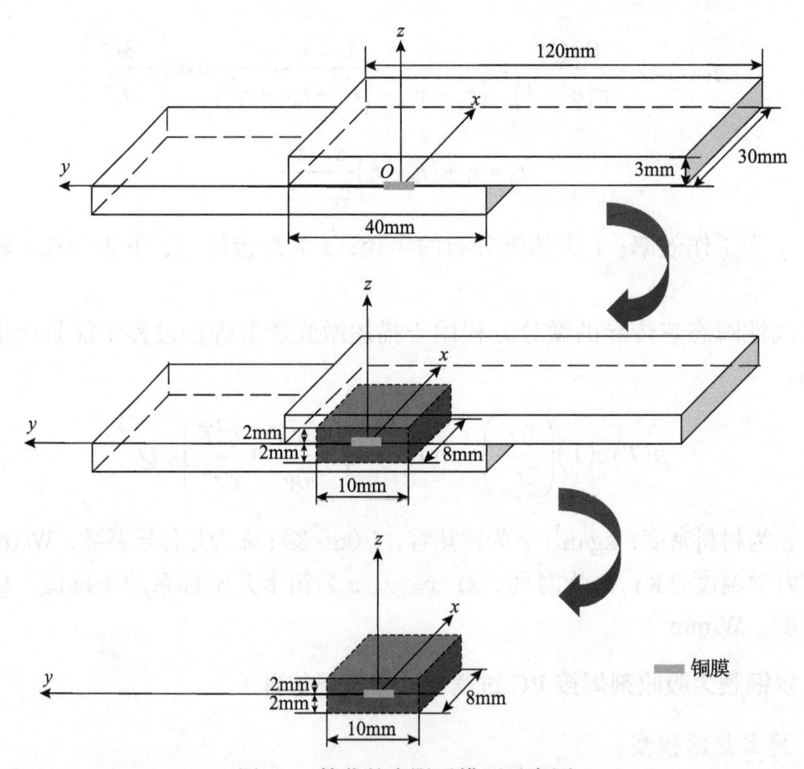

图6.2　简化的有限元模型示意图

采用四面体网格对模型进行划分，为了提高计算精度和效率，对网格进行了两次改进，对剩余的部分使用粗网格。图 6.3 是采用轴对称模型进行网格划分后的结果，图中仅显示了一半的模型结果，焊缝附近材料的最大网格尺寸为 0.07mm，其余部分的网格尺寸为 0.5mm。

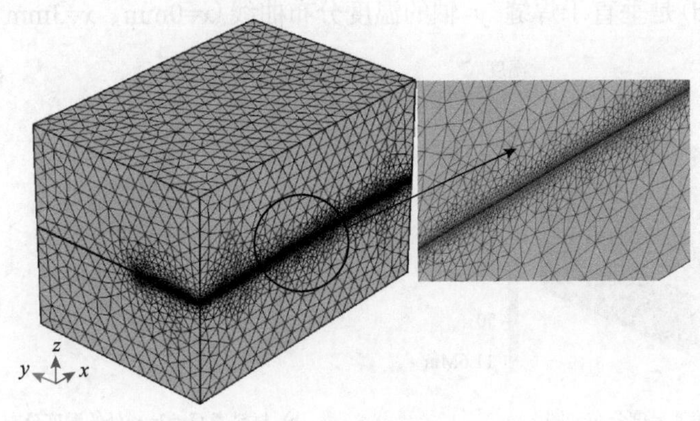

图 6.3 网格划分

3. 材料参数

PC 和铜的热物理性能参数如表 6.1 所示。

表 6.1 PC 和铜的热物理性能参数

性能	PC	铜
密度/(kg/m^3)	$\rho=\begin{cases}-0.39T+1207, & 27℃\leqslant T\leqslant 145℃\\ -0.685T+1253, & T>145℃\end{cases}$	8960
热导率/(W/(m·K))	$\lambda=\begin{cases}\left(2.493\times10^{-4}\right)T+0.186, & 27℃\leqslant T\leqslant 145℃\\ -\left(5.536\times10^{-5}\right)T+0.23, & T>145℃\end{cases}$	386.4
动力黏度/(kg/(m·s))	与温度相关	—
玻璃化转变温度/℃	135～145	—
熔化温度/℃	220～230	1083
热分解温度/℃	500～550	—
比热容/(J/(kg·K))	$c=\begin{cases}3.42T+1120.67, & 27℃\leqslant T\leqslant 145℃\\ 27.385T-2236.38, & 145℃<T\leqslant 147℃\\ 1.771T+1537.41, & T>147℃\end{cases}$	385
热膨胀系数/K^{-1}	与温度相关	与温度相关

4. 温度场计算结果

在激光功率为 45W、扫描速度为 6mm/s、铜膜宽度为 2mm 的条件下，PC 焊接过程中材料表面的温度分布如图 6.4(a)所示。图 6.4(b)是材料表面 x=3mm 处的温度分布云图，随着激光束向前移动，温度前面的斜率比后面的斜率大，温度分布的形状在纵向截面上呈椭圆形。图 6.4(c)是吸收层 z=0.02mm 处的温度分布云图。图 6.4(d)是垂直于焊缝 y 轴的温度分布曲线(x=0mm、x=3mm、x=6mm)，

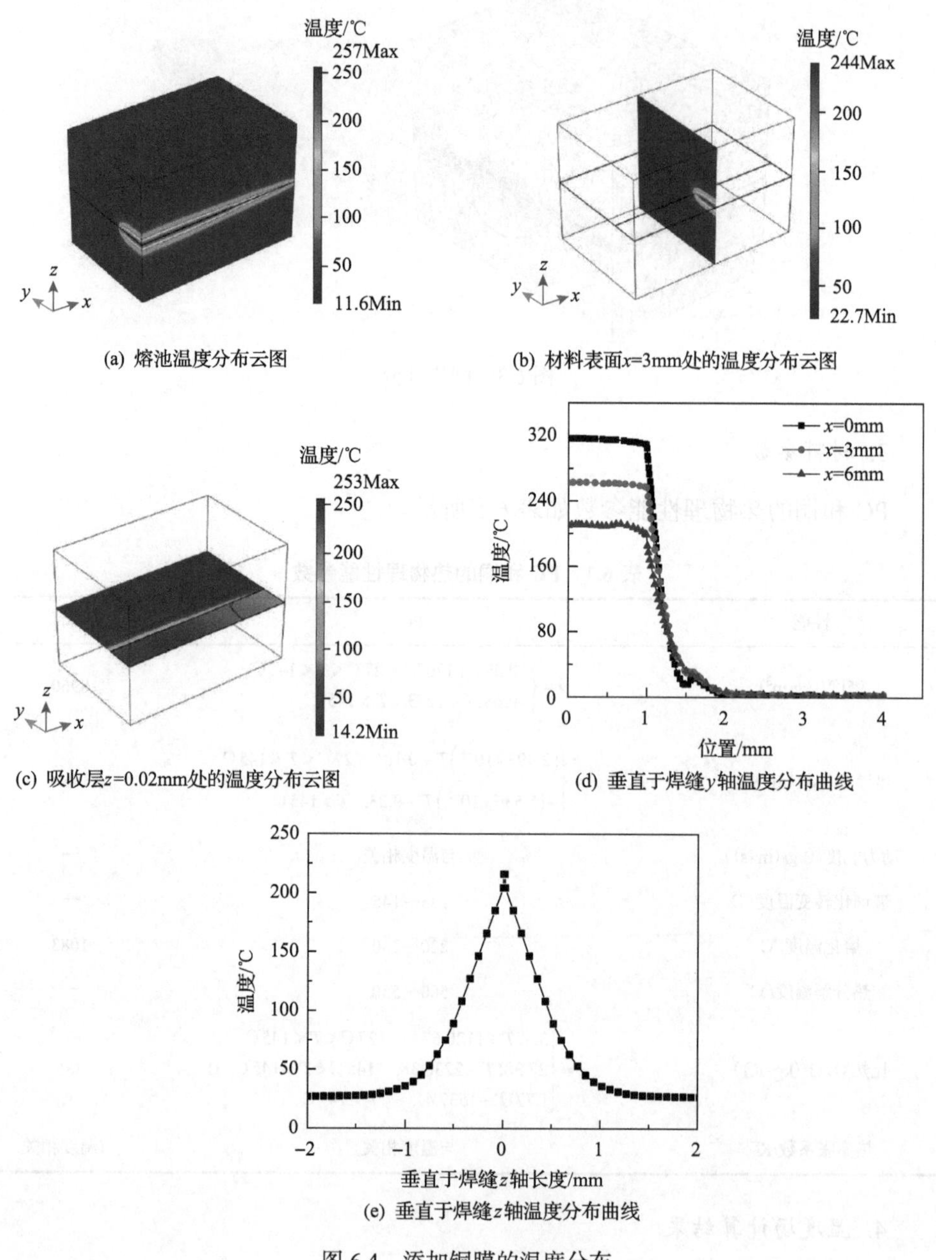

(a) 熔池温度分布云图

(b) 材料表面x=3mm处的温度分布云图

(c) 吸收层z=0.02mm处的温度分布云图

(d) 垂直于焊缝y轴温度分布曲线

(e) 垂直于焊缝z轴温度分布曲线

图 6.4　添加铜膜的温度分布

由于铜的热导率较高，激光与铜膜相互作用产生的温度在铜膜上快速扩散，垂直于焊缝处含有铜膜位置的温度曲线基本呈水平状，在远离铜膜的位置，温度逐渐降低。图 6.4(e)是垂直于焊缝 z 轴的温度分布曲线(x=3mm、y=0mm)，由图可看出，在铜膜处温度最高，z 轴方向远离中心线的温度逐渐降低。

图 6.5 给出了不同焊接时间(t=0.1s、t=0.5s、t=1s、t=2.5s)时焊缝温度的分布情况。随着激光光斑的移动，最大温度点沿着焊接方向(x 轴)移动。在 t=1s 时温

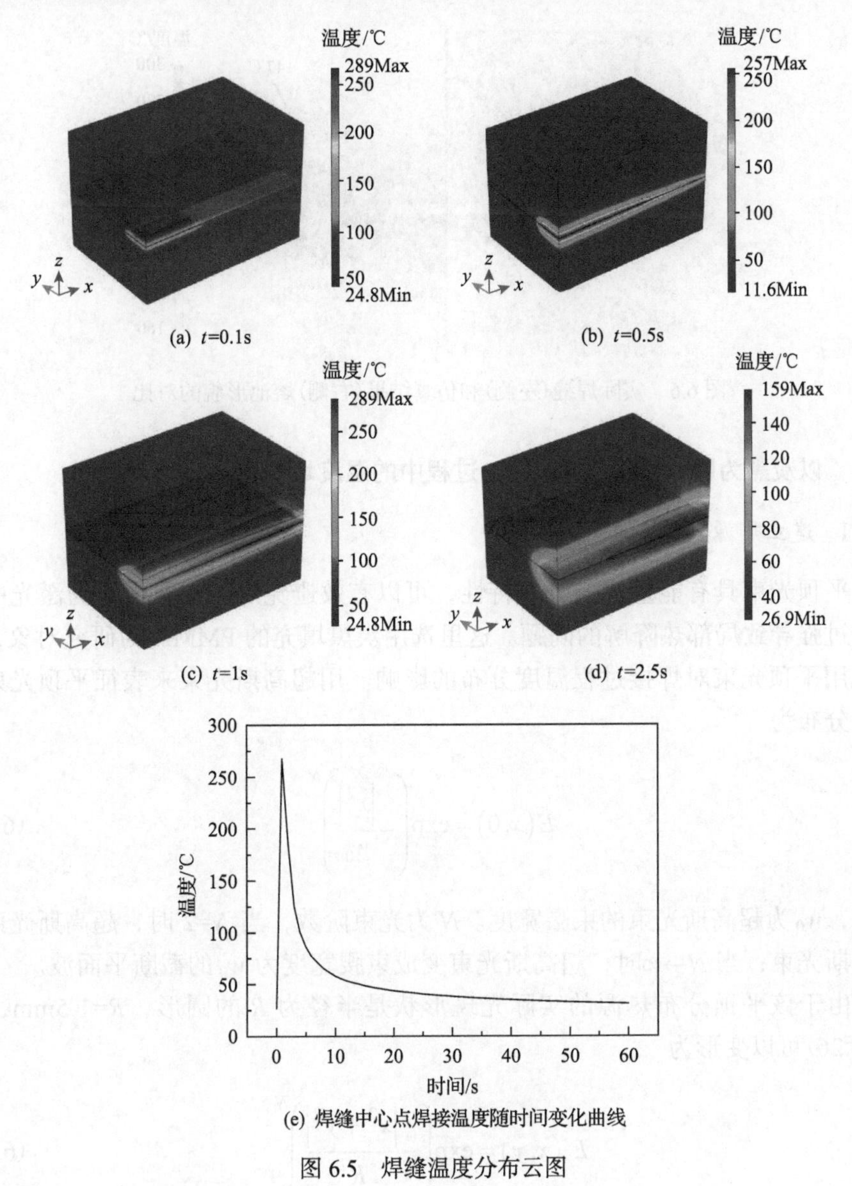

图 6.5　焊缝温度分布云图

度达到最大值 289℃，并且在此时间之前温度升高迅速，随后温度逐渐降低，PC 缓慢冷却至室温。焊缝中心点焊接温度随时间的变化规律如图 6.5(e)所示，在 t=0.8s 时，焊缝处具有最高温度(267℃)，激光离开该点后，温度逐渐降低至室温。

用体式显微镜观察抛光制备后的样件，其熔池形貌对比如图 6.6 所示。图中左侧为实际焊缝的截面图，右侧为仿真结果模拟图，最高温度为 300℃，图中虚线对应的温度水平为 147℃，即 PC 玻璃化转变温度。试验结果与仿真结果吻合。

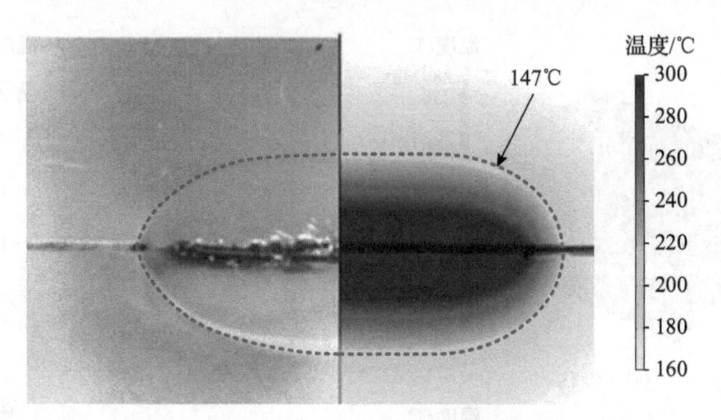

图 6.6 实际焊缝(左侧)和仿真结果(右侧)熔池形貌的对比

6.2.3 以炭黑为吸收剂焊接 PMMA 过程中的温度场仿真

1. 建立热源模型

平顶光束具有能量均匀分布特性，可以有效避免焊接过程中因为激光中心能量过强导致局部热降解的问题。这里选用炭黑填充的 PMMA 为研究对象，研究使用平顶光束对焊接过程温度分布的影响。用超高斯光束来表征平顶光束的能量分布为

$$E(x,0)=\exp\left(-\frac{\left|x^2\right|}{w_0}\right)^N \tag{6.26}$$

式中，w_0 为超高斯光束的束腰宽度。N 为光束阶数，当 N=2 时，超高斯光束就是高斯光束；当 $N\to\infty$时，超高斯光束变成束腰宽度为 w_0 的截断平面波。

由于该平顶分布热源的实际光斑形状是半径为 R 的圆形，R=1.5mm，则式(6.26)可以变形为

$$E'(x,y)=\exp\left(-\frac{\left|x^2+y^2\right|}{R^2}\right)^N \tag{6.27}$$

考虑到激光器效率及光束在样件中的光学损失，得到热源中心处的最大热流密度 q_{m} 为

$$q_{\mathrm{m}}=\frac{k_0P_0\eta T_{\mathrm{T}}\left(1-R_{\mathrm{A}}\right)}{\pi R^2} \tag{6.28}$$

式中，k_0 为调整系数；P_0 为激光器名义功率；η 为激光器效率，$\eta=0.92$；T_{T} 为上层材料透射率；R_{A} 为下层材料反射率。

光束范围内任意点 (x,y) 的热流分布可用平顶分布函数来描述：

$$q\left(x,y\right)=q_{\mathrm{m}}E'\left(x,y\right) \tag{6.29}$$

将式(6.27)和式(6.28)代入式(6.29)，并考虑到热源的移动性，得到最终平顶分布热源公式为

$$q\left(x,y,z\right)=\begin{cases}\dfrac{k_0P_0\eta T_{\mathrm{T}}\left(1-R_{\mathrm{A}}\right)}{\pi R^2}\exp\left[-\left(\dfrac{x^2+\left(y-vt\right)^2}{R^2}\right)^N\right], & \text{吸收层}\\ 0, & \text{透射层}\end{cases} \tag{6.30}$$

式中，v 为扫描速度。为了节省计算时间，提高仿真效率，这里取光束阶数 N=10。

2. 物理模型及网格划分

激光透射焊接 PMMA 过程中搭接区的尺寸为 20mm×20mm，建立的物理模型如图 6.7 所示。为了提高计算效率，对模型采用对称处理，最终得到的上下层尺寸均为 9mm×4mm×2mm。

3. 网格划分

采用四面体网格对简化模型进行划分，网格划分的质量对计算精度和效率有很大影响，网格划分得越细，计算精度越高，但是运行时间也越长；反之也成立。因此，为了保证计算精度且提高运行效率，采用自适应网格算法，即靠近焊缝处采用尺寸较小的网格进行局部细化，最大网格尺寸为 0.01mm；远离焊缝处采用适中网格进行划分，网格尺寸为 0.05mm。网格划分后的实体模型及局部细化图如图 6.8 所示。

为了研究网格尺寸对温度响应的敏感性，设置了 5 种不同的网格尺寸，即 0.01mm、0.03mm、0.05mm、0.07mm、0.09mm，进行温度场分析。仿真得到的焊缝宽度如图 6.9 所示。从图中可以看出，仿真得到的焊缝宽度随着网格尺寸的

减小而逐渐降低。当网格尺寸低于 0.05mm 时，仿真得到的焊缝宽度逐渐趋于稳定，并且与实际焊缝宽度一致。因此，为了缩短计算时间，选用的网格尺寸为 0.05mm。

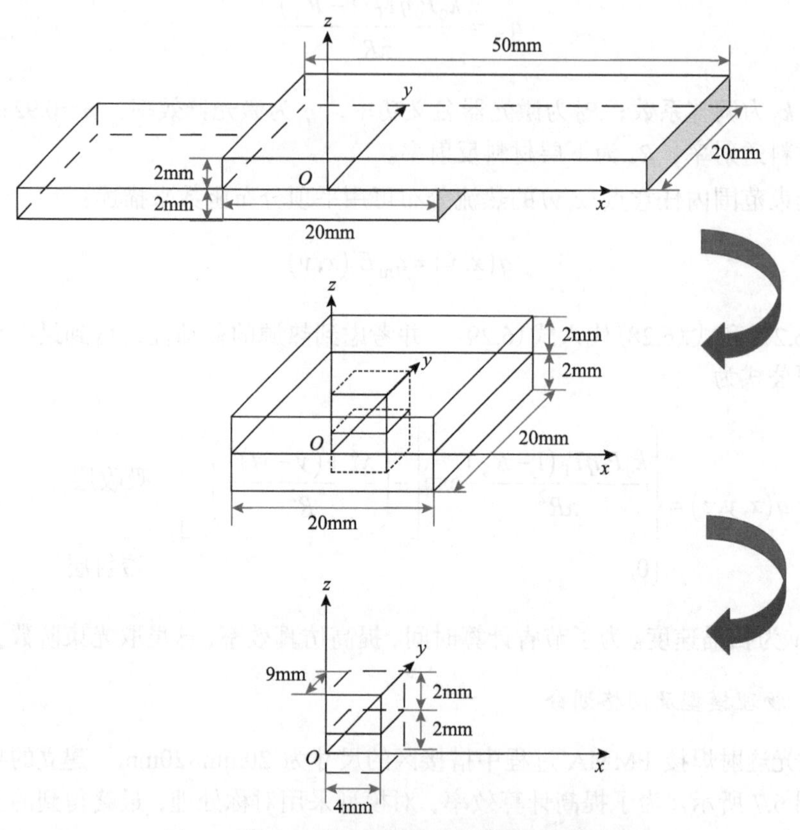

图 6.7　激光透射焊接模型的三维简化物理模型

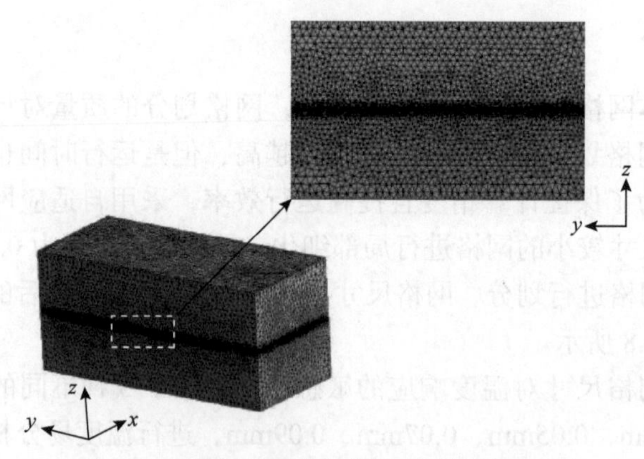

图 6.8　网格划分后的实体模型及局部细化图

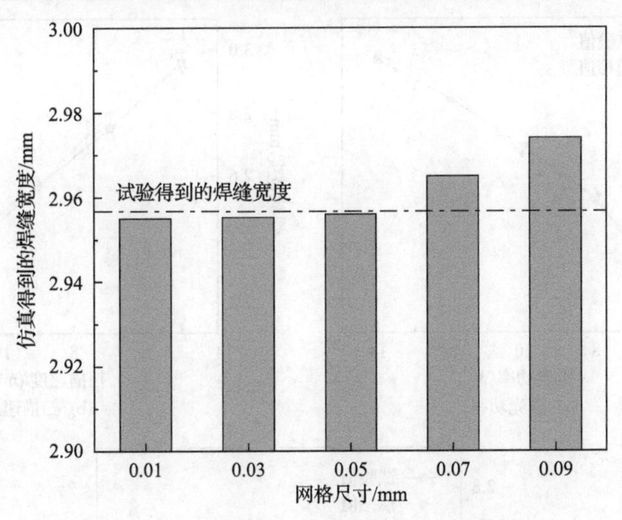

图 6.9　不同网格尺寸条件下得到的焊缝宽度

4. 材料参数

PMMA 材料的物理性能参数如表 6.2 所示。

表 6.2　PMMA 材料的物理性能参数

性能参数	数值
密度/(kg/m^3)	1190
拉伸强度/MPa	74
断裂伸长率/%	6
玻璃化转变温度/℃	110～120
热分解温度/℃	270
泊松比	0.37
热导率/(W/(m·K))	0.21
比热容/(J/(kg·K))	1470

5. 模型验证

采用焊缝宽度作为验证热模型的标准。对于模拟结果，将模型中高于材料玻璃化转变温度的范围定义为焊缝宽度的模拟值。图 6.10 是焊缝宽度模拟值与试验值的对比结果，可以看出：焊缝宽度模拟值与试验值的误差小于 5%，表明数值模拟结果较好，模型得到了很好的验证。

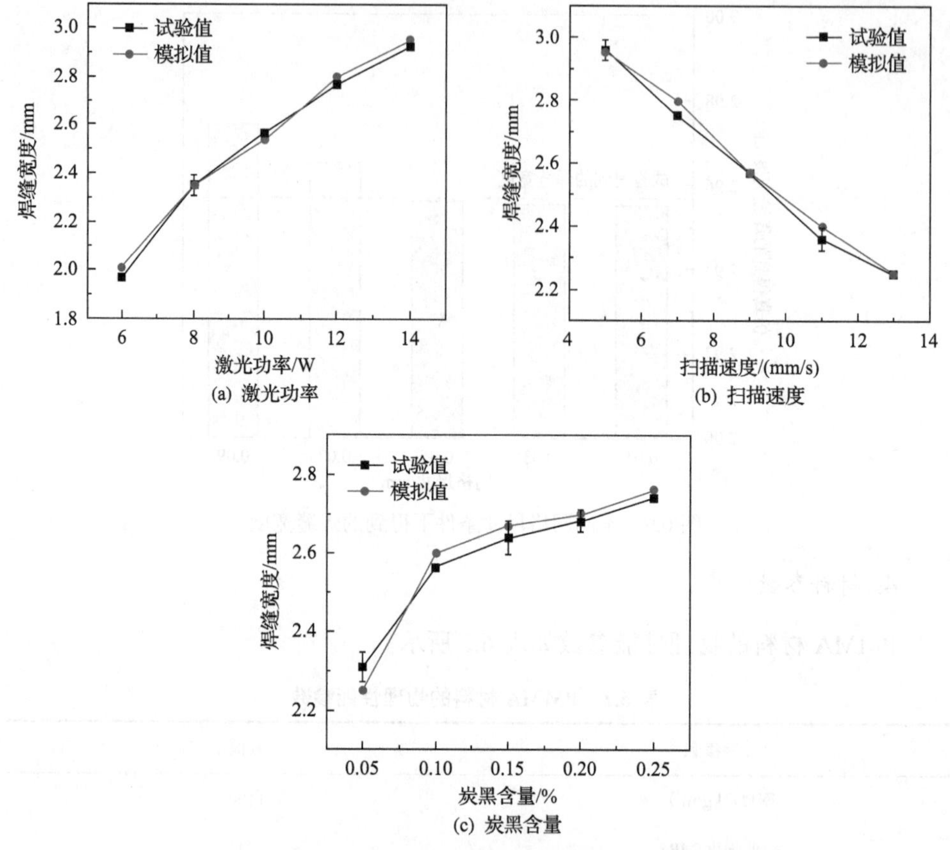

图 6.10　不同工艺参数下焊缝宽度模拟值与试验值的对比

6. 结果分析

图 6.11 是激光功率为 12W、扫描速度为 9mm/s 和炭黑含量为 0.1%(质量分数)时，沿着激光运动路径不同时刻的温度分布云图。图中用白色菱形标记出不同时刻下最高温度所在的位置，并在图例中突出显示了 PMMA 的玻璃化转变温度(105℃)和热分解温度(280℃)。从图中可以看出：①温度分布云图上的热影响区形状为近似椭圆形，其长轴为激光运动方向。这主要是因为塑料的热传导系数较低，温度存在滞后性，即最高温度并不存在于光束中心，而是在光束后部。例如，当 t=1.00s 时，激光光束移动至路径终点(0,9,0)处，但是整个激光移动过程的最高温度(316.10℃)却出现在 1.12s 时刻。②光束前端等温线密集，温度梯度大，后端等温线稀疏，温度梯度小。③焊缝中最高温度点随着光束的移动而移动，最高温度随时间的增加先升高后降低。在 t=0.10～0.22s 时间段，焊接温度从 197.31℃上升到 297.75℃，从 0.22s 开始，焊缝中心出现局部热降解现象；自 1.12s 之后，焊缝进入冷却阶段，因此等温线的范围不断扩大，各点温

度逐渐趋近于环境温度。

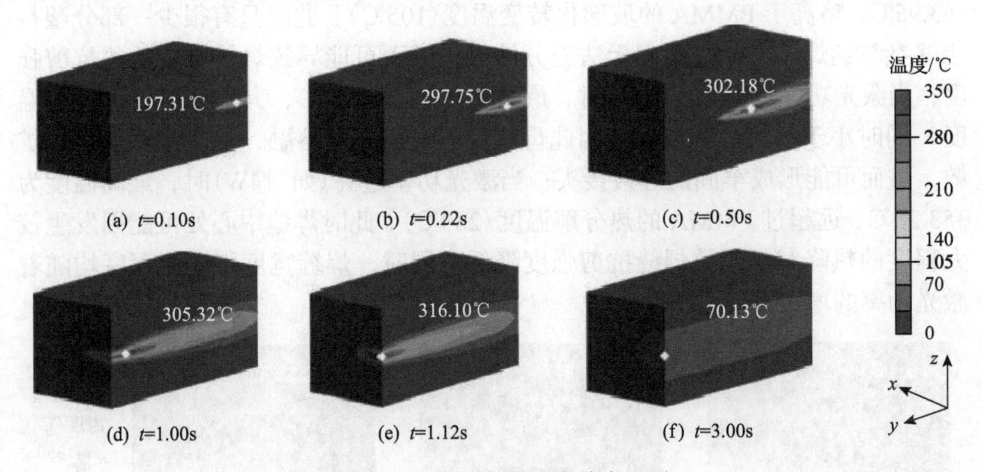

(a) t=0.10s　(b) t=0.22s　(c) t=0.50s

(d) t=1.00s　(e) t=1.12s　(f) t=3.00s

图 6.11　不同时刻的温度分布云图

图 6.12 是激光运动路径不同位置处的最高温度随时间变化的曲线。从图中可以看出，温度曲线随着位置的改变而逐渐右移，这主要是激光束的运动造成的；其次，当 y=2.25～6.75mm 时，温度曲线趋于稳定。因此，在后续不同工艺参数对温度场的影响研究中，选用 y=4.5mm 处(即路径中心点)作为典型位置进行分析；最后，当 t =0.62s 时路径中心点所在截面的温度达到最高，因此后续选用该时刻进行分析。

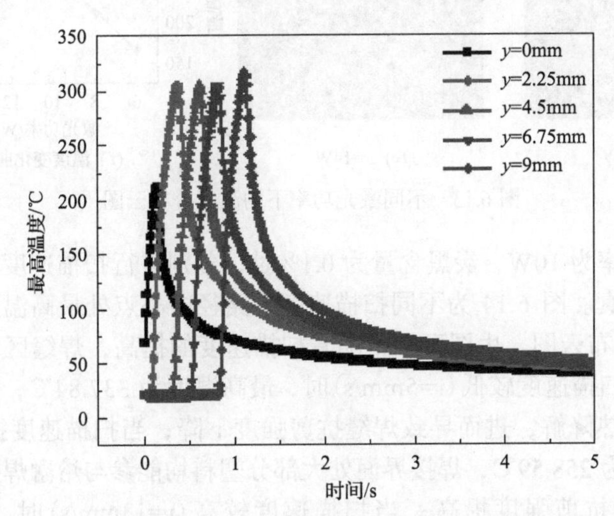

图 6.12　激光运动路径不同位置处的最高温度随时间变化的曲线

图 6.13 给出了激光功率在 6～14W 下的路径中心点的 xz 平面的温度分布云图，此时扫描速度为 9mm/s，炭黑含量为 0.1%。从图中可以看出，随着激光功率

的增大，焊缝区域的最高温度升高。当激光功率过低(如 6W)时，最高温度为163.95℃，略高于 PMMA 的玻璃化转变温度(105℃)，此时只有很少一部分塑料能够参与到焊接中，塑料间无法充分熔融，进而可能导致焊缝有较低的抗剪强度；当激光功率适中(如 10W)时，最高温度为 258.59℃，大于其玻璃化转变温度，同时小于其热分解温度，因此母材能够发生充分熔融，分子链可以相互扩散，进而可能形成牢固的焊接接头；当激光功率过高(如 14W)时，最高温度为353.23℃，远超过 PMMA 的热分解温度(280℃)，此时焊缝中心处可能因发生较大程度的热降解而导致焊缝抗剪强度降低。同时，焊缝宽度与熔池深度均随着激光功率的增大而逐渐增大。

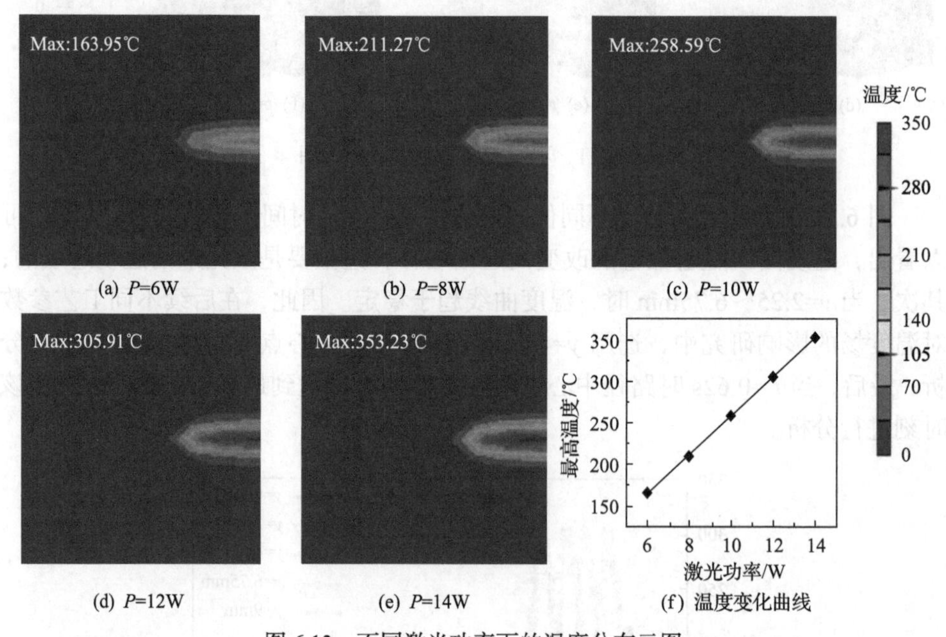

(a) P=6W　(b) P=8W　(c) P=10W
(d) P=12W　(e) P=14W　(f) 温度变化曲线

图 6.13　不同激光功率下的温度分布云图

当激光功率为 10W、炭黑含量为 0.1%时，分别进行扫描速度在 5～13mm/s 下的温度场仿真。图 6.14 为不同扫描速度下路径中心点处最高温度所在时刻的 yz 平面温度分布云图。由图可知，随着扫描速度的提高，焊缝区域的最高温度逐渐降低。当扫描速度较低(v=5mm/s)时，最高温度为 337.84℃，焊缝中心处出现较大程度的热降解，进而导致焊缝抗剪强度下降；当扫描速度提高至 9mm/s 时，最高温度为 258.59℃，焊接界面处大部分塑料均能参与熔融焊接，且不产生热降解，焊缝抗剪强度提高；当扫描速度较高(v=13mm/s)时，最高温度为219.42℃，随着扫描速度的提高，激光与塑料间相互作用时间缩短，焊接温度下降，最终导致焊缝抗剪强度下降。同时，焊缝宽度与熔池深度均随着扫描速度的提高而逐渐减小。

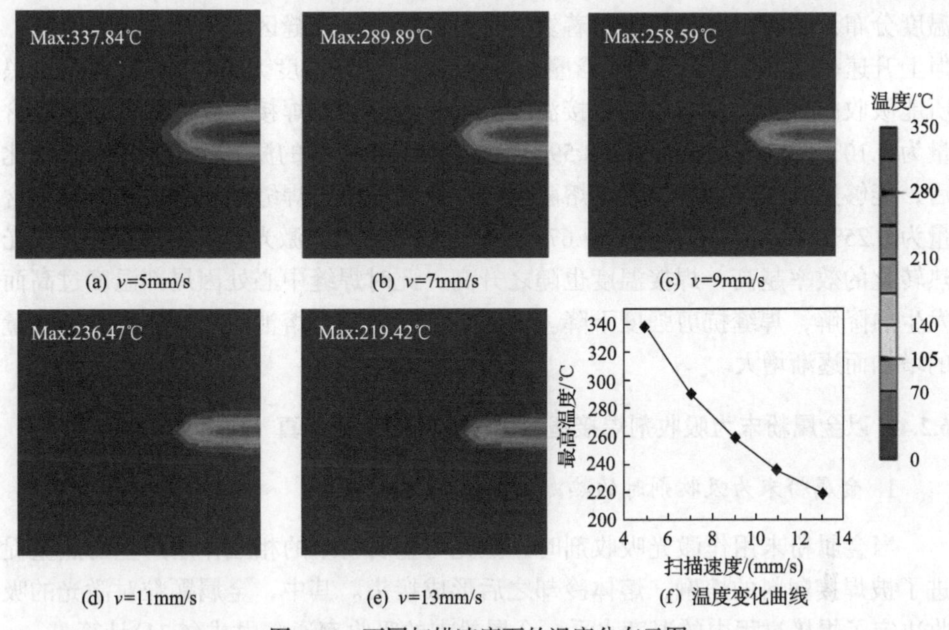

(a) v=5mm/s　(b) v=7mm/s　(c) v=9mm/s　(d) v=11mm/s　(e) v=13mm/s　(f) 温度变化曲线

图 6.14　不同扫描速度下的温度分布云图

当激光功率为 10W、扫描速度为 9mm/s 时，分别进行炭黑含量在 0.05%～0.25%下的温度场仿真。图 6.15 为该时刻不同炭黑含量下路径中心点的 yz 平面

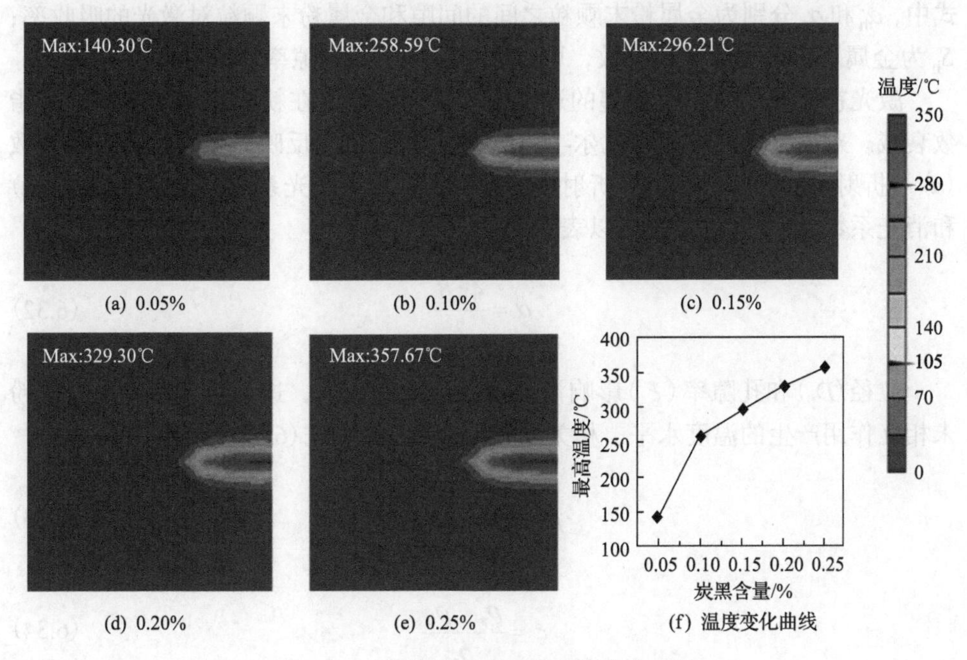

(a) 0.05%　(b) 0.10%　(c) 0.15%　(d) 0.20%　(e) 0.25%　(f) 温度变化曲线

图 6.15　不同炭黑含量下的温度分布云图

温度分布云图。由图可知，随着炭黑含量的增加，焊缝区域的最高温度升高，但上升速率逐渐减小。当炭黑含量为0.05%时，最高温度为140.30℃，由于炭黑所能吸收的激光能量有限，焊接温度不够，最终导致焊接强度下降；当炭黑含量为0.10%时，最高温度为258.59℃，此时炭黑所吸收的激光能量完成光热转化后，能够达到实现良好连接的熔融温度，从而提高了焊缝抗剪强度；当炭黑含量为0.25%时，最高温度为357.67℃，炭黑含量越高，激光吸收层吸光并完成光热转化的效率越高，焊接温度也随之升高，此时焊缝中心处因局部温度过高而发生热降解，焊缝抗剪强度下降。同时，焊缝宽度与熔池深度均随着炭黑含量的增加而逐渐增大。

6.2.4 以金属粉末为吸收剂焊接塑料过程中的温度场仿真

1. 金属粉末为吸收剂时的热源模型

当金属粉末用作激光吸收剂时，激光与金属粉末的相互作用产生的热量促进了被焊接塑料的熔融，熔体冷却之后形成接头。其中，金属颗粒对激光的吸收决定了焊接过程中的温度水平，金属粉末的吸收率通常由式(6.31)计算：

$$\alpha_{\text{particle}} = S_{\text{h}}\alpha_{\text{h}} + \left(1 - S_{\text{h}}\right)\alpha_{\text{p}} \tag{6.31}$$

式中，α_{h}和α_{p}分别为金属粉末颗粒之间的间隙和金属粉末颗粒对激光的吸收率；S_{h}为金属颗粒表面的面积分数，可以表示为粉末层孔隙率的函数。

激光在金属粉末层上传递的过程中，其能量强度在粉末层厚度方向上呈指数衰减。对比平面波方程和比尔-朗伯定律，可以得出反映光强衰减的吸收系数(α)与折射率的虚部成正比。折射率的虚部通常称为消光系数(β)。吸收系数(α)和消光系数(β)之间的关系可以表示为

$$\alpha = \frac{4\pi\beta}{\lambda} \tag{6.32}$$

粒径(D_{p})和孔隙率(ξ)影响消光系数(β)的数值，进而决定激光与金属粉末相互作用产生的温度水平。相关计算由式(6.33)和式(6.34)给出：

$$\beta = \frac{3}{2}\frac{1-\xi}{\xi}\frac{1}{D_{\text{p}}} \tag{6.33}$$

$$\xi = \frac{\rho_{\text{s}} - \rho_{\text{p}}}{\rho_{\text{s}}} \tag{6.34}$$

式中，ρ_s和ρ_p分别为块状固体和金属颗粒的密度。通常假设粉末状态孔隙率ξ在0.4～0.6，固态金属的孔隙率ξ为零。

当以金属粉末为激光吸收剂时，金属粉末与塑料相比具有较大的热导率，因此激光与金属粉末相互作用产生的温度具有一定的深度。将激光束与金属粉末相互作用产生的温度定义为具有一定体积的热通量。具有体分布特征的平顶分布热源的能量强度I_r由式(6.35)表征：

$$I_r = \frac{\alpha P}{A_s u_y} \tag{6.35}$$

式中，A_s为激光作用区域的面积；u_y为激光的作用深度。

考虑激光焊接过程中热源是以恒速运动的光斑，在此进行坐标转化，在作用区域的面积中引入激光运动速度相关的函数，将固定坐标转化为以热源中心为坐标原点的移动坐标：

$$r = \sqrt{\left(z - v_z t - z_0\right)^2 + \left(x - v_x t - x_0\right)^2} \tag{6.36}$$

为了准确描述激光波长和颗粒粒径对激光作用下产生温度的影响，引入校正系数(η)：

$$\eta = \frac{1}{\lambda D_p} \tag{6.37}$$

描述平顶光体热源激光焊接过程中能量密度在焊接方向上运动的热源模型可以简写为

$$I_{(x,y,z,t)} = \frac{6P\eta}{\left[\left(z - vt\right)^2 + x^2\right] u_y} \tag{6.38}$$

2. 热源模型的验证

反映激光与金属粉末相互作用过程中温度水平的瞬态热分析在建立的热源模型上完成。仿真的物理模型如图6.16(a)所示。由于热源的分布具有轴对称的特征，为了减少计算量、提高计算效率，对相关的轴对称物理模型进行了简化处理。简化后的物理模型如图6.16(b)所示，其尺寸为6mm×10mm× 2mm。为了在高计算精度的前提下减少计算资源的消耗，网格的划分采用梯度划分的方法，其中在靠近焊缝位置处用精细网格，网格尺寸为 0.1mm，其余部位的网格尺寸为

0.5mm，网格之间平滑过渡。划分的梯度网格如图 6.16(c)所示。

为验证建立的热源模型是否能准确反映激光与金属粉末相互作用下产生的温度，在激光透射焊接试验平台(LTWEP)上进行激光与金属粉末相互作用下的温度测试试验。LTWEP 设备组成如图 6.17 所示，主要由 EB-DDLM 100A 半导体激光器、计算机数字控制(computer numerical control, CNC)机床、计算机控制

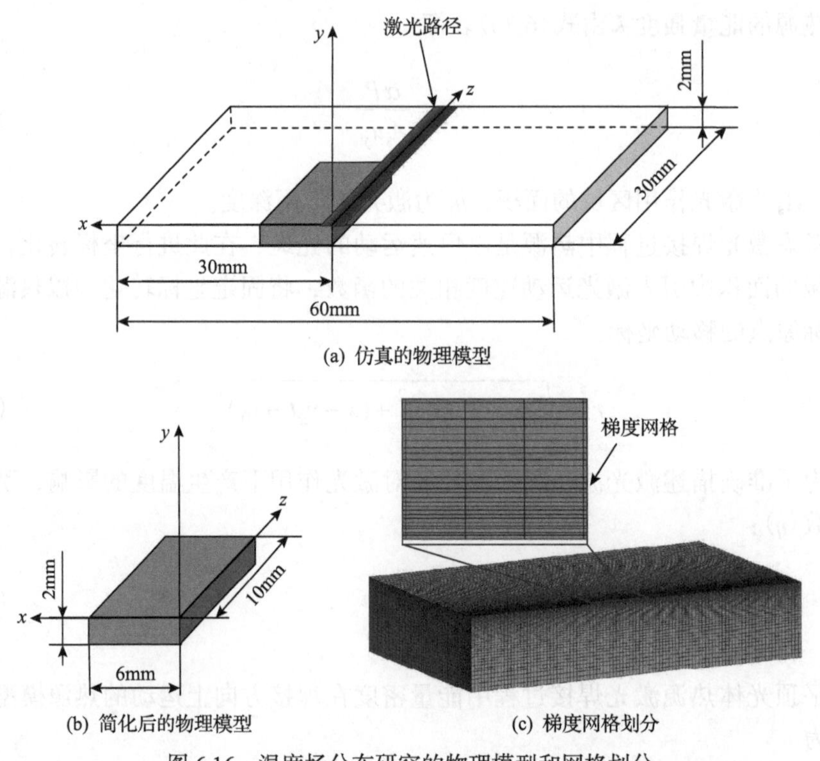

(a) 仿真的物理模型

(b) 简化后的物理模型　(c) 梯度网格划分

图 6.16　温度场分布研究的物理模型和网格划分

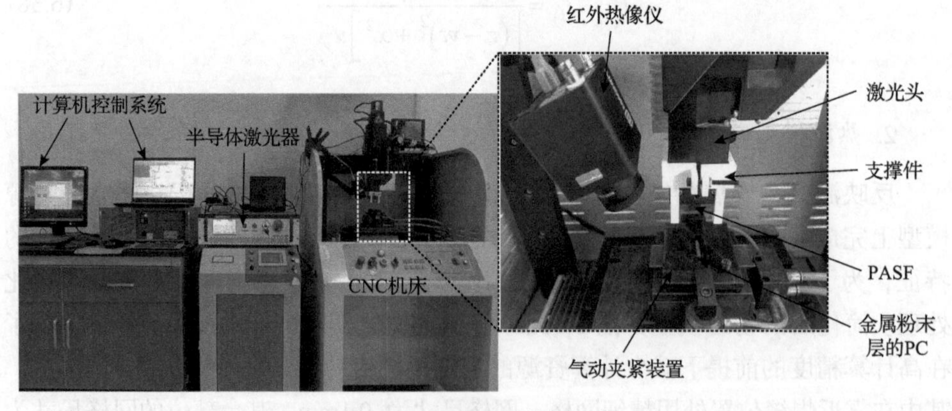

图 6.17　LTWEP 设备组成

系统以及气动夹紧装置组成。激光器的技术参数如表 6.3 所示。激光器的控制和 CNC 机床的运动集成在控制系统中，可实现对运动路径及激光器运行的精准控制。红外热成像温度测试系统包括光谱范围为 7.5～14μm 的红外热像仪和温度采集系统两部分。其中红外热像仪具有 384×288 非制冷焦平面阵列探测器，在室温下的热敏度为 2℃。

表 6.3　激光器的技术参数

参数	数值
激光波长/nm	980
最大输出功率/W	100
脉宽/ms	0.01～3
脉冲频率/Hz	1～50
光纤直径/μm	400

为了准确记录激光与 MZA 粉末相互作用产生的温度水平，将红外热像仪固定在 CNC 机床的右上方，调整红外热像仪的角度和位置，确保红外热像仪的视野可以覆盖试样的整个运动区间。之后依次启动温度采集系统、激光器和 CNC 运动系统，温度采集系统自动记录反映温度水平的红外线(infrared radiation, IR)图。红外热像仪采集的 IR 图片使用 ThermaScope-v3.1.1.2 软件分析。

在使用红外热像仪测定激光与金属粉末相互作用产生的温度之前，首先要对金属粉末在不同温度水平下的发射率进行测定。金属粉末发射率测试的试验平台如图 6.18(a)所示。该测试平台由红外热像仪、导热块、热电偶、温度控制器和温度采集系统五部分组成。发射率测定步骤如下：

(1)将 MZA 粉末在酒精溶液中用超声波分散 30min，取适量的 MZA 粉末/酒精悬浊液，均匀涂敷在导热块上表面；

(2)通过温度控制器设定指定温度，热电偶通电对导热块加热；

(3)调整红外热像仪的角度及焦距，确保采集系统界面可以清晰观测到 MZA 粉末涂层的温度分布；

(4)待温度控制器显示的温度达到指定数值后，启动温度采集系统，调整温度采集系统中 MZA 粉末的发射率数值，直到温度采集系统检测到的温度与温度控制器的指示温度一致(浮动低于 6%)，记录该温度条件下 MZA 粉末的发射率数值。

MZA 粉末发射率的测试结果如图 6.18(b)所示。在温度控制器设定温度从 50℃上升到 300℃的过程中，MZA 粉末的发射率逐渐上升。当温度控制器的设定温度超过 200℃时，MZA 粉末的发射率基本稳定在 0.44，不再随温度的上升而显著上升。

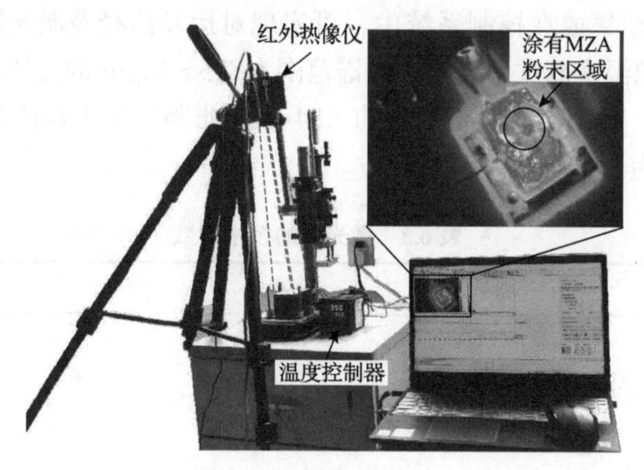

(a) 发射率校正装置

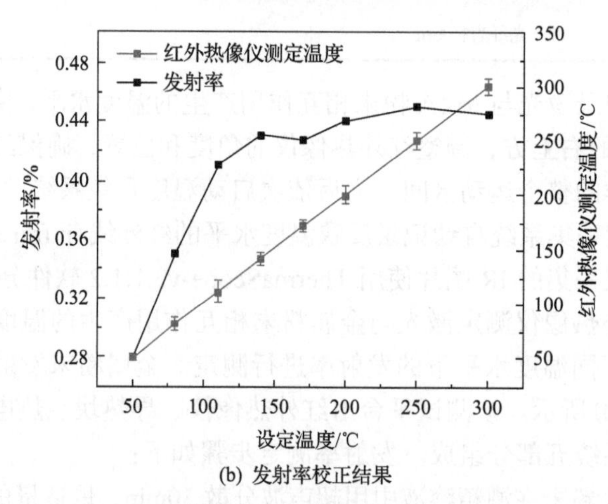

(b) 发射率校正结果

图 6.18 发射率的校正

在激光功率为 14W、扫描速度为 6mm/s、粉末层宽度为 3mm 的条件下，对激光与粒径为 10μm MZA 粉末相互作用过程中的温度水平及分布进行有限元仿真与试验测定。测试样件、激光运动方向以及选定的温度记录节点(点 1、点 2、点 3)如图 6.19(a)所示。仿真测试得到的温度分布如图 6.19(b)所示，试验测试得到的温度分布如图 6.19(c)所示。从图中可以看出，温度的最高点出现在激光直接作用的位置，并且最高温度点伴随着激光的运动沿 z 轴正方向运动。在激光与 MZA 粉末直接作用的位置处，激光光斑前半部分的温度明显低于激光光斑后半部分的温度。在仿真结果中可以更明显地看到该现象。Ai 等[101]得到了类似的发现，这是由于激光作用后的路径上温度水平较高，通过热传导损失的热量相对较少；而对于激光光斑前半部，运动路径上的温度相对较低，此时大的温度差导致激光光斑前半部分的温度水平偏低。

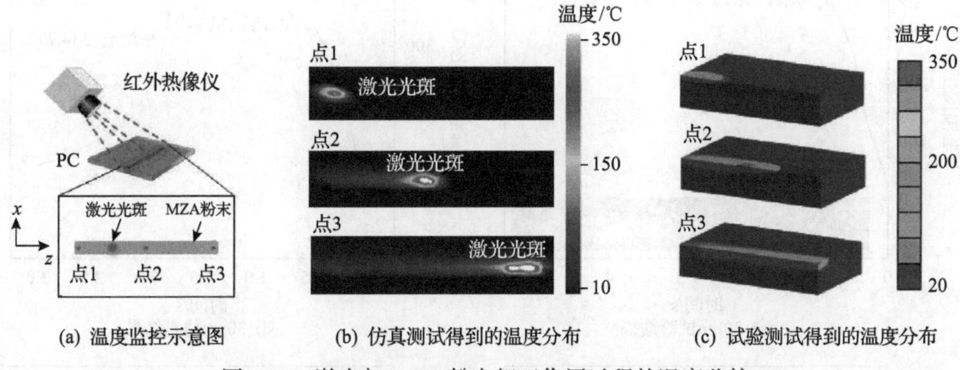

(a) 温度监控示意图 (b) 仿真测试得到的温度分布 (c) 试验测试得到的温度分布

图 6.19 激光与 MZA 粉末相互作用过程的温度监控

为了验证热源模型的准确性，探究激光与金属粉末相互作用过程中的温度变化规律，对焊接过程中的最高温度及三个选定温度记录节点的温度变化曲线进行对比。图 6.20(a)和(b)分别为激光与粒径为 10μm 的 MZA 粉末相互作用过程中的试验测试结果和仿真分析结果。从图中可以看到，红外热像仪试验测试得到的峰值温度的平均值为 350.15℃，仿真分析得到的峰值温度的平均值为 345.45℃；其中试验测试得到的峰值温度在 5s 后出现显著下降，说明此时激光运动到路径的终点；而仿真分析得到的峰值温度在 1.67s 后出现显著下降，这是由于仿真的物理模型只选取了样件尺寸的 1/3。试验结果中，在 1s 时，激光与 MZA 粉末相互作用过程中的峰值温度达到最大值，然而在仿真结果中，峰值温度达到最大值对应的时刻为 0.5s，这可能是由于激光与金属粉末相互作用产生温度具有一定的时间阈值，尽管激光具有快速加热的特征。根据提取激光与 MZA 粉末相互作用过程中选定温度记录节点的温度变化曲线可知，试验测试得到的温度变化曲线和仿真分析得到的温度变化曲线具有相同的变化规律，验证了建立的热源模型的准确性。

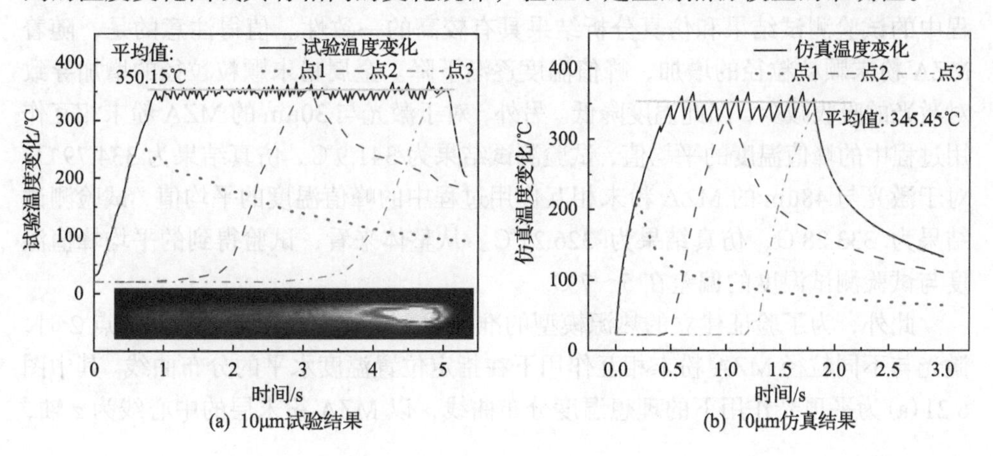

(a) 10μm试验结果 (b) 10μm仿真结果

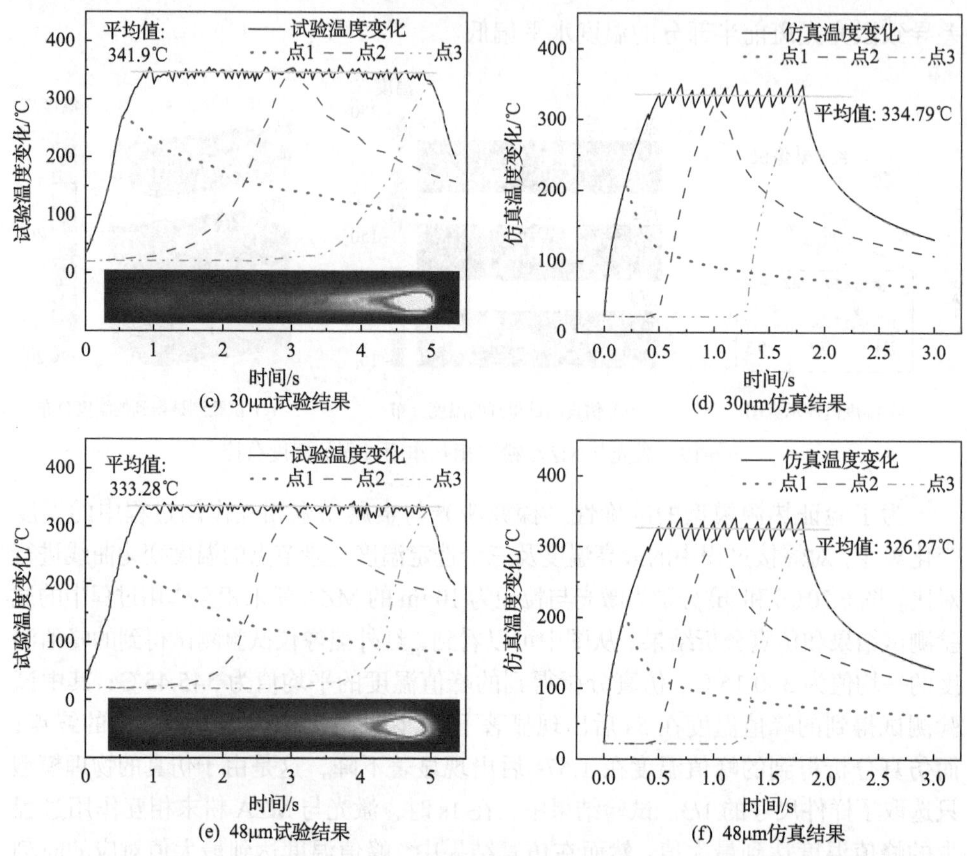

(c) 30μm试验结果　(d) 30μm仿真结果

(e) 48μm试验结果　(f) 48μm仿真结果

图 6.20　激光与不同粒径的 MZA 粉末相互作用试验结果与仿真结果的对比

进一步，选用粒径为 30μm 的 MZA 粉末和 48μm 的 MZA 粉末进行试验和仿真，并比较其结果。激光与 30μm、48μm 的 MZA 粉末相互作用过程的试验结果和仿真结果如图 6.20(c)～(f)所示。由图可知，激光与 MZA 粉末相互作用过程中的试验测试结果和仿真分析结果具有较高的一致性。值得注意的是，随着 MZA 粉末颗粒粒径的增加，峰值温度逐渐下降。金属粉末颗粒粒径的增加导致对激光的吸收减少，因此温度降低。另外，对于激光与 30μm 的 MZA 粉末相互作用过程中的峰值温度的平均值，试验测试结果为 341.9℃，仿真结果为 334.79℃；对于激光与 48μm 的 MZA 粉末相互作用过程中的峰值温度的平均值，试验测试结果为 333.28℃，仿真结果为 326.27℃。从整体来看，试验得到的平均峰值温度与试验测试温度的偏差在 5～7℃。

此外，为了验证建立的热源模型的准确性，提取激光光斑运动到节点 2 时，激光与不同粒径 MZA 粉末相互作用下在指定位置温度水平的分布曲线。其中图 6.21(a)为平顶光作用下的理想温度分布曲线，以 MZA 粉末层的中心线为 z 轴，与 MZA 粉末层相垂直的方向为 x 轴建立坐标系，其中 z 轴为激光移动的方向。试验测试与仿真分析得到的温度分布曲线对比如图 6.21(b)所示，实线为仿真分析结果，虚线为试验测试结果，l_1 与 l_2 为激光与粒径为 10μm 的 MZA 粉末相互作用的结果，m_1 与 m_2 为激光与粒径为 30μm 的 MZA 粉末相互作用的结果，n_1 与 n_2 为激光与粒径为 48μm 的 MZA 粉末相互作用的结果。仿真分析结果表明，激光与金属粉末相互作用产生的温度分布在−1～1mm 比较均匀，符合平顶光束能量分布的特征；激光与金属粉末相互作用位置的温度在光斑中心线两侧对称分布。试验测试得到的温度分布与仿真得到的温度分布基本一致，同样符合平顶光束能量分布的特征。值得注意的是，试验测试得到的温度分布同样具有对称性，但是没有在光斑中心线两侧绝对对称。这是由于平顶光束是由高斯光束经过光束整形之后得到的，整形后的平顶光束的能量分布本身便具有一定的偏差。

图 6.21(c)为仿真分析得到的激光运动到节点 2 位置时的温度分布，其中点划线 l_1、m_1 和 n_1 分别表示激光与粒径为 10μm、30μm 和 48μm 的 MZA 粉末相互作用时提取的温度分布曲线所在的位置。从图中可以看到，随着颗粒粒径的增加，最高温度的数值逐渐下降。图 6.21(d)为试验测试得到的激光运动到节点 2 位置时的温度分布，其中点划线 l_2、m_2 和 n_2 分别表示激光与粒径为 10μm、30μm 和 48μm 的 MZA 粉末相互作用时提取温度分布曲线所在的位置。图中激光

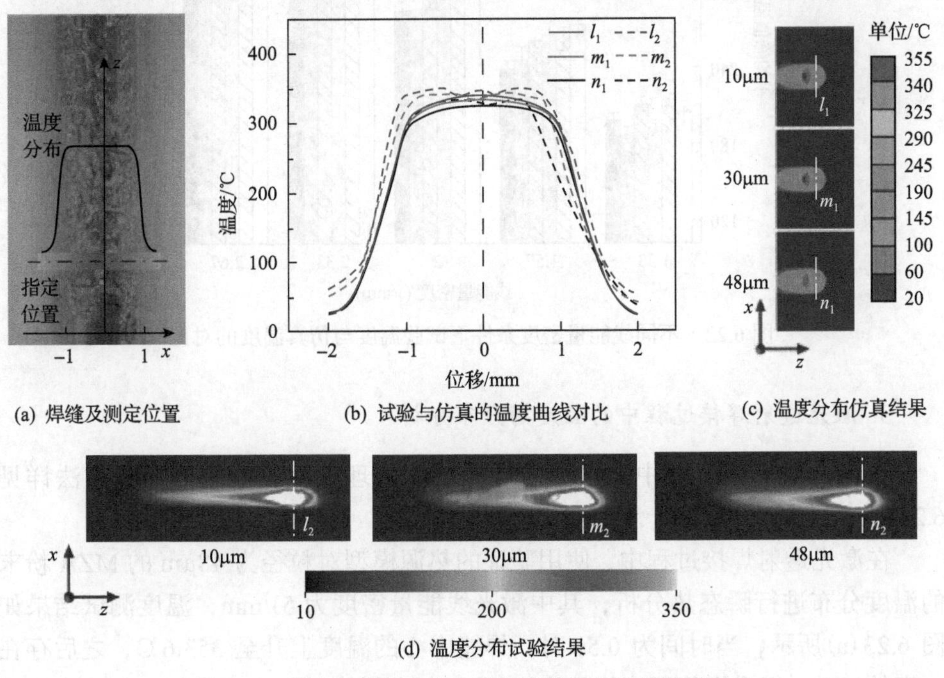

(a) 焊缝及测定位置　(b) 试验与仿真的温度曲线对比　(c) 温度分布仿真结果

(d) 温度分布试验结果

图 6.21　垂直于焊缝方向上的仿真结果与试验结果对比

光斑亮度和大小的差异可以证明，随着颗粒粒径的增加，最高温度的数值逐渐下降。

为了进一步验证建立的热源模型的普适性，对不同激光工艺参数下，通过试验测试和仿真分析得到的峰值温度平均值进行对比，对比结果如图 6.22 所示。从图中可以看出，在激光线能量密度从 1.33J/mm 增加到 2.67J/mm 的过程中，试验测试和仿真分析得到的峰值温度均有上升的趋势。其中仿真分析得到的峰值温度平均值与试验测试得到的峰值温度平均值的偏差小于 6.5%，这个偏差可能是测试过程中的误差导致的。对于不同粒径的 MZA 粉末，随着 MZA 粉末颗粒粒径的增加，试验测试和仿真得到峰值温度平均值均呈上升趋势。这进一步说明建立的热源模型可以准确反映 MZA 粉末颗粒粒径对激光与 MZA 粉末相互作用过程中热量产生水平的影响，同时建立的热源模型在不同的线能量密度变化过程中具有较高的普适性。

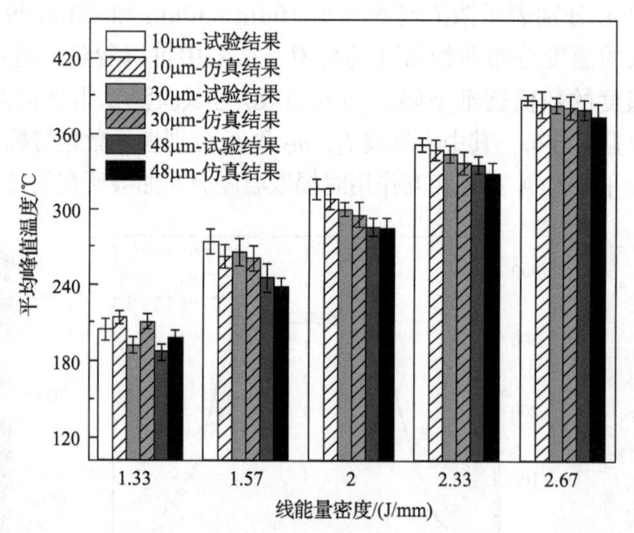

图 6.22　不同线能量密度条件下试验温度与仿真温度的对比

3. 激光透射焊接过程中的温度场分布分析

激光透射焊接过程中的热量传递机制、物理模型以及网格划分方法详见 6.2.2 节。

在激光透射焊接过程中，使用验证的热源模型对粒径为 48μm 的 MZA 粉末的温度分布进行瞬态热分析，其中激光线能量密度为 5J/mm，温度测试结果如图 6.23(a)所示，当时间为 0.5s 时，焊缝中心的温度上升至 353.6℃，之后存在一定的波动，但是平均温度维持在 348.9℃；在焊接时间为 1.8s 时，焊缝中心温度达到最大值 360.41℃，尽管在 1.67s 时焊接已经完成。根据 Long 等[64]的研究可知，这是因为塑料低的热导率导致温度在传递过程中存在一定的滞后性，激光运动完成后，温度仍有一定的惯性上升，当焊接时间为 2.7s 时，温度迅速下降至 142.3℃，之后温度低于 PC 的玻璃化转变温度 145℃，此时熔融塑料逐渐凝固形成稳定的物理接头。

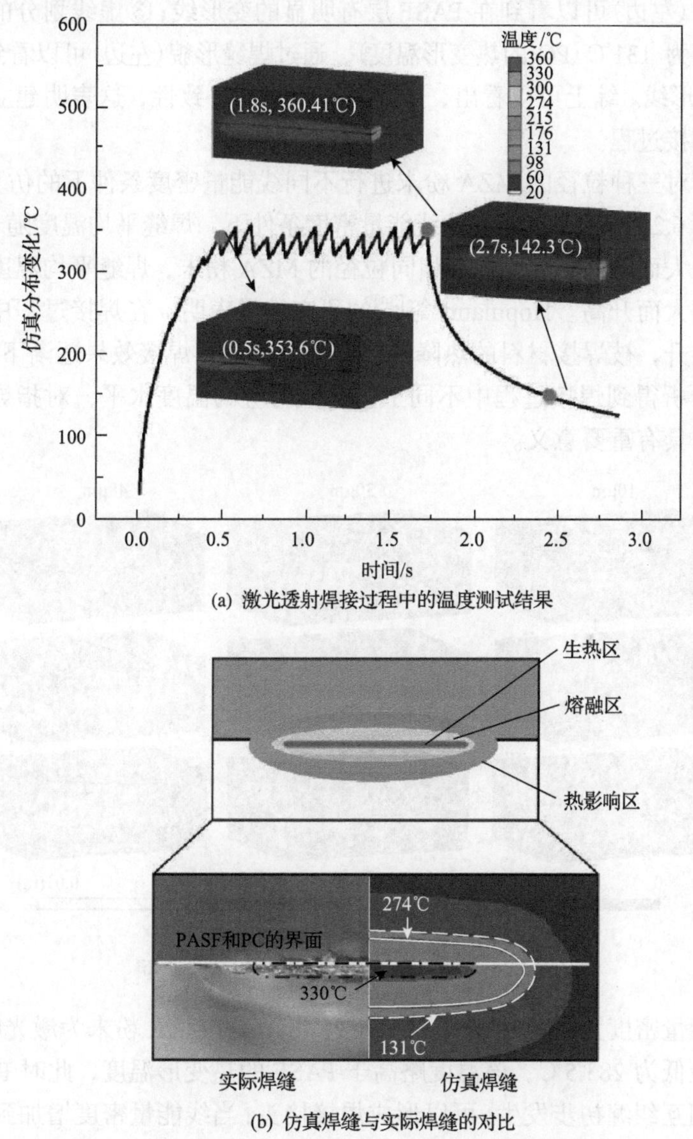

(a) 激光透射焊接过程中的温度测试结果

(b) 仿真焊缝与实际焊缝的对比

图 6.23　激光透射焊接过程的温度仿真与焊缝形貌

如图 6.23(b)所示，根据温度水平的差异，焊缝区域可划分为生热区、熔融区和热影响区三部分。将仿真得到的焊缝形貌与试验测试得到的焊缝形貌进行对比，可发现：①在金属粉末层对应的仿真结果的生热区，核心温度可以达到330℃以上，仿真得到的焊缝形貌中，生热区位于 PC 层内部，这是由于 MZA 粉末被热压在 PC 的上表面，说明建立的热源模型可以准确反映焊接过程中的体生热过程；②实线划分的边界对应的仿真温度为 274℃(PASF 的热变形温度)，通过焊缝形貌(左边)可以看到在 PASF 层有明显的变形线；③虚线划分的边界对应的仿真温度为 131℃(PC 的热变形温度)，通过焊缝形貌(左边)可以看到在 PC 层有明显的变形线。综上可以看出，边界具有较高的一致性，这表明建立的模型可用于预测焊接过程。

进一步对三种粒径的 MZA 粉末进行不同线能量密度条件下的仿真分析。仿真结果如图 6.24 所示，在相同的线能量密度条件下，焊缝平均温度随着 MZA 粉末粒径的增大而降低；对于具有相同粒径的 MZA 粉末，焊缝平均温度随着线能量密度的增大而升高。Hopmann 等[34]的研究结果表明：在焊接过程中，随着温度水平的上升，被焊接材料的热降解程度逐渐增加，焊接效果逐渐下降。因此，通过仿真分析得到焊接过程中不同工艺参数对应的温度水平，对指导焊接工艺参数的选择具有重要意义。

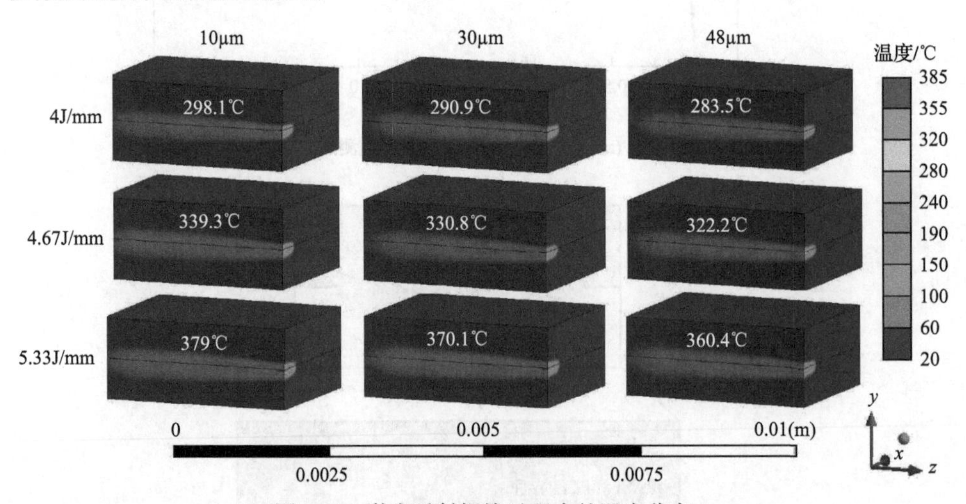

图 6.24　激光透射焊接过程中的温度分布

当线能量密度为 4J/mm 时，以粒径为 48μm 的 MZA 粉末为激光吸收剂时，焊接温度最低为 283.5℃，该温度略高于 PASF 的热变形温度，此时 PASF 和 PC 分子链的相互纠缠初步发生，可以形成焊接接头；当线能量密度增加到 4.67J/mm 时，焊接过程中的温度足够促进 PASF 和 PC 的熔融，可以形成良好的焊接接头；进一步提高线能量密度到 5.33J/mm 时，焊接过程中的最高温度出现在以粒径 10μm

的 MZA 粉末为吸收剂时，此时的温度为 379℃，该温度水平逐渐接近 PC 的热分解温度(402.27℃)，PC 的热降解逐渐加剧。

6.2.5　考虑接触热阻的热量传递机制

1. 建立热源模型

采用高斯分布热源模型探究表面粗糙度对焊接过程中热量传递的影响，详见 6.2.2 节中的介绍。

2. 粗糙表面物理建模

由于表面形貌随机性极强、形成过程复杂多变以及影响因素多，表面形貌的研究需要借助计算机来进行模拟仿真和分析，这种技术称为表面形貌数值模拟。本书采用的表面形貌数值模拟方法为魏尔斯特拉斯-芒德布罗(Weierstrass-Mandelbrot, W-M)函数模拟法。W-M 函数表达式为

$$Z(x)=G^{D-1}\sum_{n=n_1}^{\infty}\frac{\cos\left(2\pi\gamma^n x\right)}{\gamma^{(2-D)n}} \tag{6.39}$$

式中，G 为尺度系数；D 为分形维数，$1<D<2$；γ^n 为轮廓的空间频率，相当于粗糙表面波长的倒数，一般 $\gamma>1$，粗糙表面 $\gamma=1.5$；n_1 为 W-M 函数下限截止频率，其值可由关系 $\gamma^{n_1}=1/L_s$ 给出，L_s 是测量样本长度。

在机械加工中，零件表面形貌在加工纹理的方向和垂直于加工纹理的方向上具有各向异性的特征，因此轮廓在横向与纵向的粗糙度是不同的。一个轮廓所得到的三维粗糙表面与实际情况误差较大，因此可以把 x 方向的 W-M 分形和 y 方向的 W-M 分形进行叠加来实现试件粗糙表面的分形模拟，公式为

$$Z(x,y)=G_x^{D_x-1}\sum_{n=n_1}^{\infty}\frac{\cos\left(2\pi\gamma^n x\right)}{\gamma^{(2-D_x)n}}+G_y^{D_y-1}\sum_{n=n_1}^{\infty}\frac{\cos\left(2\pi\gamma^n y\right)}{\gamma^{(2-D_y)n}} \tag{6.40}$$

式中，G_x 为特征尺度系数；D_x 为分形维数，$1<D_x<2$；γ^n 为轮廓的空间频率，相当于粗糙表面波长的倒数，一般 $\gamma>1$，粗糙表面 $\gamma=1.5$；n_1 为粗糙表面形貌的最低截止频率的相对应序数，用来描述 W-M 函数下限截止频率，其值可由关系 $\gamma^{n_1}=1/L_s$ 给出，其中 L_s 是测量样本长度。

通过 MATLAB 软件编程计算来获得 x、y 方向的分形维数与尺度系数。首先，根据试件实际尺寸，将试件表面划分成均匀的网格，利用三维 W-M 函数求

得每个节点的高度，将各节点连接成网状线，进而连接成面；其次，按照试件的外形，借助 MATLAB 强大的数据处理能力将生成网状线位置数据结果存储于 IBL 文件中，完成粗糙表面数据的采集；然后，将存储于 IBL 文件中网状线位置数据导入 Pro/Engineer 软件中，通过曲线的相互连接生成粗糙表面，进而生成三维粗糙模型。不同砂纸目数下 PC 三维粗糙表面模拟图如图 6.25 所示。

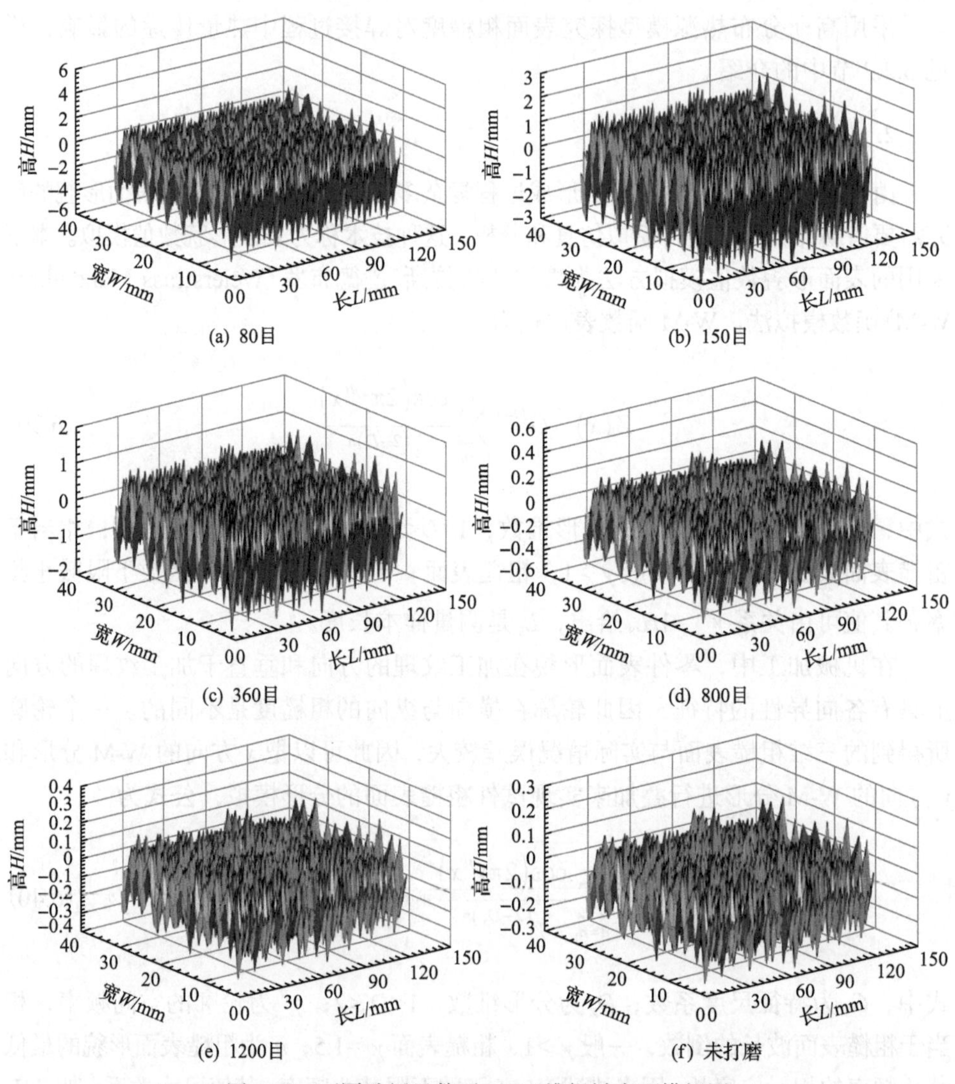

图 6.25　不同砂纸目数下 PC 三维粗糙表面模拟图

将 Pro/Engineer 中生成的粗糙面保存为 IGE 格式，生成的文件导入 ANSYS Workbench 中，完成物理模型的建立。为了便于热源的加载，将模型分为若干层分别生成；为了避免模拟出错，将层间的接触面设定为接触面。图 6.26(a)为焊接试件简化实体，图 6.26(b)为将粗糙表面放大 10 倍的情况。物理模型采用具有单一温度自由度的六面体八节点三维单元对模型进行网格划分。为了保证计算准确、减少迭代次数、缩短计算时间，在热影响区等温度梯度较大的区域采用细网格，而在温度梯度较小的区域采用较为稀疏的网格，网格划分如图 6.26(c)所示。

(a) 焊接试件简化实体

(b) 粗糙表面放大图

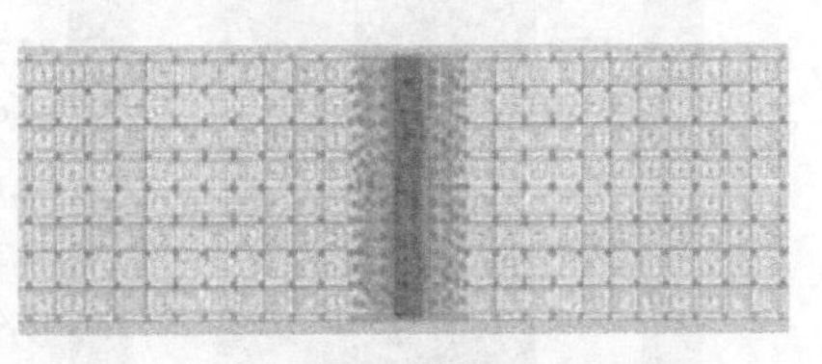

(c) 网格划分

图 6.26　焊接件的物理模型和网格划分

3. 材料参数

PC 的材料参数如表 6.1 所示。

4. 结果与分析

当激光功率为 20W、扫描速度为 5mm/s，粗糙度 R_a 为 1.6μm 和 0.218μm 时，得到温度分布云图如图 6.27 所示。在相同的时间节点，R_a 为 1.6μm 的粗糙表面的温度要低于 R_a 为 0.218μm 的粗糙表面的温度，激光扫过焊接件表面初始时以点状出现，之后温度场形状逐渐拉长，呈现彗星状，贴近真实焊接过程。

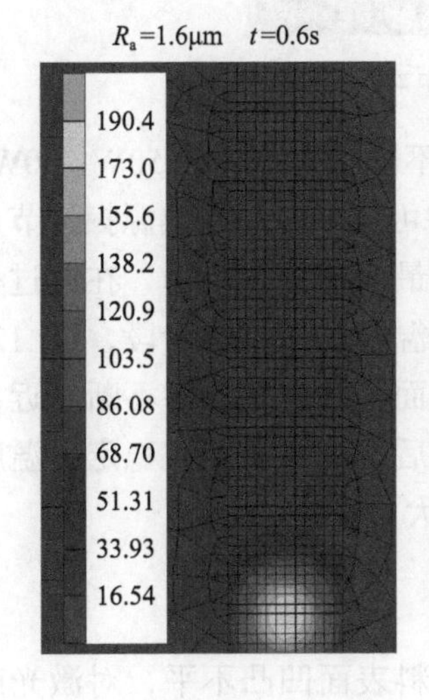

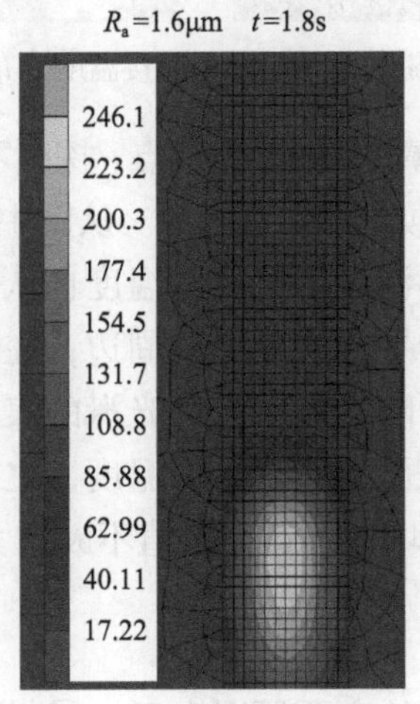

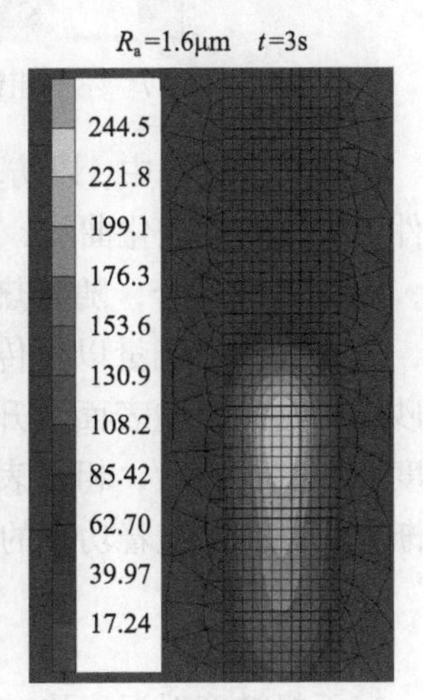

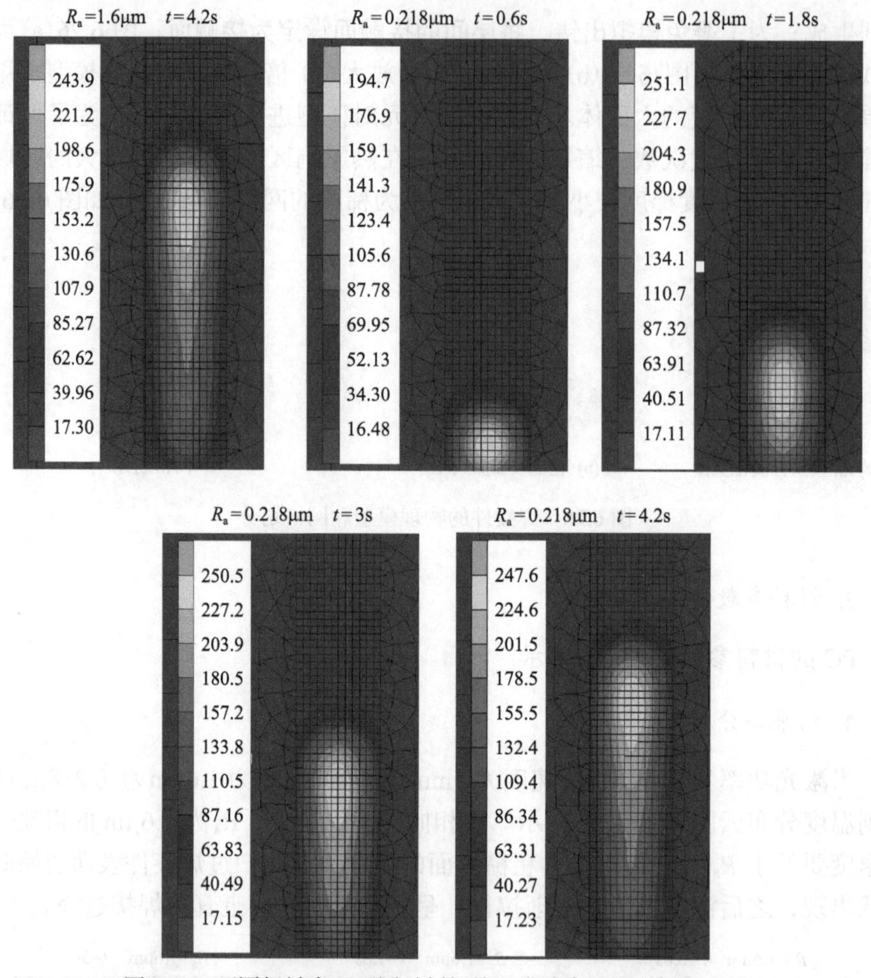

图 6.27 不同粗糙表面不同时刻焊接温度分布云图(单位：℃)

在此焊接过程中，以仿真时间 6s 为节点，探究不同功率(20W、50W、80W)条件下焊接温度变化曲线，如图 6.28 所示。从图中可以看出，当热源扫过节点时，温度迅速上升，随着热源逐渐远离，温度也从最大值缓慢下降，在此过程中，节点吸收的能量以热传导方式传递到周边；在温度迅速上升阶段，经 120 目砂纸打磨的粗糙表面温升略提前于较为光滑的表面，随着热源的不断靠近，温度曲线交错之后，粗糙表面先达到最高温度，之后温度差值相对稳定，温度逐渐下降，而且随着功率的增大，这个差值不断增大。

5. 机理分析

表面粗糙度对温度影响的主要原因在于：①材料表面凹凸不平，对激光产

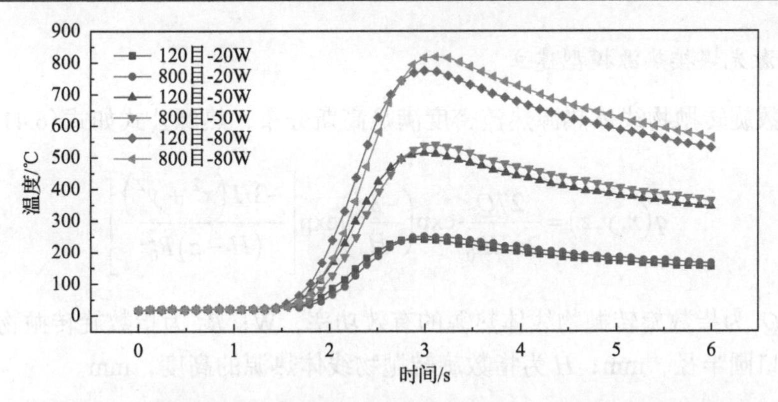

图 6.28　不同粗糙表面焊缝处一点在不同功率下温度随时间变化曲线

生多次反射，增加了激光能量的耗散，如图 6.29 所示；②非金属的吸收率会随着激光入射角的变化而变化，当入射角为布儒斯特(Brewster)角时，表面对激光的吸收率最大，几乎全部吸收，但由于表面粗糙度的存在，表面凹凸不平的轮廓不可能使全部入射角为布儒斯特角，这样就使得激光吸收效率相较于光滑表面会低一些，即整体温度相较于光滑表面偏低。光滑表面在温度上升阶段相对于粗糙表面有一定的滞后，主要是因为对于不透明材料，表面粗糙是造成漫反射的主要原因，在不同部位的入射角不同，反射方向也不同；而随着表面愈加粗糙，镜面反射占据的能量分数逐渐减小，漫反射越来越严重。在此过程中，在焊接方向反射的能量逐渐增加，而激光逐渐靠近，因反射能量导致的温升效果逐渐被激光所代替。

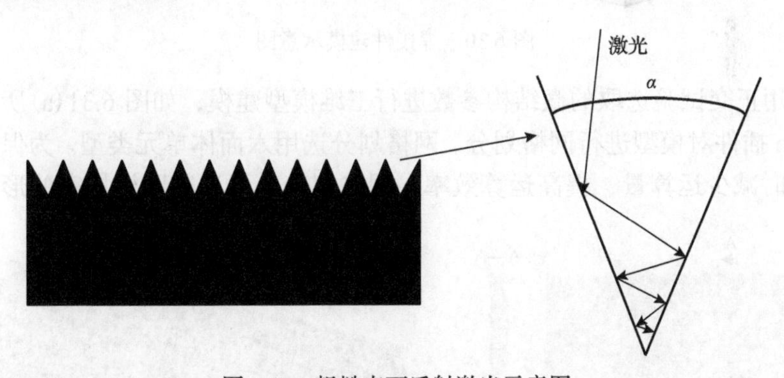

图 6.29　粗糙表面反射激光示意图

6.2.6　PA66 和 5182 铝合金焊接过程中的温度场仿真

本节以 PA66 和 5182 铝合金为研究对象，分析塑料与金属在激光焊接过程中的温度分布。

1. 激光焊接热源模型建立

指数旋转抛物线体热源热流密度满足高斯分布，热源公式如式(6.41)所示：

$$q(x,y,z)=\frac{27Q}{2\pi HR_0^2}\exp\left(\frac{-3z}{H}\right)\exp\left[\frac{-3H\left(x^2+y^2\right)}{(H-z)R_0^2}\right] \tag{6.41}$$

式中，Q 为指数旋转抛物线体热源的有效功率，W；R_0 为指数旋转抛物线体的热源开口圆半径，mm；H 为指数旋转抛物线体热源的高度，mm。

2. 实体建模与网格划分

首先，针对具有表面微结构的 5182 铝合金与 PA66 激光搭接焊板件进行几何模型建立。采用的 5182 铝合金尺寸为 80mm×20mm×2mm。PA66 板实际尺寸为 80mm×25mm×2mm，为提高计算效率，对影响水平小的因素进行模型简化，选用 PA66 的建模尺寸为 80mm×20mm×2mm，建模结果如图 6.30 所示。

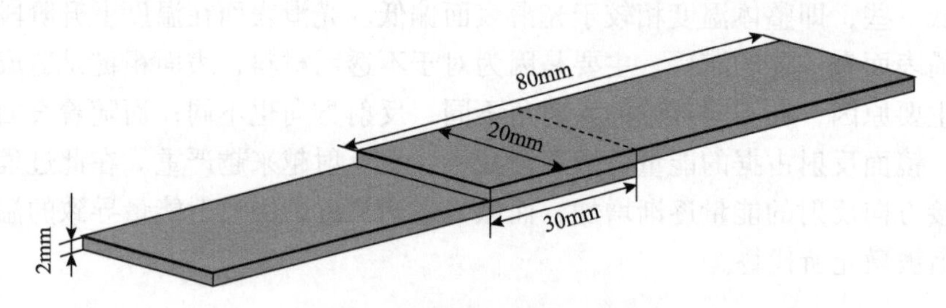

图 6.30　焊接件建模示意图

采用正交试验选取的微结构参数进行三维模型建模，如图 6.31(a)所示。采用 Mesh 插件对模型进行网格划分，网格划分选用六面体单元类型。为保证计算精度同时减少运算量、提高运算效率，网格划分采用局部网格加密的形式，首

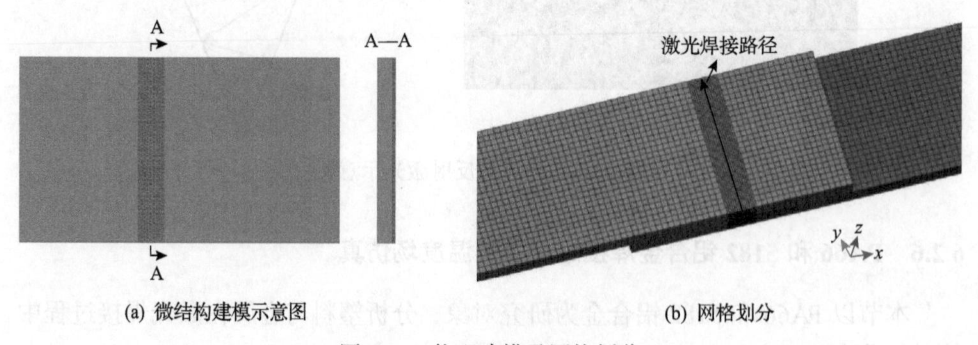

(a) 微结构建模示意图　　(b) 网格划分

图 6.31　物理建模及网格划分

先对整体网格进行划分，然后对激光焊接区域进行局部网格加密，网格划分结果如图 6.31(b)所示。

3. 材料属性定义

温度场的数值模拟需要对材料的热物性参数进行设置，包括比热容、热传导系数等。5182 铝合金和 PA66 的热物性参数如表 6.4 所示。由于塑料的热物性参数变化对温度场影响较小，假设塑料的热物性参数为定值，将其导入有限元分析软件中对模型进行材料属性定义。

表 6.4　5182 铝合金和 PA66 的热物性参数

材料	参数	温度			
		20℃	100℃	300℃	500℃
5182 铝合金	热传导系数/(W/(m·℃))	118	121	130	146
	泊松比	0.33	0.33	0.37	0.41
	比热容/(J/(kg·℃))	857	860	863	877
	热膨胀系数/(10^{-5}℃$^{-1}$)	2.22	2.47	2.55	2.97
PA66	热传导系数(W/(m·℃))	0.27	—	—	—
	泊松比	0.41	—	—	—
	比热容/(J/(kg·℃))	1.5	—	—	—
	热膨胀系数/(10^{-5}℃$^{-1}$)	2.8	—	—	—
	熔融温度/℃	256.24	—	—	—
	热分解温度/℃	388.34	—	—	—

为探究微结构对焊接过程温度场的影响，采用相同数值模拟参数分别对有微结构和无微结构的焊接件进行焊接温度场数值模拟。设置数值模拟参数的激光功率为 1200W、扫描速度为 2.5mm/s、离焦量为 20mm。激光焊接过程中，光斑到达焊接路径中心点位置横截面的温度水平如图 6.32 所示，横截面与焊接路径方向垂直。数值模拟结果显示，无微结构焊接件横截面最高温度为 929.96℃，具有微结构的焊接件横截面最高温度为 939.83℃，有微结构的焊接件峰值温度略高于无微结构的焊接件峰值温度。横截面温度场分布显示，有微结构的焊接件的横截面高温区域更加集中。铝合金表面吸收激光能量转换为热量，通过热传导的方式传递至下层塑料，微结构的存在降低了金属的热扩散速率，使得有微结构焊接件峰值温度升高，因此高温区域更加集中。

当扫描速度为 2.5mm/s 时，不同激光功率下金属与塑料接触界面上中心点温度随时间变化的曲线如图 6.33 所示。温度变化曲线结果表明，金属与塑料接触界面中心点温度随时间的增加呈先上升后下降的趋势，最高温度水平随激光功率的增加逐渐上升。经过 DSC 与 TGA 发现，30%玻璃纤维增强 PA66 熔融温度为 256.24℃，热分解温度为 388.34℃。

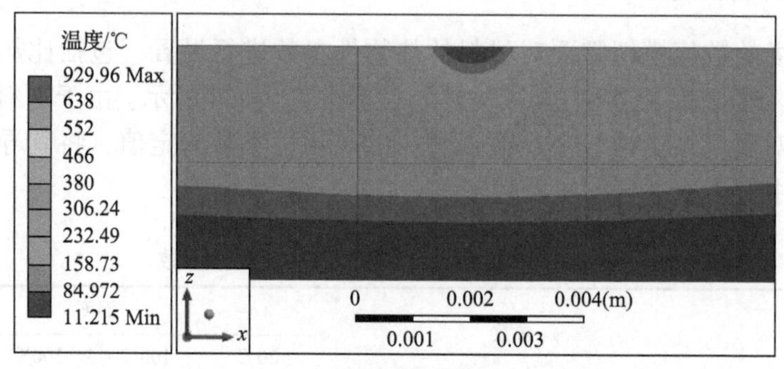

(a) 无微结构焊接件

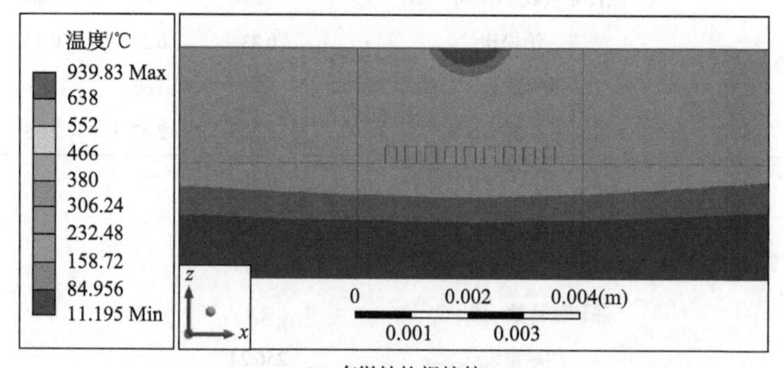

(b) 有微结构焊接件

图 6.32 光斑到达焊接路径中心点位置横截面的温度水平

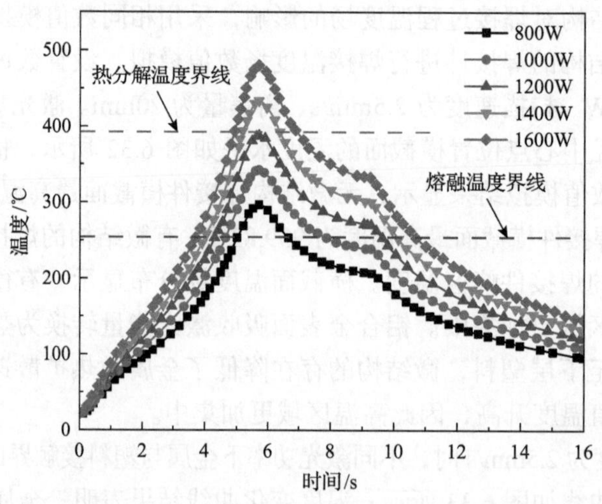

图 6.33 不同激光功率下金属与塑料接触界面中心点温度随时间变化的曲线

当激光功率为 800W 时，中心点最高温度水平较低，中心点温度超过塑料熔点时间较短。随着激光功率的增大，最高温度水平逐渐上升，中心点温度高于塑料熔融温度时间逐渐延长，塑料熔融程度逐渐提高。当激光功率小于等于 1200W 时，中心点最高温度始终低于 PA66 的热分解温度。当激光功率增加至 1400W 时，中心点最高温度超过了 PA66 的热分解温度。PA66 热分解伴随气体产生，对金属与塑料的焊接接头强度产生不利影响。随着激光功率继续提高，中心点温度超过塑料热分解温度的时间增加，PA66 热分解程度加剧。

不同激光功率下，光斑到达焊接路径中心点位置的金属表面温度场如图 6.34 所示。5182 铝合金的熔点为 638℃，随着激光功率的增大，温度场整体温度水平上升，铝合金表面温度超过金属熔融温度的区域扩大，铝合金表面焊缝宽度增加。

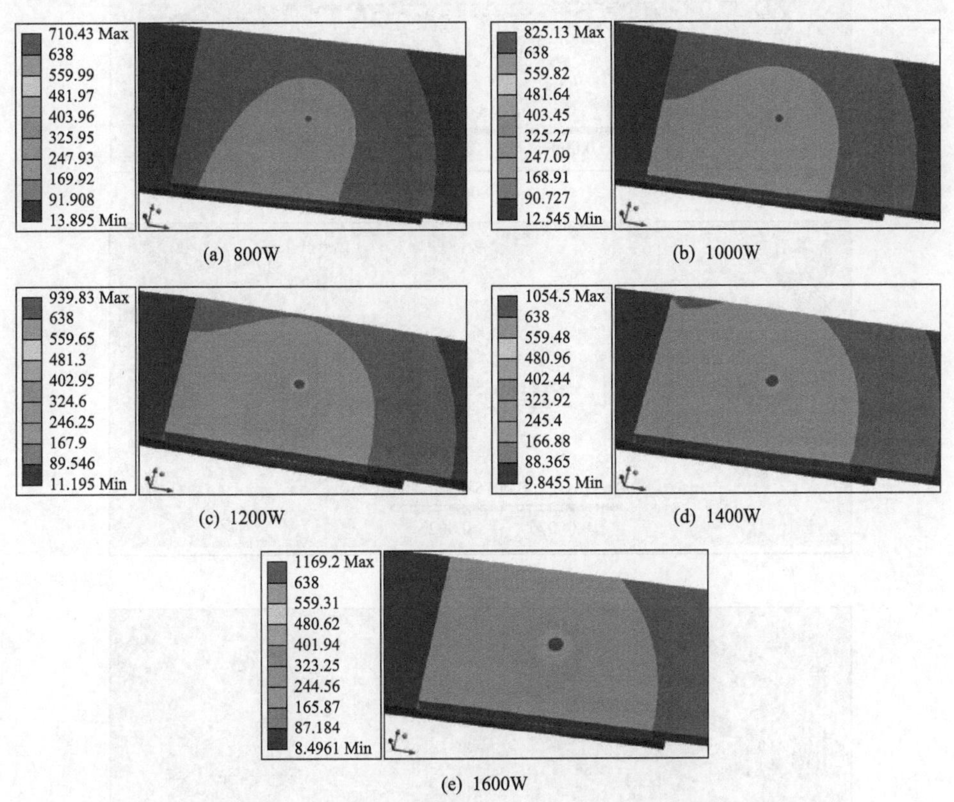

图 6.34　不同激光功率下光斑到达焊接路径中心点位置的金属表面温度场(单位：℃)

在基于微结构的 5182 铝合金与 PA66 焊接过程中，塑料熔融效果是金属与塑料焊接接头强度的重要影响因素。为进一步分析不同激光功率对焊接过程温度场的影响，提取不同激光功率下光斑到达焊接路径中心点位置的横截面温度场，横截面与焊接路径方向垂直，如图 6.35 所示。当激光功率为 800W 时，塑料熔融区域较小，该功率下塑料熔融量小，对微结构填充效果较差。当激光功率小于等于 1200W 时，随着激光功率的增大，激光输入能量增大，熔融边界下移，塑料熔融区域扩大。当激光功率为 1400W 时，熔融边界继续向下移动，塑料熔融区域继续扩大，但部分区域温度超过 PA66 的热分解温度。随着激光功率继续增大，热分解区域面积增加。温度场随激光功率变化的模拟分析结果与试验观测现象一致。

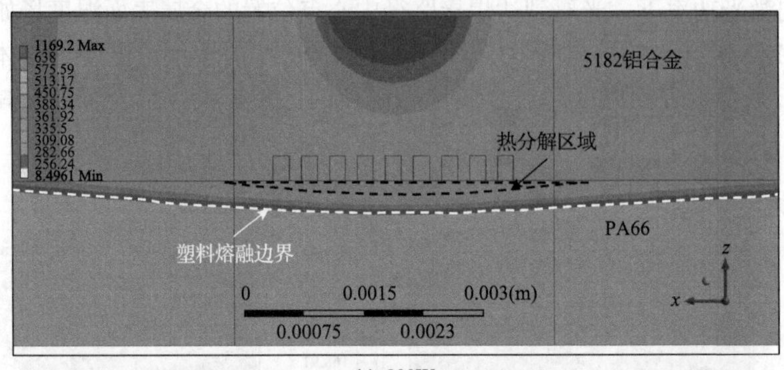

(a) 800W

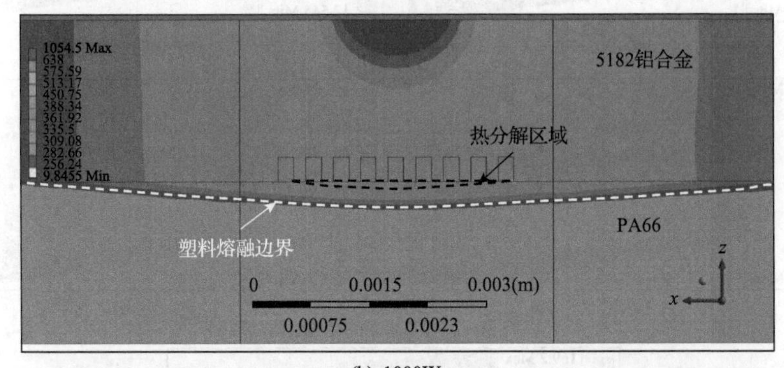

(b) 1000W

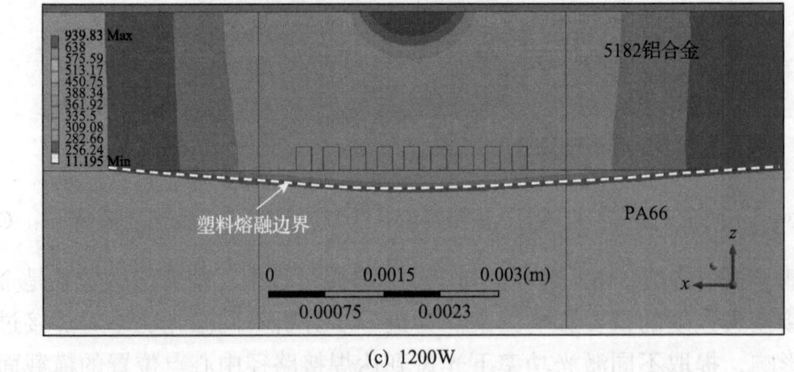

(c) 1200W

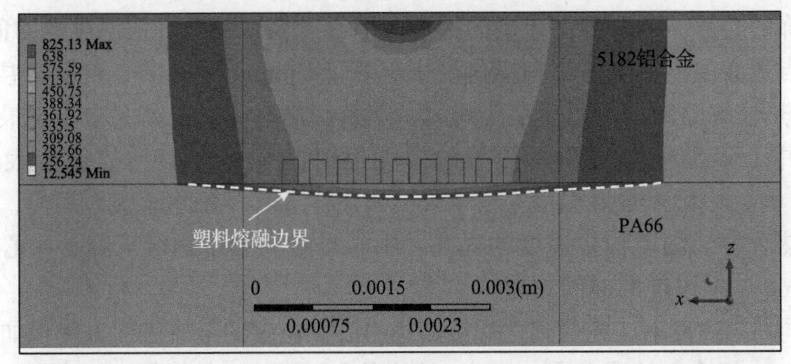

(d) 1400W

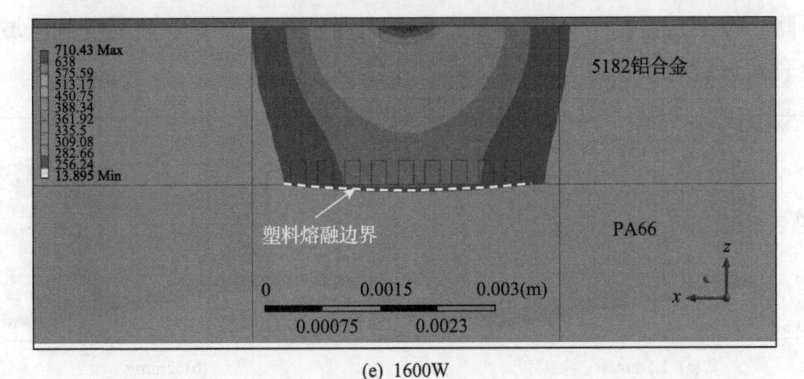

(e) 1600W

图 6.35　不同激光功率下光斑到达焊接路径中心点位置的横截面温度场(单位：℃)

当激光功率为 1200W 时，不同扫描速度下金属与塑料接触界面中心点温度随时间的变化曲线如图 6.36 所示。温度曲线表明，中心点温度随时间的增加呈先上

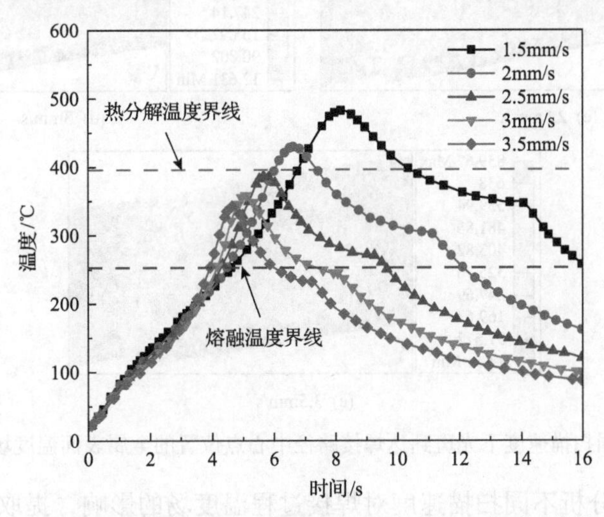

图 6.36　不同扫描速度下金属与塑料接触界面中心点温度随时间的变化曲线

升后下降的趋势。随着扫描速度的提高，中心点温度到达峰值温度的时间缩短，但中心点最高温度下降。当扫描速度小于等于 2mm/s 时，中心点最高温度超过 PA66 的热分解温度。在此速度区间内，随着扫描速度的提高，中心点最高温度下降，中心点温度超过塑料热分解温度的时间缩短。当扫描速度大于等于 2.5mm/s 时，中心点最高温度小于 PA66 热分解温度。在此速度区间内，塑料不会发生热分解。随着扫描速度的提高，中心点最高温度继续下降，中心点温度超过 PA66 熔融温度的时间缩短。

不同扫描速度下，光斑到达焊接路径中心点位置的金属表面温度场如图 6.37 所示。5182 铝合金的熔点为 638℃，随着激光扫描速度的增加，温度场整体温度水平下降，峰值温度持续下降，铝合金表面温度超过金属熔融温度的区域减小，铝合金表面焊缝宽度减小。

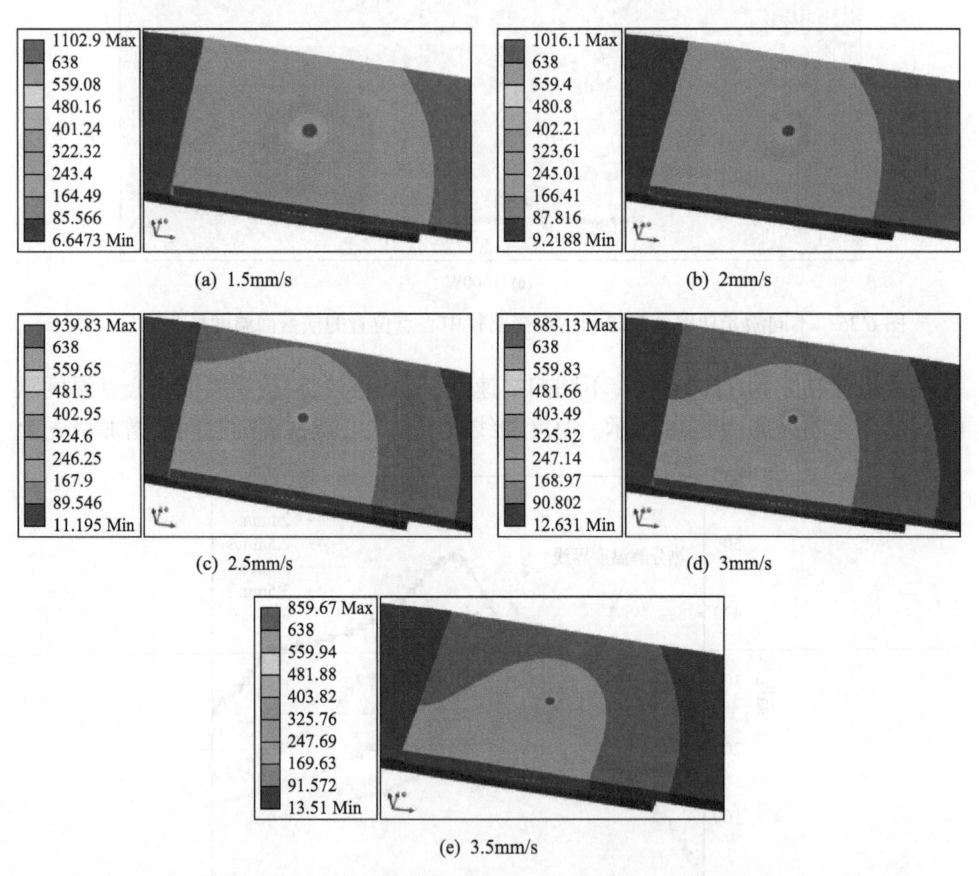

图 6.37　不同扫描速度下光斑到达焊接路径中心点位置的金属表面温度场(单位：℃)

为进一步分析不同扫描速度对焊接过程温度场的影响，提取不同扫描速度下光斑到达焊接路径中心点位置的横截面温度场，如图 6.38 所示。当激光扫描

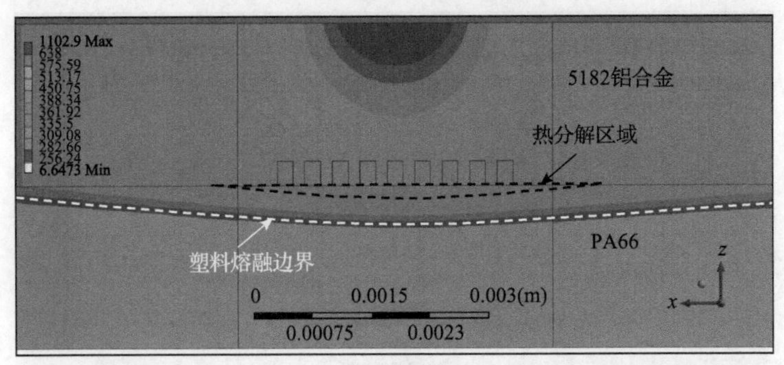

(a) 1.5mm/s

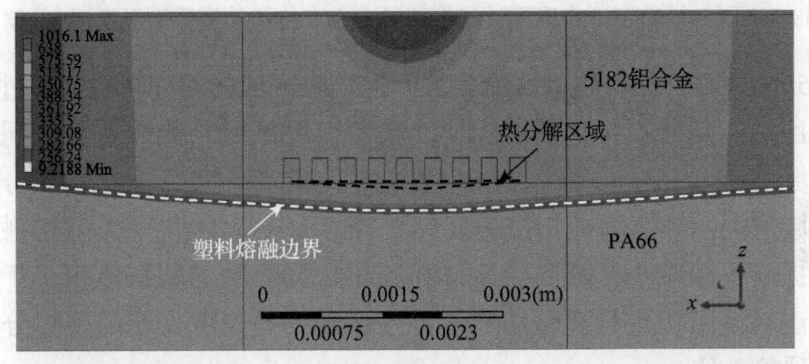

(b) 2mm/s

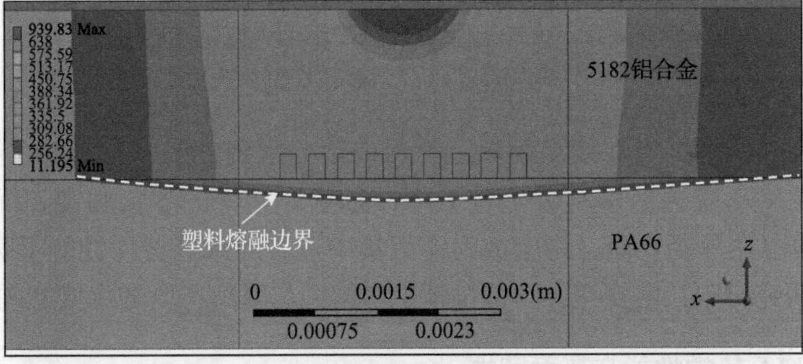

(c) 2.5mm/s

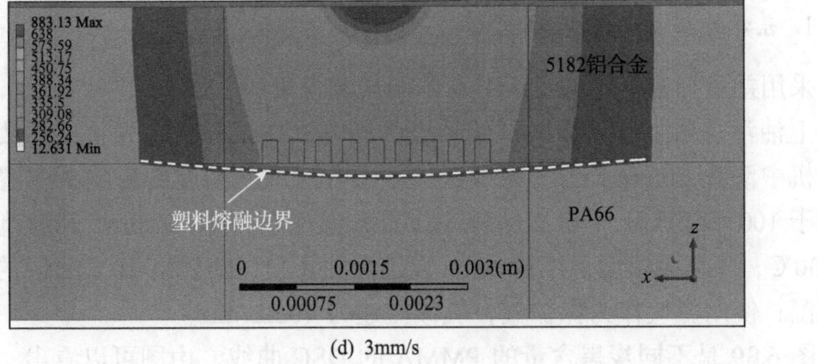

(d) 3mm/s

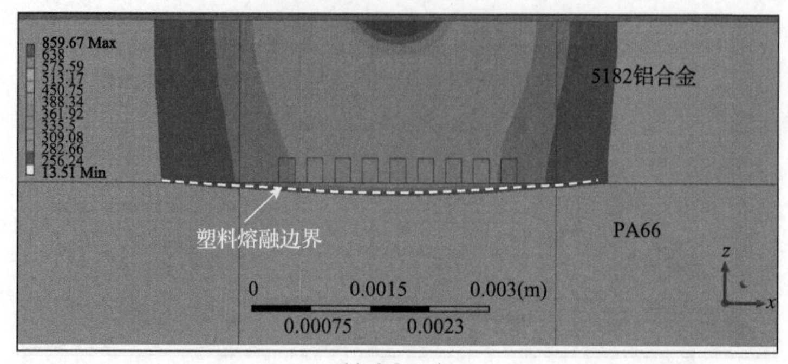

(e) 3.5mm/s

图 6.38　不同扫描速度下光斑到达焊接路径中心点位置的横截面温度场(单位：℃)

速度为 1.5mm/s 时，塑料熔融区域较大，但熔融区域内部存在温度超过塑料热分解温度的区域。随着扫描速度的提高，塑料熔融区域与热分解区域同时缩小。当扫描速度增加至 2.5mm/s 时，PA66 熔融区域内部温度小于塑料热分解温度，热分解区域消失。继续增加扫描速度，塑料熔融边界上移，PA66 熔融区域随扫描速度的提高不断减小，塑料熔融体积减小，当熔融的塑料体积小于微结构体积时，无法对微结构进行充分填充。温度场随扫描速度变化的模拟分析结果与试验观测现象一致。

6.3　热降解行为分析

在焊接过程中，当焊接温度超过材料的热分解温度时，材料会发生热降解。热降解的发生不仅会使塑料分子量下降，影响焊接件的焊接强度，而且降解产生的气泡残留在焊接界面，将会成为应力集中点，导致焊接件性能下降。本节以 PMMA 为研究对象，主要探究焊接过程中塑料的热降解行为随焊接工艺的变化。

6.3.1　PMMA 热学性能与热稳定性

1. *差示扫描量热法分析*

采用差示扫描量热法(DSC)对不同炭黑含量的 PMMA 进行分析。为了减少试件上油污、灰尘等杂质对试验精度的影响，在试验之前先将试件放在超声波清洗机中清洗 20min；为了减少试件中水分对试验精度的影响，将清洗后的试件置于 100～120℃下干燥 2h；程序设置升温速率为 10℃/min，升温范围为室温至 200℃，并在该温度下维持 5min 以消除热历史，随后以 10℃/min 的速率降温至室温；使用氮气作为保护气，气体流速为 40mL/min。

图 6.39 是不同炭黑含量的 PMMA 的 DSC 曲线，由图可以看出，不同炭黑

含量的 PMMA 在升温阶段和降温阶段的曲线趋势基本保持一致。不同炭黑含量的 PMMA 的玻璃化转变温度 T_g 均在 105℃左右，没有明显差异，故炭黑的加入对 PMMA 的玻璃化转变温度影响不大。

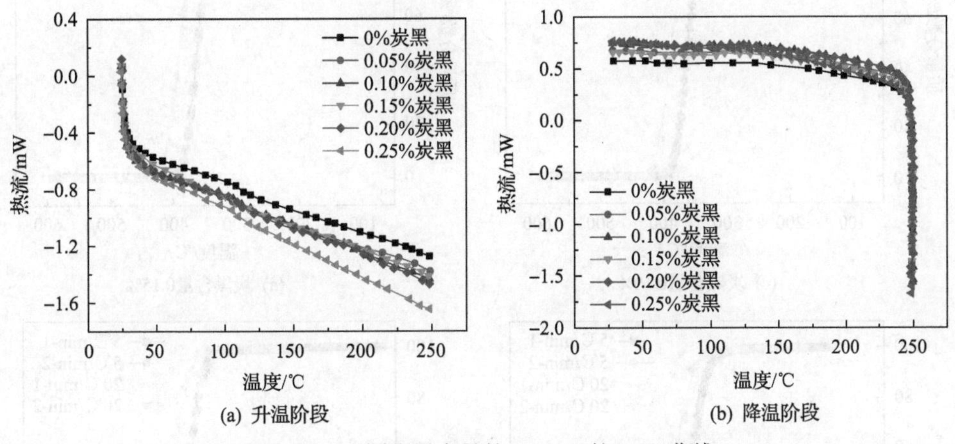

(a) 升温阶段　(b) 降温阶段

图 6.39　不同炭黑含量的 PMMA 的 DSC 曲线

2. 热重分析试验

将不同炭黑含量的 PMMA 板制成 5～10mg 样品，用于热重分析(TGA)试验。程序设置温度范围为室温至 600℃、升温速率为 5～20℃/min、氮气流速为 40mL/min。所有 TGA 试验均重复两次以保证试验数据的可靠性。图 6.40 是不同炭黑含量的 PMMA 样品的 TGA 重复试验曲线，其中对不同炭黑含量的 PMMA 在四种升温速率下分别进行两次重复试验。为了使图片更加清晰美观，取不同炭黑含量的最小(5℃/min)和最大(20℃/min)升温速率重复试验的数据

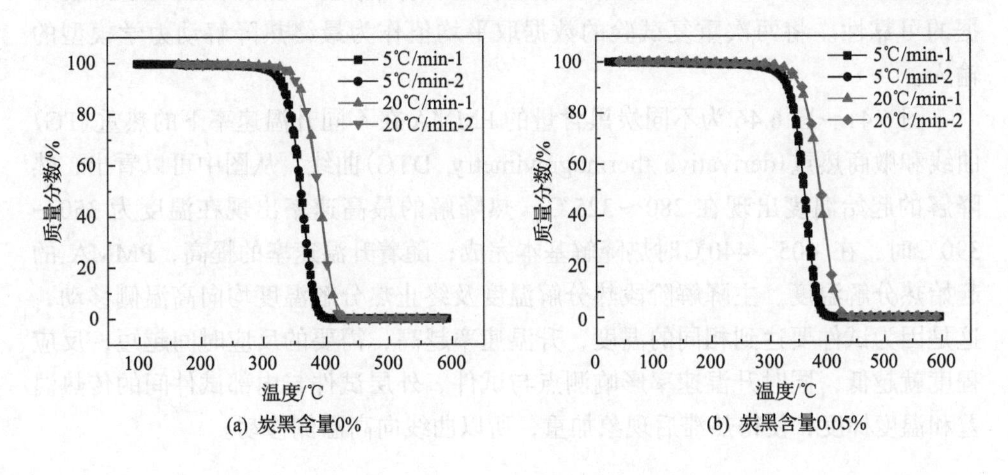

(a) 炭黑含量0%　(b) 炭黑含量0.05%

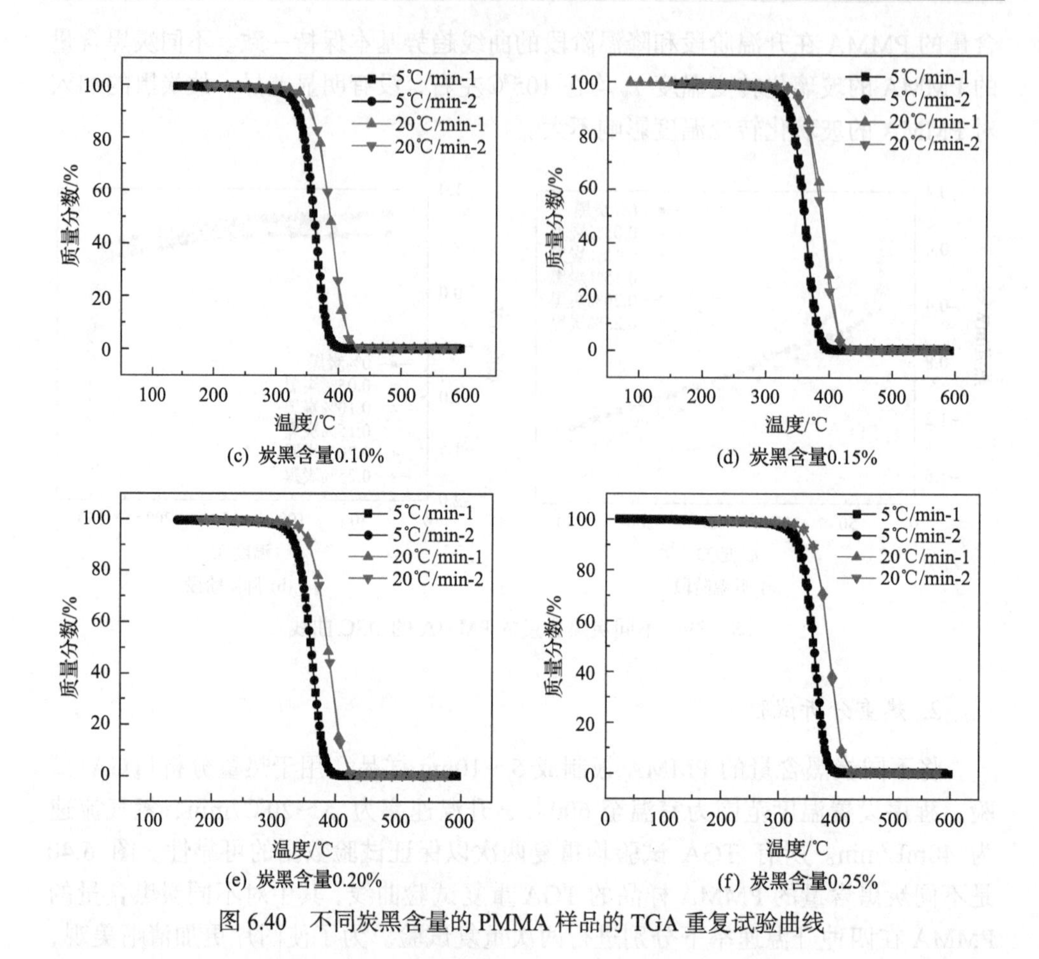

图 6.40 不同炭黑含量的 PMMA 样品的 TGA 重复试验曲线

进行展示。从图中可以看出，两次重复试验的数据基本重合，证明了试验数据的可靠性。将两次重复试验的数据取平均值作为最终热降解动力学模型的输入。

图 6.41～图 6.46 为不同炭黑含量的 PMMA 在不同升温速率下的热重(TG)曲线和微商热重(derivative thermogravimetry, DTG)曲线。从图中可以看出，热降解的起始温度出现在 280～325℃，热降解的最高速率出现在温度为 350～390℃时，在 405～440℃时热降解基本完成；随着升温速率的提高，PMMA 的起始热分解温度、主降解阶段热分解温度及终止热分解温度均向高温侧移动，这是因为试件要达到相同的温度，升温速率越高，需要的反应时间越短，反应程度就越低，同时升温速率影响测点与试件、外层试件与内部试件间的传热温差和温度梯度，使得热滞后现象加重，所以曲线向高温侧移动。

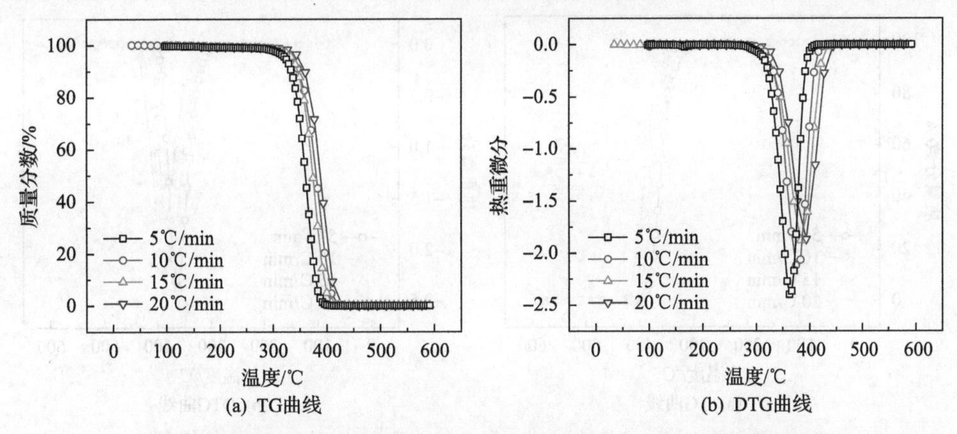

(a) TG曲线　　　(b) DTG曲线

图 6.41　炭黑含量 0%的 PMMA 在不同升温速率下的热稳定性曲线

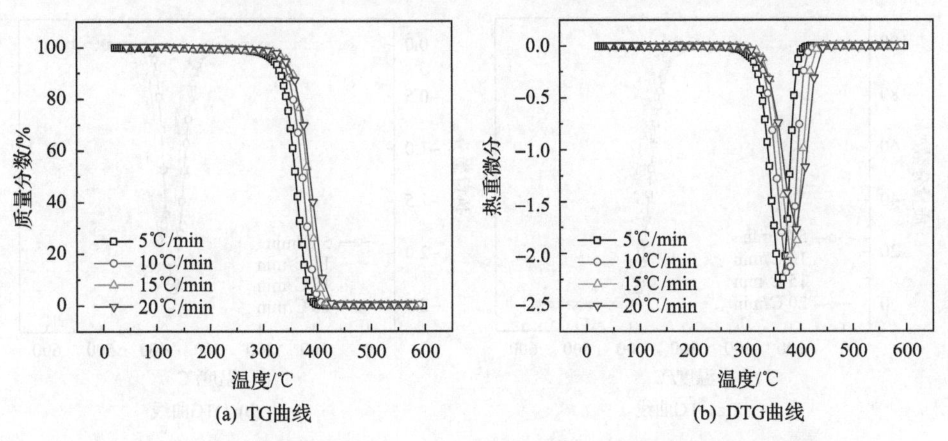

(a) TG曲线　　　(b) DTG曲线

图 6.42　炭黑含量 0.05%的 PMMA 在不同升温速率下的热稳定性曲线

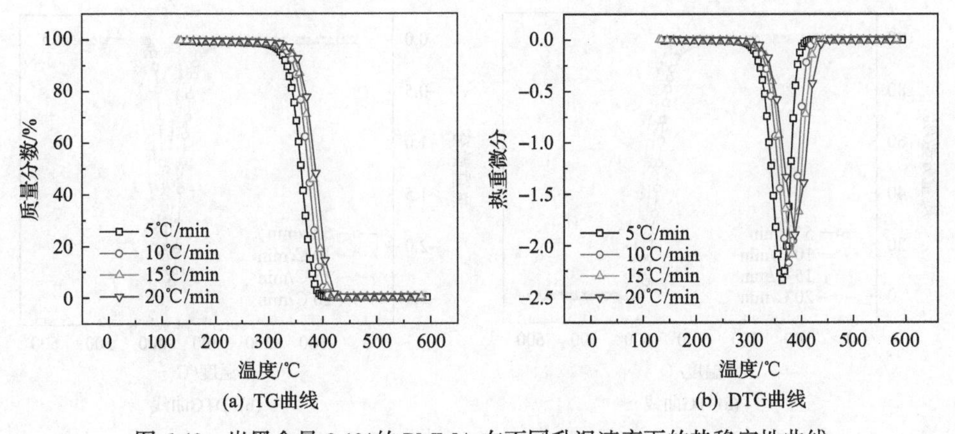

(a) TG曲线　　　(b) DTG曲线

图 6.43　炭黑含量 0.1%的 PMMA 在不同升温速率下的热稳定性曲线

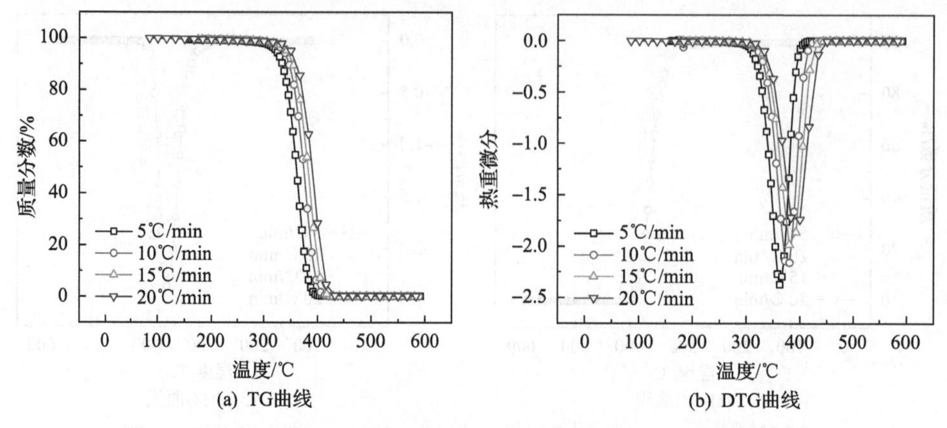

(a) TG曲线　(b) DTG曲线

图 6.44　炭黑含量 0.15%的 PMMA 在不同升温速率下的热稳定性曲线

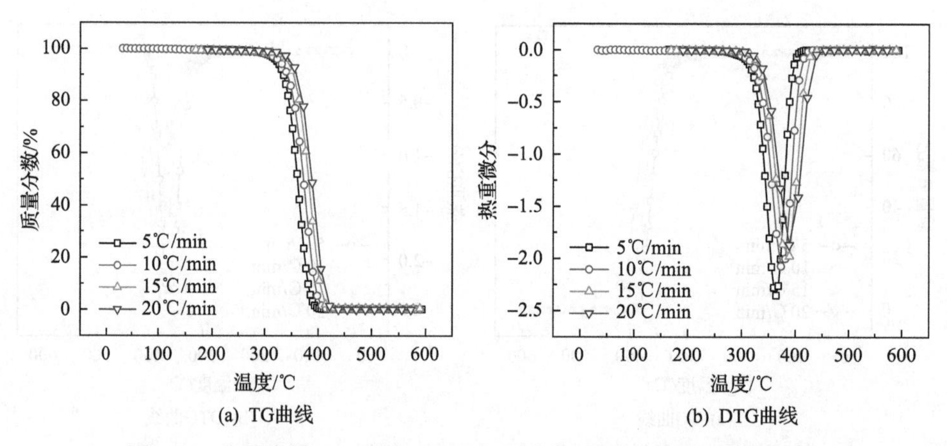

(a) TG曲线　(b) DTG曲线

图 6.45　炭黑含量 0.2%的 PMMA 在不同升温速率下的热稳定性曲线

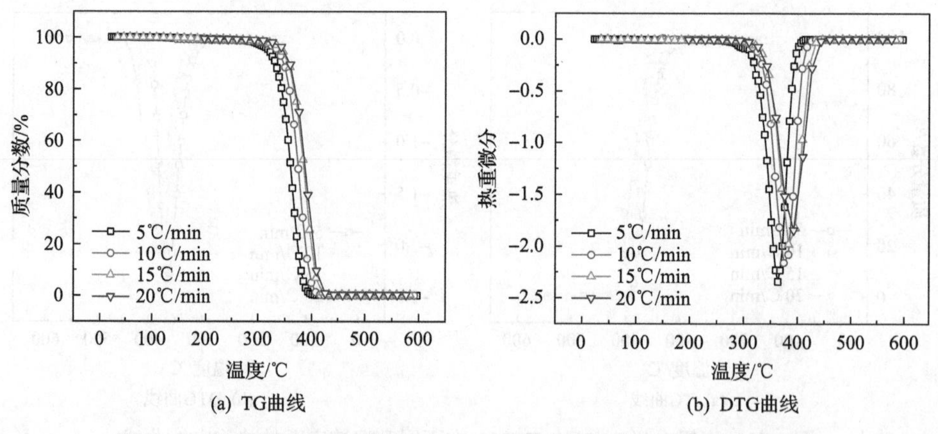

(a) TG曲线　(b) DTG曲线

图 6.46　炭黑含量 0.25%的 PMMA 在不同升温速率下的热稳定性曲线

图 6.47(a)～(c)为升温速率 5℃/min 时不同炭黑含量 PMMA 的 TG 曲线。由图可以看出，不同炭黑含量 PMMA 的热降解过程均只有一个失重阶段，炭黑含量的变化对热稳定性曲线的形状没有影响，都为倒 S 形；随着炭黑含量的增加，PMMA 的热分解温度 T_m 先上升后下降，并且在炭黑含量为 0.1%时达到峰值。当炭黑含量小于 0.1%时，增大炭黑含量可以提高 PMMA 的热稳定性，该现象在不同形式的碳纳米管、碳纤维、石墨烯等的碳基/聚合物复合材料，以及炭黑/不同种类塑料复合材料中也得到了类似的结论，这是因为炭黑是一种支链形式的无定形碳，是大量碳粒子通过碳晶体层相互点缀的结果，所以炭黑易于形成难以打破的三维网状碳层，炭黑纳米填料的存在使得在 PMMA 外部形成了一层稳定的网状碳层，有效保护了底层塑料材料，减轻了热降解程度，从而提高了塑料的热稳定性能。当炭黑含量大于 0.1%时，PMMA 的热稳定性开始下降，这是由于炭黑颗粒有自然特性，极易在一级和二级结构中团聚，当炭黑含量过高时，炭黑的团聚加剧，炭黑填料在塑料基质中的分散和分布较差，导致施加热载荷时填料和塑料基体之间的热量耗散差，从而降低了 PMMA 材料的热稳定性。PMMA 的分子模型如图 6.47(d)所示。

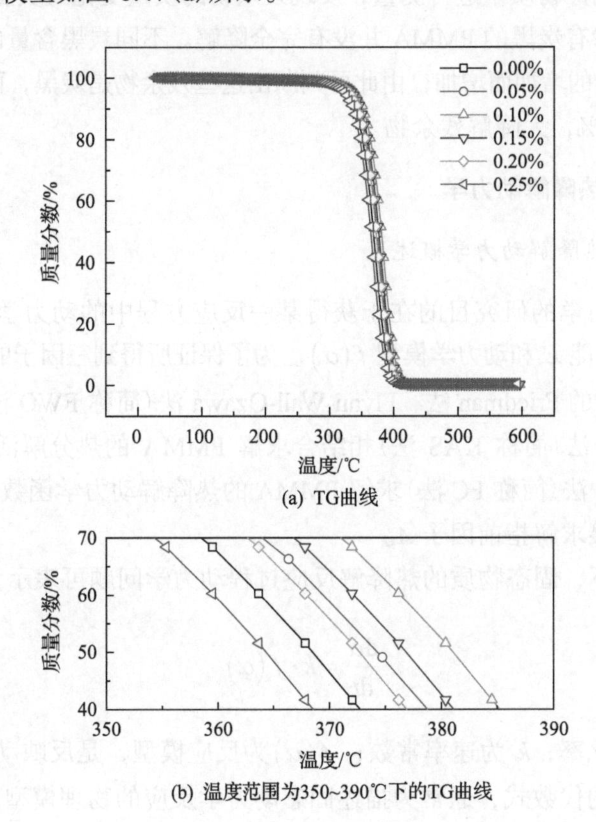

(a) TG曲线

(b) 温度范围为350~390℃下的TG曲线

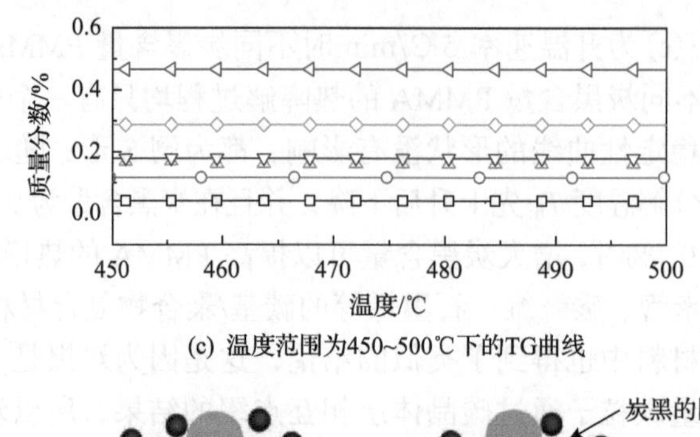

(c) 温度范围为450~500℃下的TG曲线

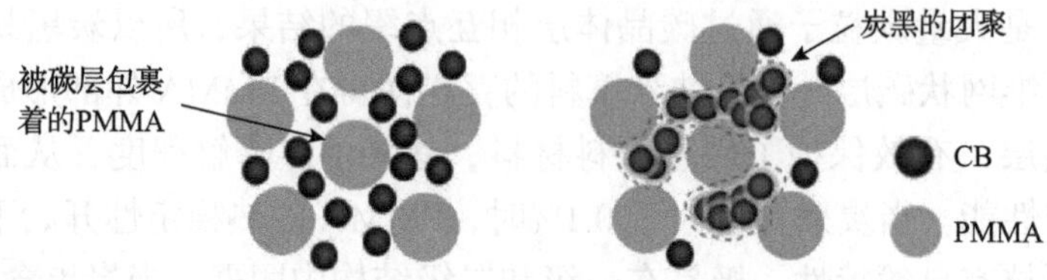

(d) 炭黑含量对PMMA热稳定性影响的模型

图 6.47　升温速率 5℃/min 时不同炭黑含量 PMMA 的 TG 曲线及其分子模型

对降解后的产物质量进行测量，发现残余物的质量变化与炭黑含量变化基本一致，这说明掺有炭黑的 PMMA 并没有完全降解。不同炭黑含量的 PMMA 残余量随着炭黑含量的增加而增加，由此可判断出这些残余物是炭黑，而纯 PMMA 的降解率接近 100%，无降解残余物。

6.3.2　PMMA 热降解动力学

1. PMMA 热降解动力学概述

热降解动力学的研究目的在于获得某一反应方程中的动力学三因子，即指前因子 A、活化能 E 和动力学模型 $f(\alpha)$。为了保证所得到三因子的准确性，采用多升温速率法中的 Friedman 法、Flynn-Wall-Ozawa 法（简称 FWO 法）、Kissinger-Akahira-Sunose 法（简称 KAS 法）相结合求解 PMMA 的热分解活化能 E；采用 Freeman-Carroll 法（简称 FC 法）求解 PMMA 的热降解动力学函数的反应级数 n，并通过公式直接求解指前因子 A。

通常情况下，固态物质的热降解反应过程动力学问题可表示为

$$\frac{\mathrm{d}\alpha}{\mathrm{d}t}=k\cdot f(\alpha) \tag{6.42}$$

式中，α 为转化率；k 为速率常数；$f(\alpha)$ 为反应模型，是反映动力学机理函数关于转化率 α 的代数式，通常为描述固态动力学反应的物理模型。

转化率 α 可表示为

$$\alpha = \frac{W_0 - W_t}{W_0 - W_f} \tag{6.43}$$

式中，W_0 为试件初始质量；W_t 为试件在 t 时刻的质量；W_f 为试件最终质量。本书以转化率形式来预测 PMMA 的热降解。

速率常数 k 可用阿伦尼乌斯(Arrhenius)方程表示：

$$k = A \cdot \exp\left(-\frac{E}{RT}\right) \tag{6.44}$$

式中，A 为指前因子，min^{-1}；E 为活化能，kJ/mol；R 为摩尔气体常数，由于试验采用氮气气氛，取 8.314J/(mol·K)；T 为热力学温度，K。

将式(6.44)代入式(6.42)，可得

$$\frac{d\alpha}{dt} = A \cdot \exp\left(-\frac{E}{RT}\right) \cdot f(\alpha) \tag{6.45}$$

由于采用多升温速率法的 TGA 试验，其中不同的升温速率 β 可表示为

$$\beta = \frac{dT}{dt} \tag{6.46}$$

将式(6.46)代入式(6.45)中，可得

$$\frac{d\alpha}{dT} = \frac{A}{\beta} \cdot \exp\left(-\frac{E}{RT}\right) \cdot f(\alpha) \tag{6.47}$$

常见的反应动力学模型及其反应方程如表 6.5 所示。对于可以通过一步反应来表征的固体热降解过程，可以使用 n 阶模型对整个反应过程进行描述。因此，本书采用 n 阶模型对 PMMA 的热降解过程进行表征，将该函数代入式(6.47)中，可得

$$\frac{d\alpha}{dT} = \frac{A}{\beta} \cdot \exp\left(-\frac{E}{RT}\right) \cdot (1-\alpha)^n \tag{6.48}$$

式中，n 为反应级数。

表 6.5 常见的反应动力学模型及其反应方程

序号	反应模型	$f(\alpha)$
1	n 阶反应方程	$(1-\alpha)^n$
2	SB 函数	$(1-\alpha)^n\alpha^m$
3	Avrami-Erofeev 方程	$n(1-\alpha)^n\left[-\ln(1-\alpha)\right]^{(n-1)/n}$
4	幂法则	$3\alpha^{3/4}$
5	收缩圆柱体方程	$2(1-\alpha)^{1/2}$
6	双向扩散方程	$-1/\ln(1-\alpha)$
7	Prout-Tompkins 方程	$\alpha(1-\alpha)$

所采用的热分析方法如下。

1) Friedman 法

Friedman 法是一种微分等转化率法，其动力学方程为

$$\ln\left(\frac{\beta\mathrm{d}\alpha}{\mathrm{d}T}\right)=\ln\left[Af(\alpha)\right]-\frac{E}{RT} \tag{6.49}$$

在 TG 曲线上截取不同升温速率 β 下相同转化率 α 时 T 值，绘制 $\ln(\beta\mathrm{d}\alpha/\mathrm{d}T)$-$1/T$ 数据点并进行线性拟合，由斜率可求出在该转化率 α 时的活化能 E。

2) FWO 法

FWO 法是一种积分等转化率法。对式(6.49)进行分离变量、积分以及取 Doyle 近似可得

$$\lg\beta=\ln\left[\frac{AE}{RG(\alpha)}\right]-2.315-\frac{0.4567E}{RT} \tag{6.50}$$

式中，$G(\alpha)$ 为 $f(\alpha)$ 的积分式。在 TG 曲线上截取不同升温速率 β 下相同转化率 α 时 T 值，绘制 $\lg\beta$-$1/T$ 数据点并进行线性拟合，得到直线的斜率为 $-0.4567E/R$，从而计算出活化能 E。

3) KAS 法

KAS 法是一种积分等转化率法，其动力学方程为

$$\ln\left(\frac{\beta}{T^2}\right)=\ln\left[\frac{AR}{EG(\alpha)}\right]-\frac{E}{RT} \tag{6.51}$$

在 TG 曲线截取不同升温速率 β 下相同转化率 α 时 T 值，绘制 $\ln\left(\beta/T^2\right)$-$1/T$ 数据

点并进行线性拟合，得到直线的斜率为$-E/R$，从而计算出活化能 E。

4) FC 法

FC 法是一种微分等转化率法，其动力学方程为

$$\frac{\Delta \lg\left(\mathrm{d}\alpha/\mathrm{d}T\right)}{\Delta \lg\left(1-\alpha\right)}=n-\frac{E}{2.303R}\cdot\frac{\Delta\left(1/T\right)}{\Delta \lg\left(1-\alpha\right)} \tag{6.52}$$

在 TG 曲线上截取不同升温速率 β 下相同转化率 α 时 T 值，绘制 $\left(\Delta \lg\left(\mathrm{d}\alpha/\mathrm{d}T\right)/\Delta \lg\left(1-\alpha\right)\right)$ - $\left(\Delta\left(1/T\right)/\Delta \lg\left(1-\alpha\right)\right)$ 数据点并进行线性拟合，得到直线的斜率 $-E/\left(2.303R\right)$ 和截距 k，从而计算出活化能 E 和反应级数 n。

5) 直接求解 A 值

利用获得的活化能，Arrhenius 方程中的指前因子 A 可以由方程(6.53)计算得出：

$$A=\frac{\beta E\cdot\exp\left(\dfrac{E}{RT_{\mathrm{m}}}\right)}{RT_{\mathrm{m}}^{2}} \tag{6.53}$$

式中，T_{m} 为 DTG 峰值温度。

2. PMMA 热降解动力学参数的求解

在转化率 α 为 0.1～0.9 的范围内，利用 Friedman 法、FWO 法、KAS 法、FC 法四种等转化率方法求解了不同炭黑含量 PMMA 的热降解动力学三因子。由这四种方法得到的无炭黑 PMMA 的等转化率曲线如图 6.48 所示。随着 α 的增大，Friedman 法、FWO 法、KAS 法等转化率曲线的斜率也相应改变，如图 6.48(a)～(c)所示，由这三条曲线的斜率求解出的活化能 E 如表 6.6 所示。

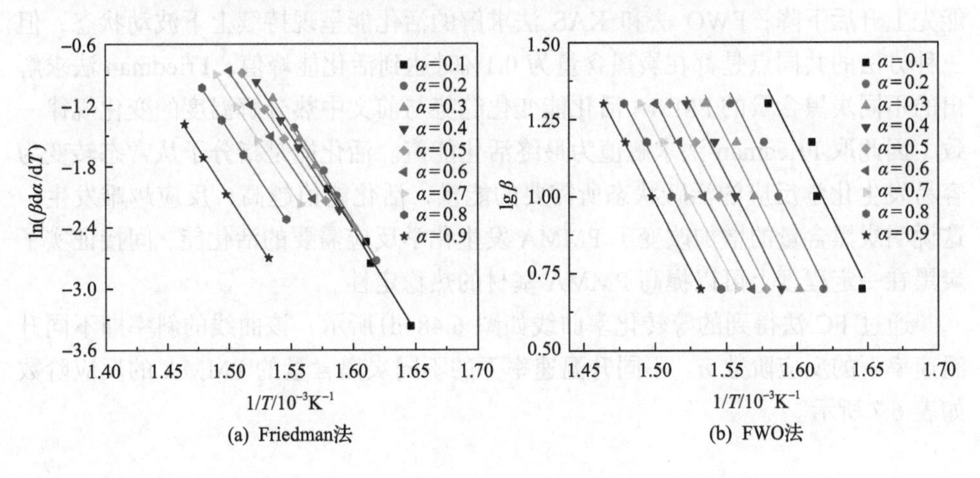

(a) Friedman法　　(b) FWO法

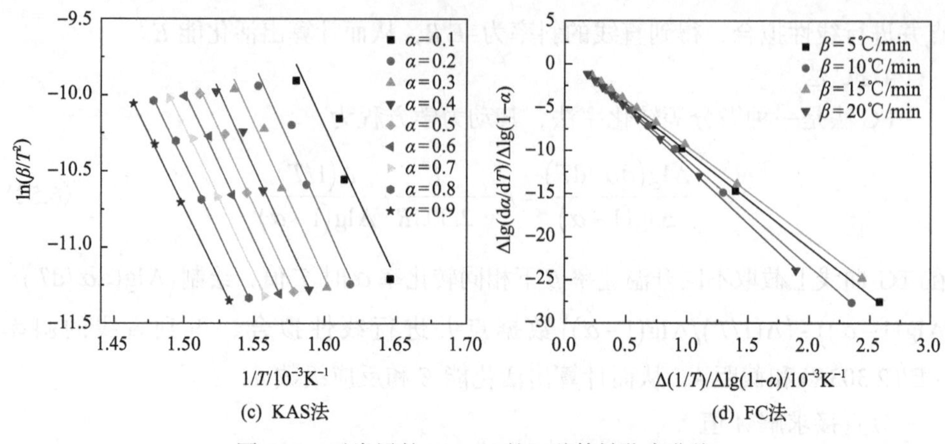

(c) KAS法 (d) FC法

图 6.48 无炭黑的 PMMA 的四种等转化率曲线

表 6.6 通过 Friedman 法、FWO 法、KAS 法得到的不同炭黑含量的 PMMA 的活化能

炭黑含量 /%	Friedman 法		FWO 法		KAS 法	
	E /(kJ/mol)	R^2	E /(kJ/mol)	R^2	E /(kJ/mol)	R^2
0	159.608	0.9981	166.755	0.9834	164.620	0.9813
0.05	161.461	0.9927	164.789	0.9898	162.575	0.9885
0.1	177.371	0.9979	175.778	0.9994	174.124	0.9994
0.15	169.740	0.9976	167.471	0.9870	165.371	0.9853
0.2	160.212	0.9894	158.353	0.9881	155.796	0.9864
0.25	157.274	0.9945	159.349	0.9970	156.827	0.9965

Friedman 法、FWO 法、KAS 法三种方法求解出的活化能值十分接近，但变化趋势却不完全相同。随着炭黑含量的增加，Friedman 法求解的 PMMA 的活化能先上升后下降；FWO 法和 KAS 法求解的活化能呈现持续上下波动状态，但三种方法的共同点是都在炭黑含量为 0.1%时达到活化能峰值。Friedman 法求解出的不同炭黑含量的 PMMA 活化能变化趋势与前文中热分解温度的变化规律一致，因此取 Friedman 法求解值为最终活化能值。活化能是指分子从常态转变为容易发生化学反应的活跃状态所需要的能量，活化能值越高，反应越难发生，这说明炭黑含量的增加改变了 PMMA 发生化学反应需要的活化能，间接证实了炭黑在一定程度上可以提高 PMMA 基材的热稳定性。

通过 FC 法得到的等转化率曲线如图 6.48(d)所示，该曲线的斜率即不同升温速率下的反应阶数 n。不同升温速率下的不同炭黑含量的 PMMA 的反应阶数如表 6.7 所示。

表 6.7　通过 FC 法得到的不同炭黑含量的 PMMA 的反应阶数

β	炭黑含量											
	0%		0.05%		0.1%		0.15%		0.2%		0.25%	
	n	R^2	n	R^2	n	R^2	n	R^2	n	R^2	n	R^2
5℃/min	0.91	0.9998	0.62	0.9988	1.4	1.00	1.38	1.00	1.11	1.0000	0.38	0.9978
10℃/min	0.92	0.9998	1.07	1.0000	1.44	1.00	1.37	1.00	0.58	0.9990	0.95	0.9996
15℃/min	1.13	1.0000	1.52	0.9998	1.28	1.00	1.44	1.00	1.91	0.9986	1.20	1.0000
20℃/min	1.53	0.9996	0.95	0.9998	1.52	0.99	1.60	0.99	1.50	0.9996	1.45	0.9998
均值	1.12	0.9998	1.04	0.9996	1.41	0.9975	1.4475	0.9975	1.275	0.9993	0.995	0.9993

将得出的活化能 E 与热分解温度 T_m 代入式(6.53)中，求解出不同升温速率下的不同炭黑含量的 PMMA 热降解动力学方程中的指前因子 A，结果如表 6.8 所示。

表 6.8　不同炭黑含量的 PMMA 的指前因子　　(单位：$10^{12}min^{-1}$)

β	炭黑含量					
	0%	0.05%	0.1%	0.15%	0.2%	0.25%
5℃/min	2.8856	4.0788	87.2426	1.9197	20.8827	3.2088
10℃/min	2.8823	4.2802	88.1820	1.9237	21.2166	3.1756
15℃/min	2.7539	4.2433	94.9790	1.9435	20.1800	2.8766
20℃/min	2.7710	4.1112	82.3381	1.7478	19.1612	3.3272
均值	2.8232	4.1784	88.1854	1.8837	20.3601	3.1471

3. PMMA 热降解动力学模型的验证

为了保证热降解动力学模型的可靠性，在 MATLAB 中，将上述求出的不同炭黑含量的 PMMA 热降解动力学参数代入式(6.48)中，采用四阶龙格-库塔(Runge-Kutta)法对不同升温速率下有不同炭黑含量的 PMMA 的转化率进行数值求解，并将求解结果与 TGA 试验数据进行对比，以验证 PMMA 热降解动力学模型的适用性与动力学参数的准确性。

图 6.49 为在升温速率为 5℃/min 的条件下，不同炭黑含量的 PMMA 转化率的模拟值与试验值对比。图中，带圆圈的线是热降解动力学模型的模拟转化率值(模拟值)，带矩形的线是由 TGA 结果变形得来的试验转化率值(试验值)，试验值与模拟值二者基本吻合。因此，采用 Friedman 法、FC 法、直接求解 A 值法获得的不同炭黑含量的 PMMA 的动力学参数能够有效表征其热降解过程。

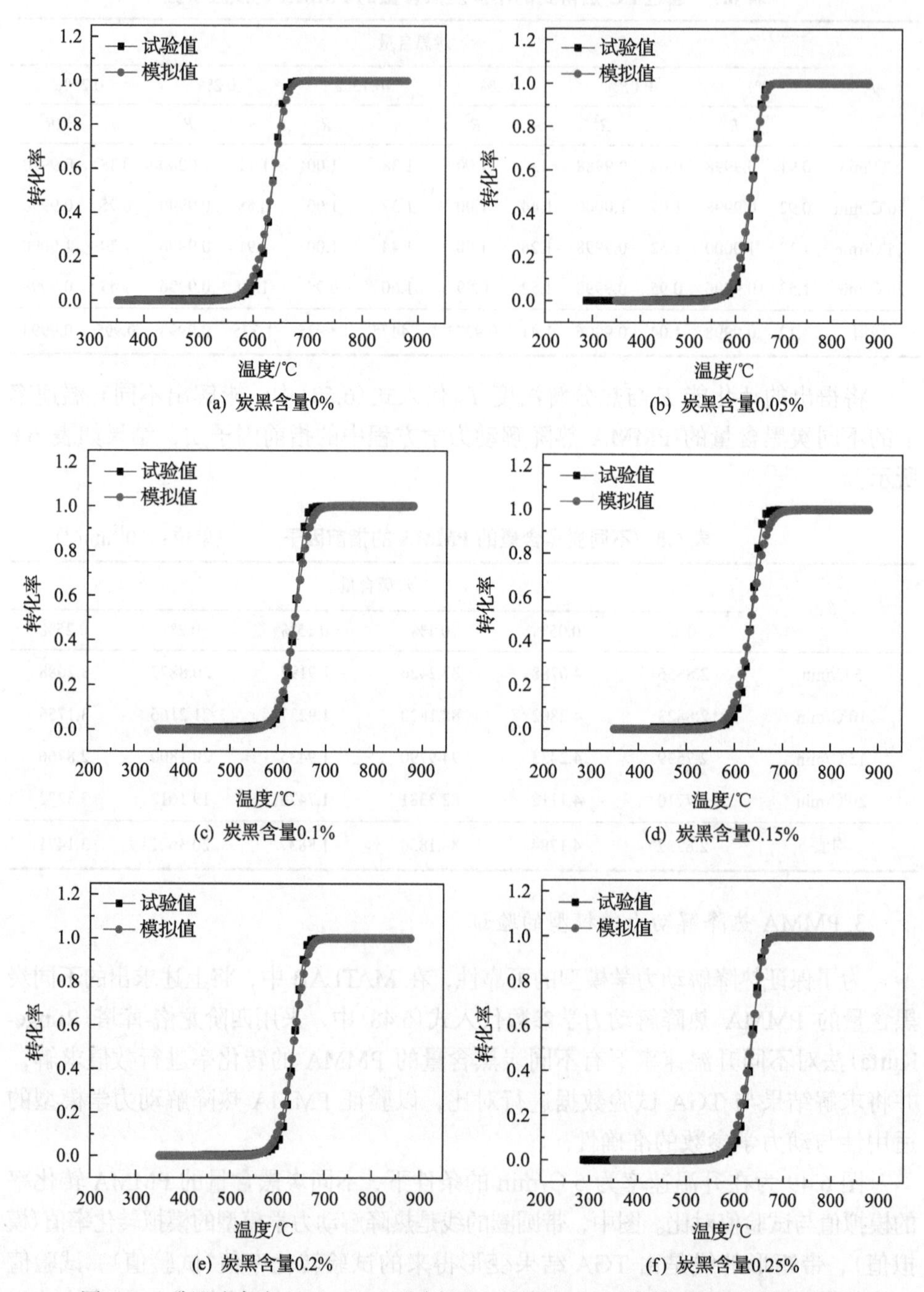

图 6.49　升温速率为 5℃/min 下不同炭黑含量的 PMMA 热降解动力学模型验证

6.3.3　工艺参数与热降解行为的函数关系

关于激光透射焊接 PMMA 温度水平的分析详见 6.2.2 节。将激光透射焊接 PMMA 的温度水平分析得到的不同工艺参数下最高温度点的 T-t 函数和热降解动力学模型的 α-T 函数相结合，使用 MATLAB，采用 Runge-Kutta 法得到不同工艺参数下激光透射焊接 PMMA 的热降解预测模型，即图 6.50 所示的不同工艺参数下 PMMA 的热降解量随时间变化的关系曲线。如图 6.50(a)所示，随着激光功率的增大，PMMA 的热降解量逐渐增加，当激光功率在 6～10W 时，基本上没有发生热降解；当激光功率增至 12W 时，PMMA 首次出现 2.7%的热降解；当激光功率增至 14W 时，PMMA 热降解程度为 36.5%。如图 6.50(b)所示，随着扫描速度的增加，PMMA 的热降解量逐渐减小，当扫描速度在 9～13mm/s 时，基本上没有发生热降解；当扫描速度为 7mm/s 时，PMMA 首次出现了 0.9%

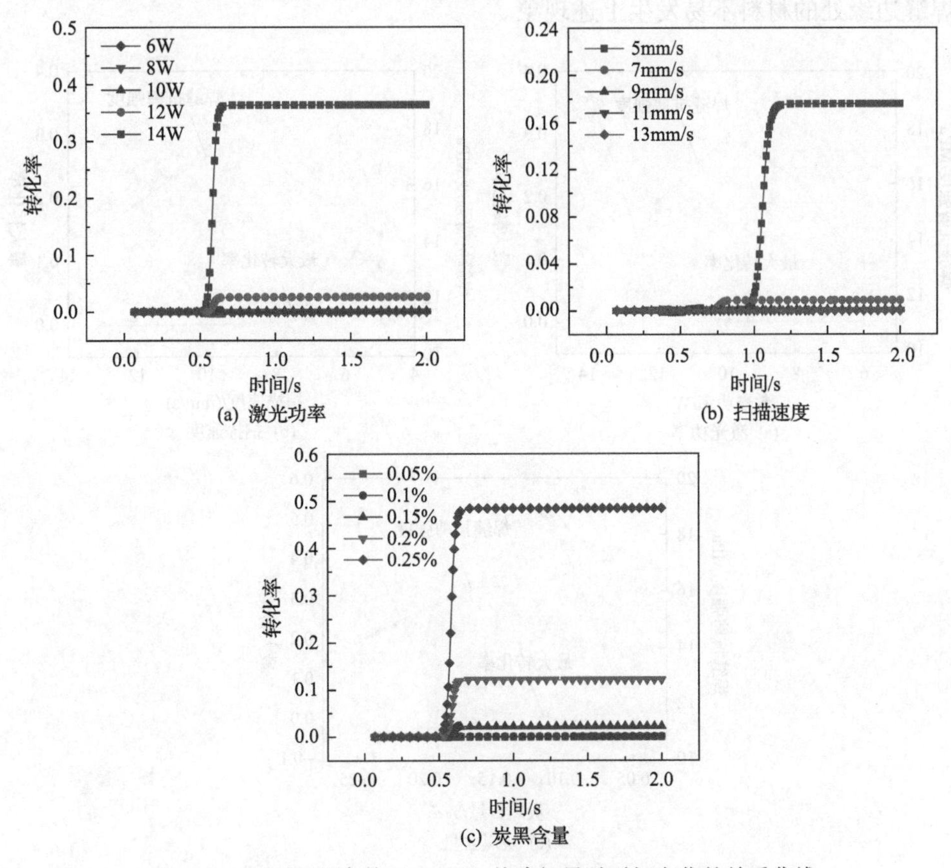

图 6.50　不同工艺参数下 PMMA 热降解量随时间变化的关系曲线

的热降解；当扫描速度减至 5mm/s 时，PMMA 热降解程度为 17.6%。如图 6.50(c) 所示，随着炭黑含量的增加，PMMA 的热降解量逐渐增加，当炭黑含量在 0.05%～0.1%时，基本上没有发生热降解；当炭黑含量为 0.15%时，PMMA 首次出现了 2.2%的热降解；当炭黑含量增至 0.25%时，PMMA 热降解程度为 48.4%。

为了使热降解程度与焊接质量之间的联系更加清晰，图 6.51 给出了 PMMA 焊缝抗剪强度和最大转化率随工艺参数的变化关系曲线。从图中可以看出，当激光功率超过 10W 时，PMMA 的焊缝抗剪强度开始下降，与此同时 PMMA 热降解量也出现较大幅度的增加。这是因为 PMMA 在过高能量密度下发生了热降解，焊接界面处能量密度越高，热降解程度就越明显，所以焊缝抗剪强度也就因此降低。但并不是整个焊缝区域都发生了降解，在焊缝中心处能观测到明显的如气泡的降解现象，因为焊缝中心处的热流密度较焊缝边缘处的热流密度大，焊缝边缘处的材料不易发生上述现象。

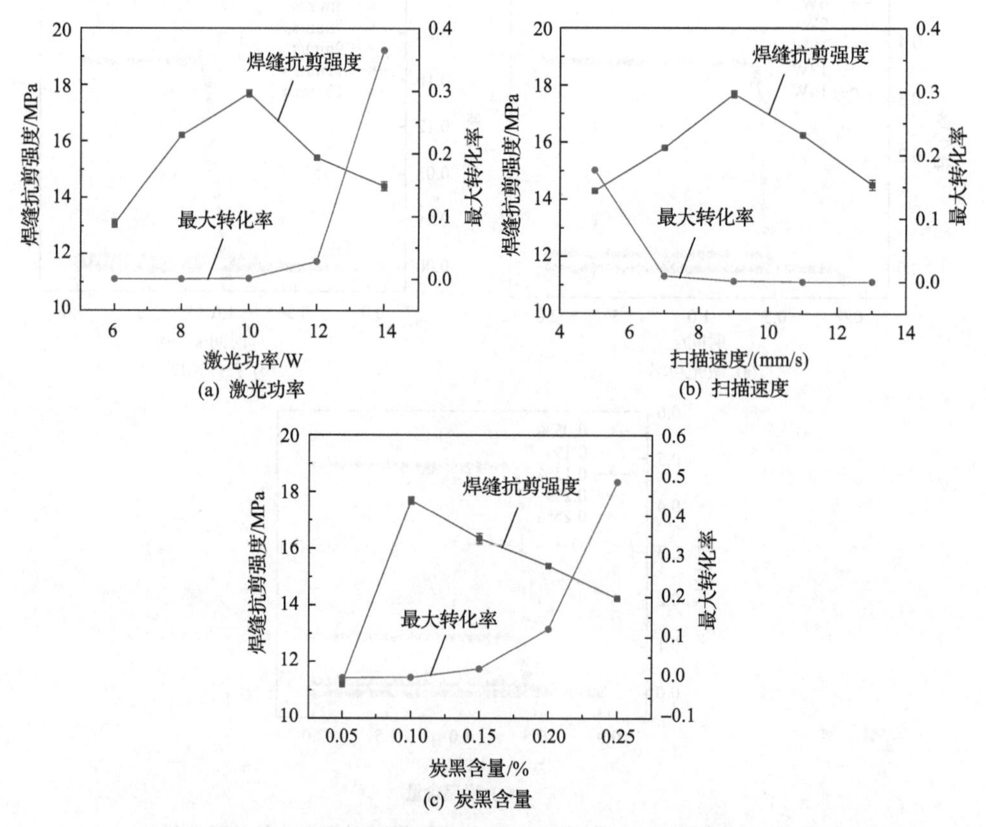

图 6.51　PMMA 焊缝抗剪强度和最大转化率随工艺参数的变化关系曲线

上述结果表明，材料开始发生热降解的预测临界工艺参数(激光功率、扫描速度及炭黑含量)与试验测定材料焊缝抗剪强度开始下降的工艺参数基本一致。本节所建立的热降解预测模型能够有效预测 PMMA 在激光透射焊接过程中的热降解行为，可为焊接过程中的参数选择与优化提供参考。

6.4　热流耦合分析

焊接过程中熔体的流动是因为塑料在激光的作用下发生了熔融，同时材料的密度随温度逐渐变化，密度差异引发了流体的流动。研究焊接过程中材料的流动变化可以有助于理解焊接过程。因此，本节通过建立热流模型分析采用不同激光吸收剂进行焊接的过程中，熔融塑料在熔池中的运动规律。

6.4.1　焊接熔池流体流动规律与基本假设

在焊接过程中，熔体因密度差异引起的浮力驱动流动可通过格拉斯霍夫(Grashof)数和雷诺数平方的比值来判别，公式如下：

$$\frac{Gr}{Re^2}=\frac{g\beta\Delta TL}{V^2} \tag{6.54}$$

式中，g 为重力加速度；β 为热膨胀系数；L 为特征长度；V 为特征速度；T 为热力学温度。

当此数值接近或超过 1.0 时，浮力对流动的影响较大；相反，若此数值较小，则浮力的影响可以不予考虑。浮力引致的流动强度可以由瑞利(Rayleigh)数判定，公式如下：

$$Ra=\frac{g\beta\Delta TL^3\rho}{\mu\alpha} \tag{6.55}$$

式中，μ 为黏度；α 为热扩散率；

$$\beta=-\frac{1}{\rho}\left(\frac{\partial\rho}{\partial T}\right)_{\mathrm{P}} \tag{6.56}$$

$$\alpha=\frac{k}{\rho c_{\mathrm{p}}} \tag{6.57}$$

若瑞利数大于 10^8，则浮力驱动的对流为层流；向湍流转捩的瑞利数为 $10^8<Ra<10^{10}$；若瑞利数大于 10^{10}，则浮力驱动的对流为湍流。

对于含有玻璃纤维、碳纤维、碳纳米管等纳米填料，或者含有共晶的多组分塑料熔体，当溶质浓度、表面活性剂浓度及沿界面的温度发生变化时，表面张力通常也会随着改变，从而引发马兰戈尼(Marangoni)效应。熔池内的马兰戈尼力会影响流体流动和温度分布，并改变熔池的生长。这可能会导致材料内部产生应力，并发生变形。由于焊接过程中熔池周围具有较大的温差，描述该条件下马兰戈尼效应发生强度是由界面切向的温度梯度表述：

$$d\sigma = \frac{\partial \sigma}{\partial T} dT + \frac{\partial \sigma}{\partial c} dc \tag{6.58}$$

物质熔化过程可以划分为纯固相、固液两相和纯液相三个阶段。在固液两相阶段中，已熔化的物质在未熔化物质组成的间隙中流动，同时发生热量传递，这个过程可以通过多孔介质内流动与传热进行表述，即达西(Darcy)定律。在此基础上，可以将描述流体运动过程中动量守恒的纳维-斯托克斯方程描述为

$$\frac{\partial(\rho V)}{\partial t} + \nabla \cdot (\rho VV) = -\nabla P + \nabla \cdot (\mu \nabla V) - \frac{\mu}{K} V + \rho g \beta (T - T_r) \tag{6.59}$$

式中，等号右侧第三项为达西源项；K 为描述驱动熔体运动能力大小的各向同性渗透率。在纯固相中，由于液相分数 f_1 为 0，K 将非常小，达西源项会变得无穷大，迫使局部流动停止。在纯液相中，由于液相分数 f_1 为 1，K 为无穷大，达西源项的阻尼效应可以忽略。K 的计算公式如下：

$$K = K_0 \frac{f_1^3 + \tau}{(1 - f_1)^2} \tag{6.60}$$

式中，K_0 为经验常数；τ 为避免分子项为 0 的小常数。液相分数 f_1 由焓-孔隙度法确定，其公式如下：

$$f_1 = \begin{cases} 0, & T < T_s \\ \dfrac{T - T_s}{T_1 - T_s}, & T_s \leqslant T \leqslant T_1 \\ 1, & T > T_1 \end{cases} \tag{6.61}$$

式中，T_s 和 T_1 分别为固态温度和液态温度。

为了简化熔体流动规律，作出如下假设：熔体的流动为层流，则它为不可压缩的牛顿流体；熔体的密度是恒定的；浮力的计算是根据布西内斯克(Boussinesq)近似完成的。

6.4.2　以炭黑为吸收剂的焊接流场分布

试验以炭黑含量为 0.05%的 PC 为研究对象，设置仿真工艺参数为激光功率 30W、扫描速度 15mm/s。图 6.52(a)和(b)分别为仿真得到的 *xz*、*yz* 平面的流速流场分布。图中最高流速为 1.37×10^{-6}m/s。如图 6.52(b)所示，图中只为一半熔池的流动情况，熔池中心温度最高处的流体流向顶部，熔池顶部的流体分流，在固液面处形成一个环流。而同样的流动趋势也存在于 *xz* 平面上。

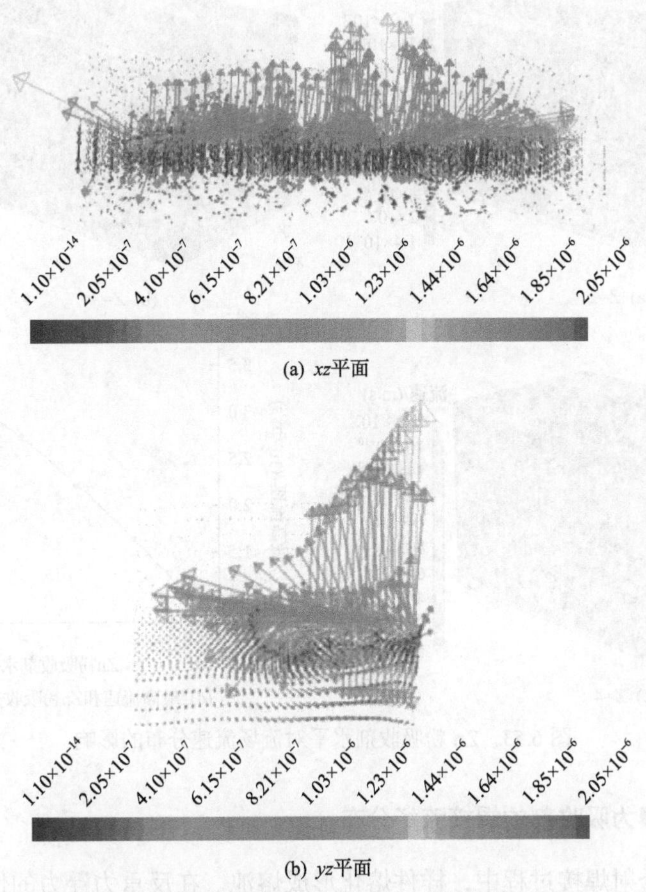

(a) *xz*平面

(b) *yz*平面

图 6.52　炭黑含量对流速流场分布的影响(单位：m/s)

6.4.3　以锌粉为吸收剂的焊接流场分布

当激光功率为 24W、扫描速度为 3mm/s 时，设置 Zn 粉吸收剂水平(*Z*)分别为 1、2、3、4、5，进行流场的数值模拟研究。图 6.53(a)～(c)为 *t*=1.6s 时，

Zn 粉吸收剂水平分别为 2、3、4 时的流速分布云图，由图可以看出，随着 Zn 粉吸收剂水平的提高，焊缝区域内的最高流速在升高，但是升高的速率在下降，同时流动形成的闭环圈也相应变大。该时刻焊接区域内的最高流速和 Zn 粉吸收剂水平的关系如图 6.53(d)所示。随着 Zn 粉吸收剂水平的提高，焊缝区域内的最高流速逐渐增大。这主要因为是吸收剂水平的提高使得能够获得热传导的塑料范围变大，闭环圈变大，同时吸收传递的热量也增多。

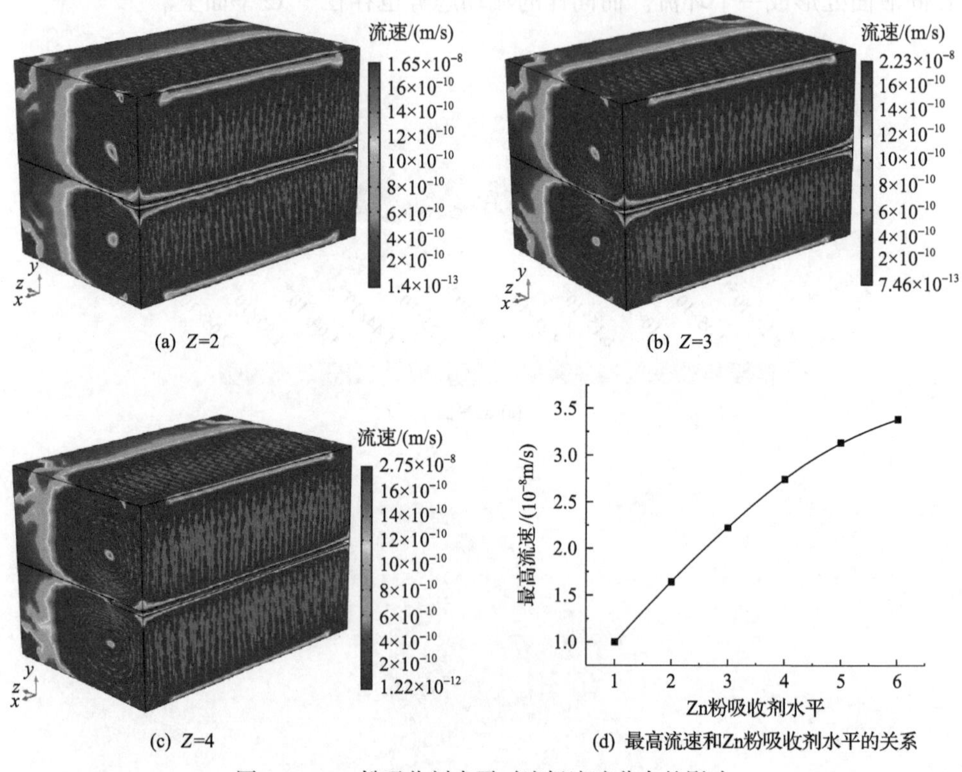

图 6.53　Zn 粉吸收剂水平对流场流速分布的影响

6.4.4　以铜膜为吸收剂的焊接流场分布

在激光透射焊接过程中，样件熔化形成熔池。在反重力浮力的作用下，液体向上流动到熔池的顶部边缘。当向上流动时，在靠近边界方向上，流动逐渐由向上流动变为向下流动。当液体向下流到槽的底部时，会从边缘推到中心，以补偿排出的液体，因此在熔池中形成涡流。图 6.54(a)给出了 t=1s、激光功率 45W、扫描速度 6mm/s、铜膜宽度 2mm 时，焊接过程中熔体流动几何表面流速及其矢量分布，从图中可以看出，最大速度 3.55×10^{-7}m/s 位于铜膜与塑料熔体接触的边界处，熔池流场的分布呈双涡流状。图 6.54(b)显示了 xz 平面上熔体的流速及其矢量分布，熔池运动方向与焊接方向相同。图 6.54(c)为熔体的流速及其矢量方向在 yz 平面的分布，图中熔体沿固体表面向铜膜所在的熔池中心位置流动。因为塑料中间放置的铜膜阻碍了塑料熔体的流动，所以在熔池边缘(铜膜与固态塑料的交界)处，熔体具有较大流速，该现象与传统塑料焊接过程中熔体流动存在显著差异。

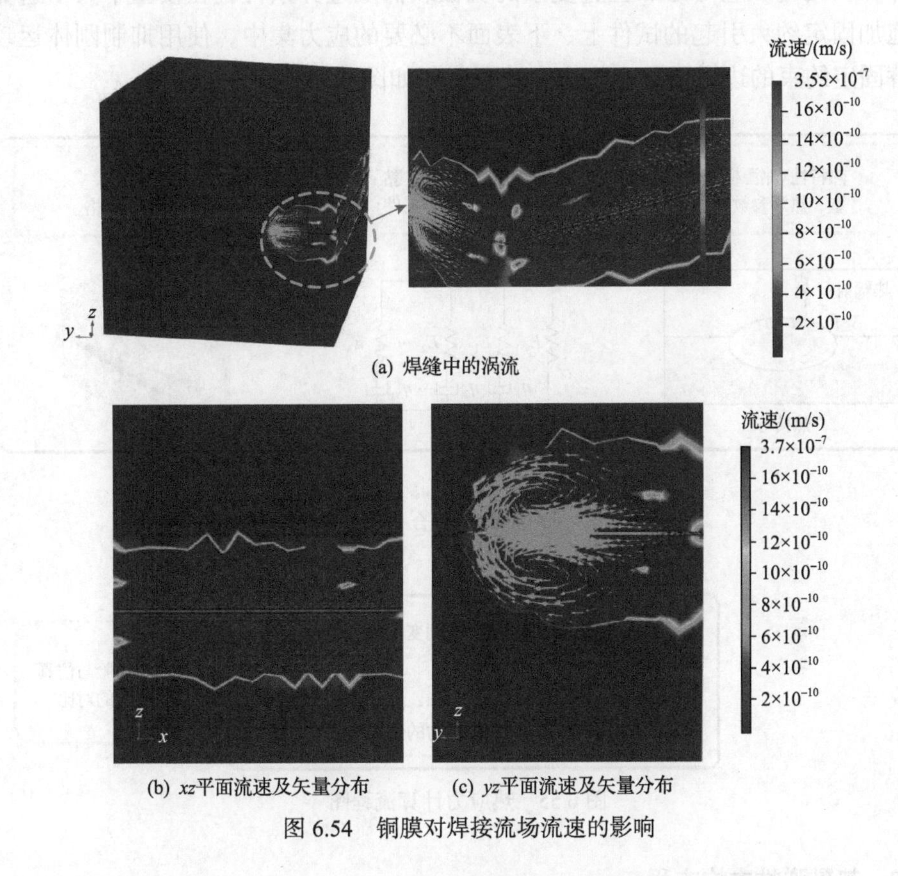

图 6.54　铜膜对焊接流场流速的影响

6.5　热力耦合分析

6.5.1　热弹性力学

在不同的材料和应力水平下，应力和应变之间的关系有很大的差异。此外，温度效应、加载持续时间、加载速度等因素也会影响应力应变关系。在最简单的情况下，弹性材料在变形过程中没有任何能量耗散，应变和应力之间的关系可以用胡克定律来表示：

$$\sigma = E\varepsilon \tag{6.62}$$

在仿真软件中输入 PC 的黏弹性参数，计算出考虑了黏弹性的激光透射焊接 PC/Cu/PC 焊接残余应力。在耦合模拟中，每个时间步的温度分布和机械载荷并行计算。同时，应考虑和检查复杂的机械载荷及边界条件；在模型中为了避免因施加固定约束引起的试件上、下表面不必要的应力集中，使用抑制刚体运动代替固定约束的边界条件。热应力计算流程如图 6.55 所示。

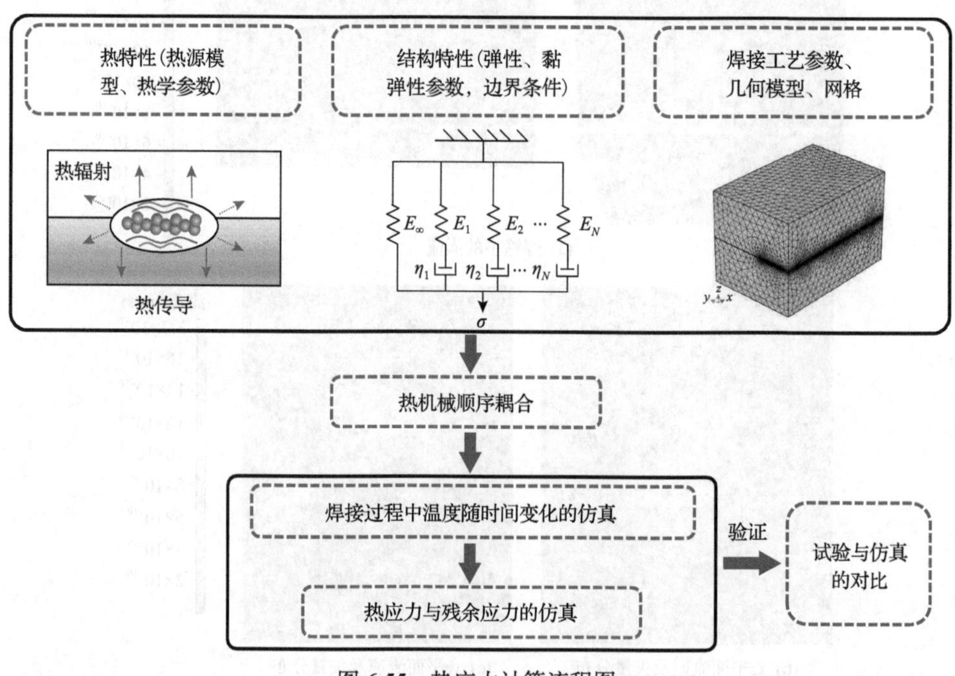

图 6.55　热应力计算流程图

6.5.2　热黏弹性本构方程

黏弹性材料能够描述蠕变或松弛引起的效应，即材料的时变力学行为。对基于铜膜中间层聚碳酸酯(PC)激光透射焊接热应力进行限元分析，引入了基于广义麦克斯韦(Maxwell)黏弹性材料模型。如图 6.56 所示，利用广义麦克斯韦模型对黏弹性聚合物的应力松弛行为进行表示，即 N 个麦克斯韦单元(由弹簧和阻尼器串联)并联，再与一个隔离弹簧并联。其中弹簧表示聚合物材料的弹性响应，阻尼器表示黏性响应。

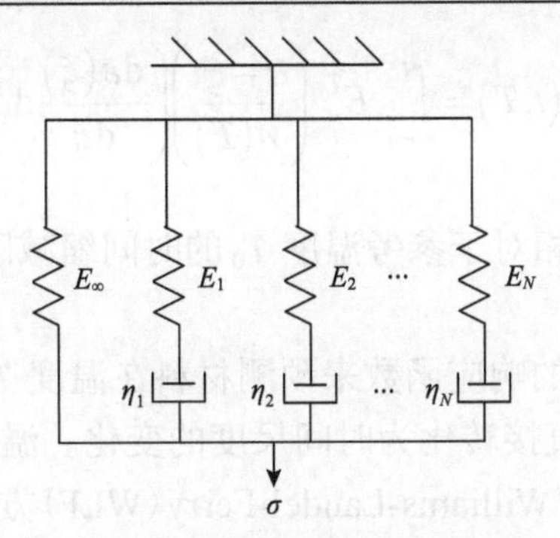

图 6.56　黏弹性材料模型示意图

塑料的本构方程可以用应力松弛函数表示：

$$\sigma(t)=\varepsilon_0 E(t)+\int_0^t E(t-\xi)\frac{\mathrm{d}\varepsilon(\xi)}{\mathrm{d}\xi}\mathrm{d}\xi \tag{6.63}$$

式中，$\sigma(t)$为应力；ε_0为应变的初始值；t 为当前时间；ξ为过去时间；$E(t)$为松弛模量。$E(t)$有时间依赖性，也称为应力松弛函数，可以用指数级的形式表述：

$$E(t)=E_\infty+\sum_{i=1}^{N}E_i\exp\left(-\frac{t}{\lambda_i}\right) \tag{6.64}$$

$$E_0=E_\infty+\sum_{i=1}^{N}(E_i\cdot k_i) \tag{6.65}$$

式中，E_0 为材料的瞬时模量；E_∞为时间趋向于无穷时 $E(t)$的平均值；E_i 和 k_i 分别是广义麦克斯韦模型中第 i 个单元的松弛模量和时间常数；N为麦克斯韦单元的数量。归一化应力松弛函数(6.66)为由式(6.64)和式(6.65)两边除以瞬时模量 E_0 转化成的无量纲形式。

$$e(t)=1-\sum_{i=1}^{N}e_i\left(1-\exp\left(-\frac{t}{\lambda_i}\right)\right) \tag{6.66}$$

$$e_\infty+\sum_{i=1}^{N}e_i=1 \tag{6.67}$$

在焊接过程中需要考虑温度对黏弹性的影响，而温度依赖性是黏弹性的另一个突出特征。基于时间-温度叠加原理，根据瞬时应力σ_0对温度的依赖关系引入温度 T，对材料行为的影响进行简化，式(6.63)的表达式可改写为

$$\sigma(t,T)=\int_{-\infty}^{t}E^{T_0}\left(\frac{t-\xi}{A(T)}\right)\left(\frac{\mathrm{d}\varepsilon(\xi)}{\mathrm{d}\xi}\mathrm{d}\xi\right) \tag{6.68}$$

式中，$A(T)$为温度 T 时相对于参考温度 T_0 的时间缩减因子；E^{T_0} 为参考温度 T_0 时的模量。

基于参考温度 T_0 下的响应函数来预测材料在温度 T 时的响应是十分必要和有益的，温度变化可以直接转化为时间尺度的变化。温度 T 时的模量与 T_0 之间的关系如式(6.69)所示，Williams-Landel-Ferry(WLF)方程如式(6.70)所示：

$$E^{T}(t)=E^{T_0}\left(\frac{t}{a(T)}\right) \tag{6.69}$$

$$\log(a(t))=-\frac{C_1(T-T_0)}{C_2+(T-T_0)} \tag{6.70}$$

式中，T_0 为材料的玻璃化转变温度；C_1 和 C_2 为 T_0 时的材料参数，$a(t_0)=1$。如果温度降至 T_0-C_2 以下，则 WLF 方程不再有效。

6.5.3　热应力变化规律

图 6.57 显示了 P=55W、v=6mm/s、w=2mm，在焊接进行到 0.3s、0.6s、0.9s、1.2s 时，加热过程的空间 von Mises 应力分布。如图 6.57 所示，在激光加热过程中，最大应力出现在热影响区域的边缘和光斑的前端，最大应力达到了 22MPa，焊缝中心没有出现最大热应力。这是因为焊接过程中，PC 的弹性模量随着温度的升高迅速降低，在焊缝中心位置，温度高于熔点，熔化部分材料失去力学支撑，焊缝中心应力接近零。而在热影响区域的边缘和光斑的前端由于热膨胀的作用而出现较大的热应力。随着激光光斑的移动，最大应力逐渐向焊接方向 x 轴移动。

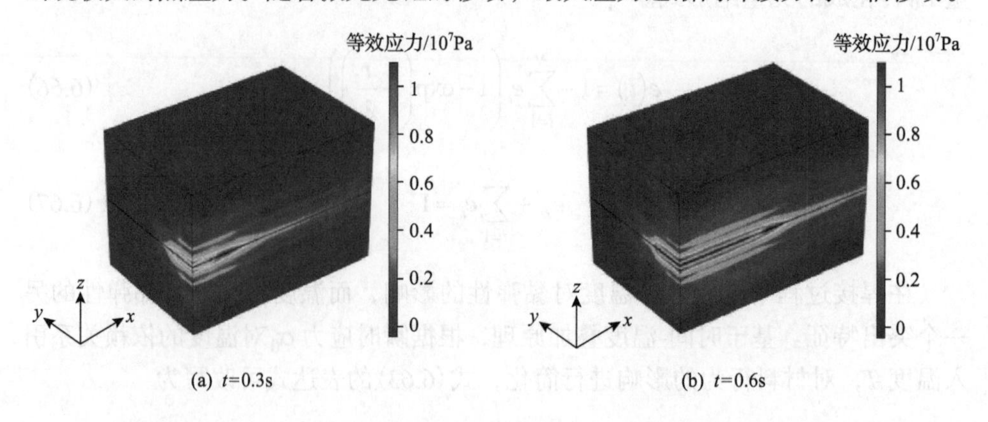

(a) t=0.3s　　(b) t=0.6s

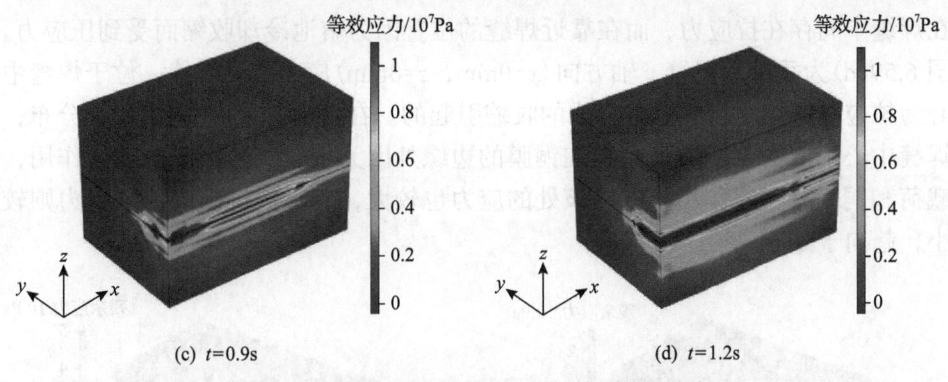

(c) t=0.9s　　(d) t=1.2s

图 6.57　焊接过程中不同时刻的等效应力分布

图 6.58 为 t=0.3s 时，平行于焊缝 x 轴(y=0mm，z=0mm)处的横向和纵向应力分布结果。在加热过程中，可以清楚地发现，由于温度升高引起的热膨胀，在模拟过程中，最初会形成逐渐增加的压应力。在光源处形成较大的压应力，并且随着焊接的方向进行移动。

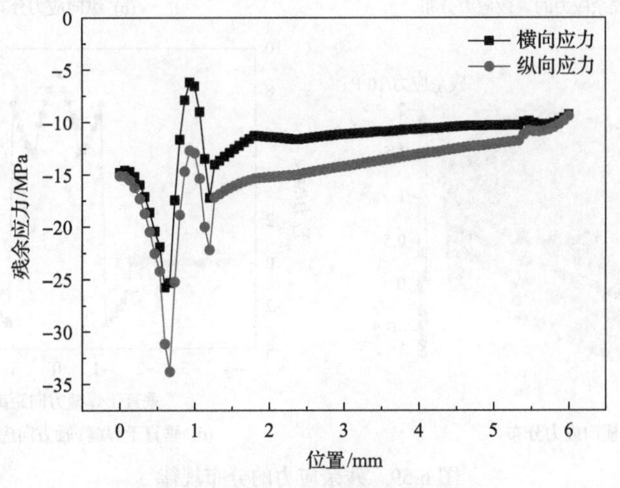

图 6.58　横向和纵向应力分布

6.5.4　残余应力分布规律

冷却后，拉应力会在焊缝中反向形成，并与焊缝附近的压应力处于机械平衡状态。如预期的那样，最大拉应力再次位于焊缝中心。图 6.59(a)为激光功率 55W、扫描速度 6mm/s、铜模宽度 2mm、焊接时间 60s 情况下等效残余应力的分布规律。焊接时最高温度主要集中于铜膜，因此最大残余应力集中在焊缝区域。图 6.59(b)和(c)分别为纵向应力 σ_x 分布和横向应力 σ_y 分布。从图中可以看到，在焊缝中间存在拉应力，而在靠近焊缝的位置因为熔池冷却收缩而受到压应力。图 6.59(d)为垂直于焊缝 y 轴方向(x=0mm，z=0mm)应力变化规律，位于焊缝中心为拉应力，这是冷却后聚合物的收缩引起的。在熔池区域应力呈 W 形分布，焊缝中心区域的拉应力最大，在铜膜的边缘处因为聚合物热膨胀的挤压作用，载荷和铜膜有阻碍作用，所以该处的应力也较大，而远离焊缝的位置应力则较小，趋向于零。

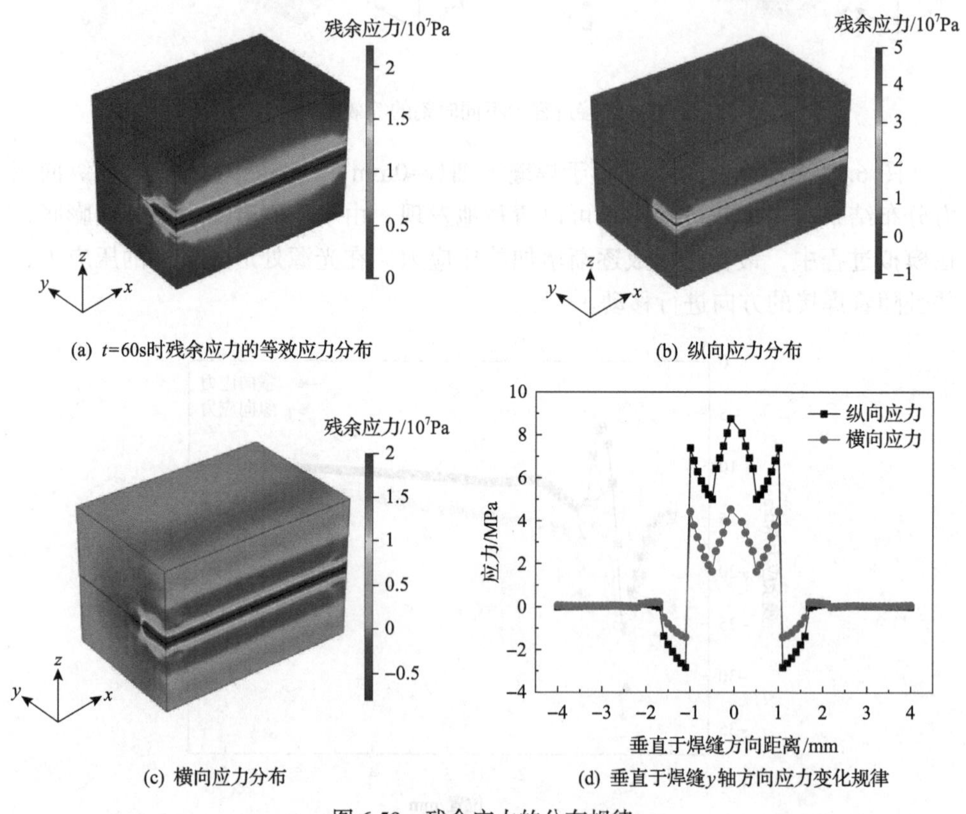

(a) t=60s时残余应力的等效应力分布　(b) 纵向应力分布

(c) 横向应力分布　(d) 垂直于焊缝y轴方向应力变化规律

图 6.59　残余应力的分布规律

6.5.5　焊接工艺参数对残余应力的影响

1. 激光功率对残余应力的影响

为研究功率因素对焊接残余应力的影响，对焊接功率分别为 30W、40W、50W，扫描速度为 3mm/s，铜膜宽度为 2mm，焊接时间为 60s 时的焊接残余应力进行计算，结果如图 6.60(a)～(c)所示，试件的最大残余应力随着焊接功率的增大而增大。这是因为在扫描速度和铜膜宽度不变的情况下，随着激光功率增大，铜膜吸收的能量增大，在相同时间内对应的能量密度也增大，所以聚合物的热膨胀及变形增大，使得残余应力增大，这与试验测量得到的规律相符合。图 6.60(d)为焊缝中心点的试验结果与仿真结果的对比，试验结果与仿真结果较为一致，因此验证了仿真的准确性。

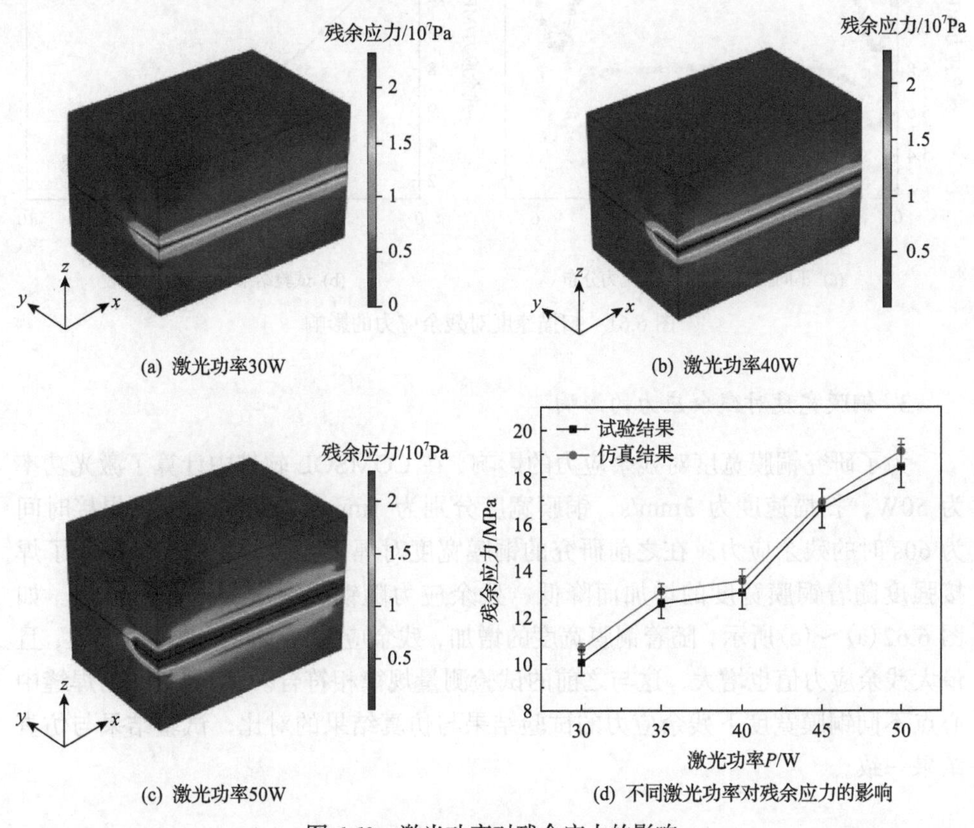

图 6.60　激光功率对残余应力的影响

2. 扫描速度对残余应力的影响

为研究扫描速度对残余应力的影响，对焊接功率为 35W，扫描速度分别为 3mm/s、6mm/s、9mm/s，铜膜宽度为 2mm，焊接时间为 60s 时的焊接残余应力进行计算，结果如图 6.61 所示。图 6.61(a)为平行于焊缝 x 轴(y=0mm，z=0mm)，等效残余应力的分布规律。在焊接过程中，温度剧烈变化，聚合物熔融且发生热膨胀现象，试件的热膨胀受到夹具的阻碍，会在焊接件平行于焊缝的起始和末端位置发生聚合物溢出的现象，因此该处的残余应力较大。除此之外的区域，残余应力遵循 N 形分布。图 6.61(b)为焊缝中心点不同扫描速度下残余应力的试验结果与仿真结果的对比，试验结果与仿真结果一致。

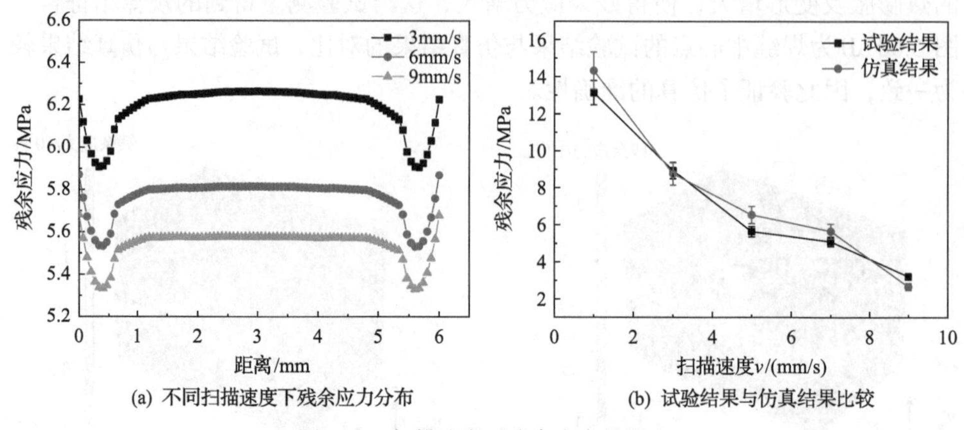

(a) 不同扫描速度下残余应力分布 (b) 试验结果与仿真结果比较

图 6.61 扫描速度对残余应力的影响

3. 铜膜宽度对残余应力的影响

为了研究铜膜宽度对残余应力的影响，在 COMSOL 软件中计算了激光功率为 50W，扫描速度为 3mm/s，铜膜宽度分别为 1mm、2mm、3mm，焊接时间为 60s 时的残余应力。在之前研究的铜膜宽度对焊接强度的影响中，证明了焊接强度随着铜膜宽度的增加而降低，残余应力随铜膜宽度的增加而增加。如图 6.62(a)～(c)所示，随着铜膜宽度的增加，残余应力集中的区域范围变大，且最大残余应力值也增大，这与之前的试验测量规律相符合。图 6.62(d)为焊缝中心点不同铜膜宽度下残余应力的试验结果与仿真结果的对比，试验结果与仿真结果一致。

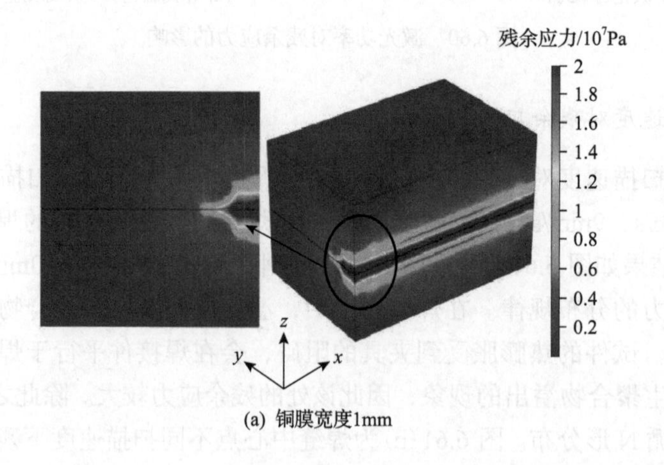

(a) 铜膜宽度1mm

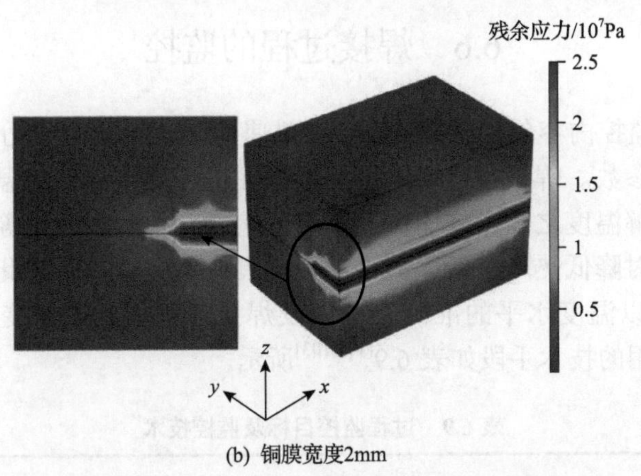

(b) 铜膜宽度2mm

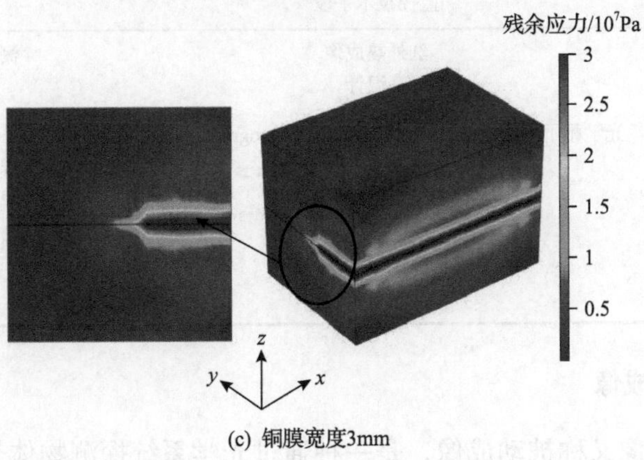

(c) 铜膜宽度3mm

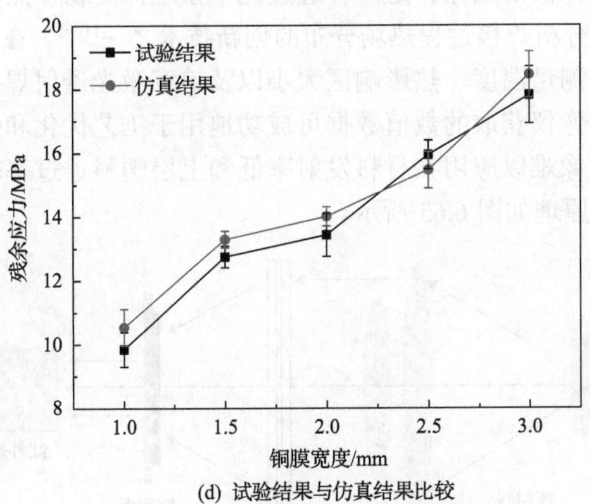

(d) 试验结果与仿真结果比较

图 6.62　铜膜宽度对残余应力的影响

6.6　焊接过程的监控

焊接过程监控内容包括激光功率、扫描速度/时间、夹紧压力/作用力以及熔接线路等焊接参数。焊接过程中的温度监控在确保焊接界面的温度在玻璃化转变温度和热降解温度之间，进而保证塑料的熔融、扩散和凝固等物理变化顺利进行的同时，对降低热降解发生的可能性也具有重要意义。因此，过程监控技术的发展主要以温度水平的准确获取以及焊接过程中相态演变再现为主要目标。目前，常用的技术手段如表 6.9[102,103]所示。

表 6.9　过程监控目标及监控技术

监控目标	监控技术手段	具体信息
温度水平	红外热成像	测温、焊缝轮廓检测
	高温计	测温
熔池	光学相干层析成像(optical coherence tomography, OCT)	焊缝形貌及缺陷
	可见光成像/电荷耦合器件	焊缝形貌、焊缝缺陷
	红外成像	焊缝形貌、物质检测
焊缝特征	光谱分析	焊缝位置及元素组成
焊接位置	力/位移监测	焊接塌陷控制

6.6.1　红外热成像

红外热成像又称被动成像，是一种通过光学系统探测物体热辐射的变化，从而实现无损实时分析焊接过程热场分布的创新技术之一[104]。在一些研究中，红外热成像被用于测量温度、热影响区大小以及追踪激光透射焊接过程中的温度轮廓。红外热成像仪获取的数值数据可成功地用于工艺优化和焊接质量的控制。但是红外热成像难以应用在材料发射率低和上层塑料透过率较差的场合。红外热成像的基本原理如图 6.63 所示。

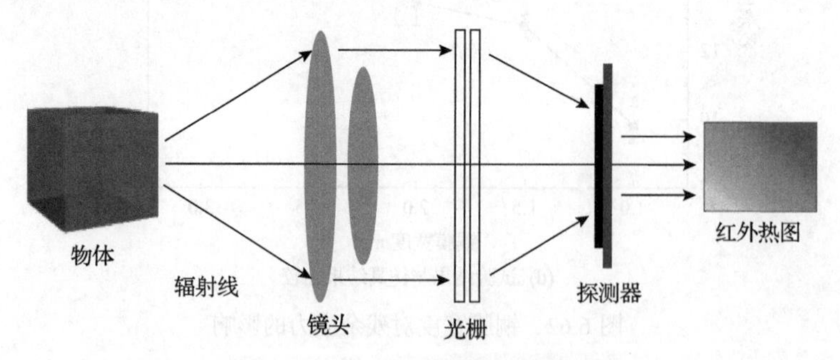

图 6.63　红外热成像的基本原理

6.6.2　高温计

高温计作为一种无接触测试方法，被大量应用在温度测量中。其中，光电二极管的高温计在中红外光谱区域响应灵敏，而且这些设备采样速率快、价格便宜、使用简单，因而被广泛使用[105]。将高温计应用在激光透射焊接过程中时，一方面需要评估材料的发射系数和表面特性，以确定系统辐射的绝对温度；另一方面要与扫描仪相结合，以便于轻松地偏转探测点，从而实现对激光透射焊接过程的温度监测。为了避免高温计与激光光源之间的干扰，高温计探测器除了对激光波长敏感外，还必须对不同的波长敏感。当使用一定光谱范围的激光波长时，必须与高温计集成，并通过位置校正，保证激光与探测光斑在理想的工作范围内同轴。高温计在其他设备耦合应用的基本原理如图 6.64 所示。

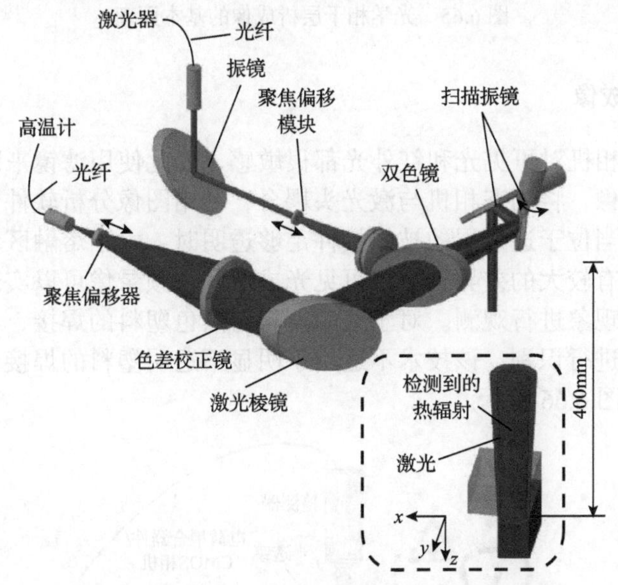

图 6.64　高温计在其他设备耦合应用的基本原理

6.6.3　光学相干层析成像

OCT 作为一种先进的无损检测方法，可以实现对激光透射焊接过程中焊接点的间隙、几何形状、内部气孔或裂纹等质量问题的实时追踪[38,106]。OCT 是利用低相干光的幅值、相位、频移和偏振从样本中反向散射或反射得到微米分辨率的截面深度分辨率图像，为激光焊接和激光微加工的过程监控系统提供反馈。弗劳恩霍夫生产技术研究所开发的聚焦于傅里叶域光学相干成像的在线监测装置与现有的激光焊接设备集成之后[38]，采用 X 射线断层扫描或 X 射线微计算机断层扫描，可以确定空洞、熔体吹出和零件间隙。相关设备的基本原理如图 6.65 所示。

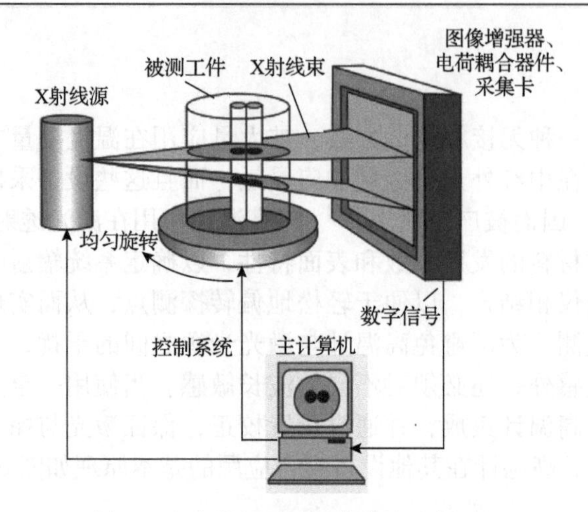

图 6.65　光学相干层析成像的基本原理

6.6.4　可见光成像

一些固态相机对可见光和红外光都很敏感，因此使用滤镜来阻止激光的红外辐射干扰图像，将固态相机与激光头耦合，利用图像分析软件自动反馈样件的基本情况。当位于透射层的被焊接件足够透明时，由于熔融区域和未熔融区域的反射率具有较大的差异，通过可见光成像和视频录像可以实现对焊接过程中塑料的熔融现象进行观测。对于透明塑料与黑色塑料的焊接，可以通过颜色的差异对熔池进行识别。该技术不适用于明显不透明塑料的焊接。可见光成像的基本原理如图 6.66 所示。

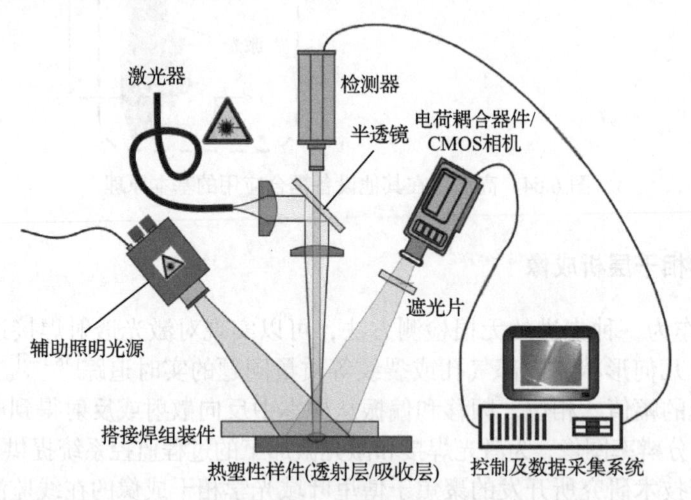

图 6.66　可见光成像的基本原理

CMOS 指互补金属氧化物半导体(complementary metal oxide semiconductor)

6.6.5　红外成像

红外成像又称主动成像技术，通过在普通相机中加装滤光片滤掉人眼不可见的光，进而恢复样件的原来色彩，相关设备由发射装置和接收装置两部分组成。红外成像与可见光成像类似，使用相机自适应的近红外波长光谱，是一种有效的焊前/焊后监控技术[107]。使用红外相机在透明和黑色聚合物部件之间焊接完成后直接拍摄完整的焊接线。利用近红外吸收涂层对光谱敏感特征，红外摄像机可用于跟踪透明材料的焊接[108]，焊接前可使用红外成像检查塑料部件上是否有红外吸收涂层，焊接后可检查吸收涂层是否使用，以及焊接过程中是否产生热量。但是红外成像技术只适用于上层塑料对红外辐射具有高透过率的条件。红外成像基本原理如图 6.67 所示。

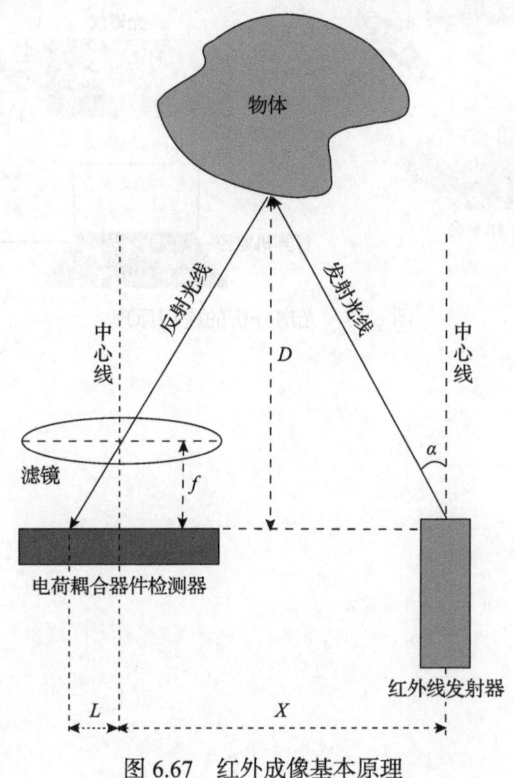

图 6.67　红外成像基本原理

6.6.6　光谱分析

激光透射焊接技术在塑料产品焊接中成功应用的必要条件是已经了解被焊接件的光学性质。光谱分析不仅可以评估不同添加剂被焊接件的吸收率、透过率和反射率[70]，而且通过焊接前后接头光学性质的变化可以得到反映焊接性能的有价值信息。例如，光谱分析可以用在塑料涂敷红外吸收剂前后，以判断红外吸收剂的涂敷位置和使用量。由于在激光辐射的过程中，吸收剂会部分或者全部分解为不同吸收指数的材料，可以通过焊接前和焊接后光谱测量提供的信息判断焊接过程中产生的热量[109]。除此之外，傅里叶变换红外光谱仪常用来研究激光透射焊接产生的聚合物焊缝处热降解引起的变化。X 射线光电子能谱(XPS)可用于确定不同材料焊接界面存在的化学键合，该技术的应用原理如图 6.68 所示。

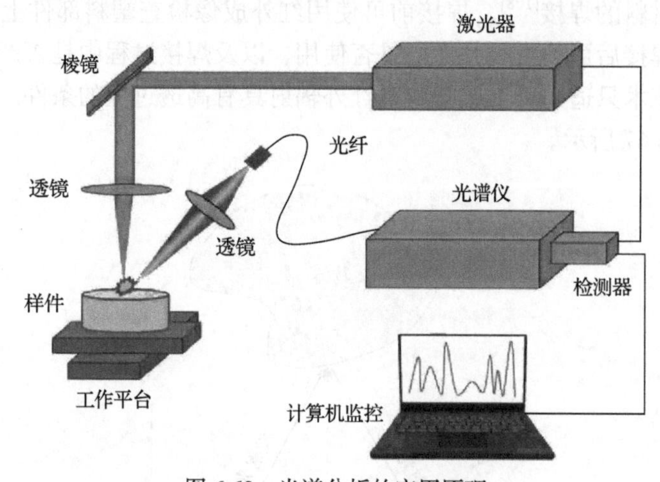

图 6.68　光谱分析的应用原理

参 考 文 献

[1] Ehernstein G W. 聚合物材料——结构·性能·应用[M]. 张萍, 赵树高, 译. 北京: 化学工业出版社, 2007.

[2] 张启良. TC4 钛合金激光焊接工艺优化及接头组织性能研究[D]. 呼和浩特: 内蒙古工业大学, 2014.

[3] Ghorbel E, Casalino G, Abed S. Laser diode transmission welding of polypropylene: Geometrical and microstructure characterisation of weld[J]. Materials & Design, 2009, 30(7): 2745-2751.

[4] Balkan O, Demirer H, Ezdeşir A, et al. Effects of welding procedures on mechanical and morphological properties of hot gas butt welded PE, PP, and PVC sheets[J]. Polymer Engineering & Science, 2008, 48(4): 732-746.

[5] 格雷瓦尔, 贝纳特, 帕克. 塑料及其共混物焊接[M]. 李晓林, 王益庆, 等译. 北京: 化学工业出版社, 2006.

[6] Acherjee B, Kuar A S, Mitra S, et al. Laser transmission welding of polycarbonates: Experiments, modeling, and sensitivity analysis[J]. The International Journal of Advanced Manufacturing Technology, 2015, 78(5-8): 853-861.

[7] Amanat N, Chaminade C, Grace J, et al. Transmission laser welding of amorphous and semi-crystalline poly-ether-ether-ketone for applications in the medical device industry[J]. Materials & Design, 2010, 31(10): 4823-4830.

[8] Suresh K S, Rani M R, Prakasan K, et al. Modeling of temperature distribution in ultrasonic welding of thermoplastics for various joint designs[J]. Journal of Materials Processing Technology, 2007, 186(1-3): 138-146.

[9] Roopa R M, Prakasan K, Rudramoorthy R. Studies on high density polyethylene in the far-field region in ultrasonic welding of plastics[J]. Polymer-Plastics Technology and Engineering, 2008, 47(8): 762-770.

[10] Sato K, Kurosaki Y, Saito T, et al. Laser welding of plastics transparent to near-infrared radiation[C]. High-Power Lasers and Applications, San Jose, 2002: 528-536.

[11] Shen X X, Wang C Y. Development on methods of laser welding of plastics[C]. International Conference on Electrical and Control Engineering, Wuhan, 2010: 5167-5170.

[12] 刘海华, 姜宁, 郝云, 等. 激光透射焊接聚碳酸酯工艺参数对接触热导率的影响[J]. 中国激光, 2017, 44(12): 62-70.

[13] Becker F, Potente H. A step towards understanding the heating phase of laser transmission welding in polymers[J]. Polymer Engineering and Science, 2002, 42(2): 365-374.

[14] Ilie M, Kneip J C, Mattei S, et al. Effects of laser beam scattering on through-transmission

welding of polymers[C]. International Congress on Applications of Lasers & Electro-Optics, Miami, 2005: 388-393.
[15] Hohmann M, Devrient M, Klämpfl F, et al. Simulation of light propagation within glass fiber filled thermoplastics for laser transmission welding[J]. Physics Procedia, 2014, 56: 1198-1207.
[16] 王霄，张惠中，丁国民，等. 聚丙烯塑料激光透射焊接工艺[J]. 中国激光，2008, 35(3): 466-471.
[17] Acherjee B, Misra D, Bose D, et al. Prediction of weld strength and seam width for laser transmission welding of thermoplastic using response surface methodology[J]. Optics & Laser Technology, 2009, 41(8): 956-967.
[18] 张成，王霄，王凯，等. 基于响应曲面和遗传算法-人工神经元网络的热塑性塑料激光透射连接强度的优化[J]. 中国激光, 2011, 38(11): 116-122.
[19] Kumar N, Rudrapati R, Pal P K. Multi-objective optimization in through laser transmission welding of thermoplastics using grey-based taguchi method[J]. Procedia Materials Science, 2014, 5: 2178-2187.
[20] Whalen R A, Kowalski G J. Numerical simulation of thermoplastics in a short pulsed laser welding process[C]. ASME International Mechanical Engineering Congress & Exposition, Chicago, 2006: 355-351.
[21] Labeas G N, Moraitis G A, Katsiropoulos C V. Optimization of laser transmission welding process for thermoplastic composite parts using thermo-mechanical simulation[J]. Journal of Composite Materials, 2010, 44(1): 113-130.
[22] Wang X, Guo D H, Chen G C, et al. Thermal degradation of PA66 during laser transmission welding[J]. Optics & Laser Technology, 2016, 83: 35-42.
[23] Liu M Q, Ouyang D Q, Li C B, et al. Effects of metal absorber thermal conductivity on clear plastic laser transmission welding[J]. Chinese Physics Letters, 2018, 35(10): 1-5.
[24] Liu X L, Xiong Y Q, Ren N, et al. Theoretical model for ablation of thick aluminum film on polyimide substrate by laser etching[J]. Journal of Laser Applications, 2018, 30(4): 042002.
[25] Woosman N M, Frieder L P. Clearweld: Welding of clear, coloured, or opaque thermoplastics[J]. Proceedings of the Institution of Mechanical Engineers, Part D: Journal of Automobile Engineering, 2005, 219(9): 1069-1074.
[26] Liu H X, Chen G C, Jiang H R, et al. Performance and mechanism of laser transmission joining between glass fiber-reinforced PA66 and PC[J]. Journal of Applied Polymer Science, 2016, 133(9): 1-8.
[27] Katayama S, Kawahito Y. Laser direct joining of metal and plastic[J]. Scripta Materialia, 2008, 59(12): 1247-1250.
[28] Rodríguez-Vidal E, Quintana I, Gadea C. Laser transmission welding of ABS: Effect of CNTs concentration and process parameters on material integrity and weld formation[J]. Optics &

Laser Technology, 2014, 57: 194-201.

[29] 陈志，张婉清，颜昭君．塑料激光透射焊接技术的研究动态和发展趋势[J]. 应用激光，2020, 40(3): 556-563.

[30] 龚飞．热塑性塑料 PP 激光透射焊接技术研究[D]. 武汉：华中科技大学, 2011.

[31] 章建胜，金姣，王海峰．透明 PP 塑料激光焊接工艺研究[J]. 塑料工业, 2022, 50(3): 165-169.

[32] 肖海霞，贾超广．光纤激光器与半导体激光器在塑料焊接中的对比研究[J]. 塑料工业，2019, 47(8): 69-71, 75.

[33] Juhl T B, Bach D, Larson R G, et al. Predicting the laser weldability of dissimilar polymers[J]. Polymer, 2013, 54(15): 3891-3897.

[34] Hopmann C, Weber M. New concepts for laser transmission welding of dissimilar thermoplastics[J]. Progress in Rubber, Plastics and Recycling Technology, 2012, 28(4): 157-172.

[35] Eslami S, de Figueiredo M A V, Tavares P J, et al. Parameter optimisation of friction stir welded dissimilar polymers joints[J]. The International Journal of Advanced Manufacturing Technology, 2018, 94(5): 1759-1770.

[36] Liu H X, Jiang Y J, Tan W S, et al. The study of laser transmission joining PA66 and PVC with large compatibility difference[J]. Journal of Manufacturing Processes, 2017, 26: 252-261.

[37] Devrient M, Kern M, Jaeschke P, et al. Experimental investigation of laser transmission welding of thermoplastics with part-adapted temperature fields[J]. Physics Procedia, 2013, 41: 59-69.

[38] Schmitt R, Mallmann G, Devrient M, et al. 3D polymer weld seam characterization based on optical coherence tomography for laser transmission welding applications[J]. Physics Procedia, 2014, 56: 1305-1314.

[39] 刘海华．基于粗糙表面的激光透射焊接 PC 热传递与数值模拟[D]. 苏州：苏州大学, 2018.

[40] 王超．基于锌粉吸收剂的激光透射焊接聚芳砜研究[D]. 苏州：苏州大学, 2020.

[41] LPKF. Laser Plastic Welding[EB/OL]. https://www.lpkf.com/en/industries-technologies/laser-plastic-welding/about-laser-plastic-welding[2022-10-25].

[42] 钟红强．基于铝膜中间层的聚碳酸酯激光透射焊接研究[D]. 苏州：苏州大学, 2019.

[43] LeisterTechnologies[Z]. https://www.leister.com/en[2022-10-25].

[44] Hadriche I, Ghorbel E, Masmoudi N, et al. Investigation on the effects of laser power and scanning speed on polypropylene diode transmission welds[J]. The International Journal of Advanced Manufacturing Technology, 2010, 50(1): 217-226.

[45] de Gennes P G. Reptation of a polymer chain in the presence of fixed obstacles[J]. The Journal of Chemical Physics, 1971, 55(2): 572-579.

[46] 王传洋，郝云，沈璇璇，等．工艺参数对激光透射焊接聚碳酸酯影响[J]. 焊接学报，2016, 37(7): 57-60.

[47] de Pelsmaeker J, Graulus G J, van Vlierberghe S, et al. Clear to clear laser welding for joining thermoplastic polymers: A comparative study based on physicochemical characterization[J].

Journal of Materials Processing Technology, 2018, 255: 808-815.

[48] Coherent 公司中文官网[Z]. https://www.coherent.com/zh[2022-10-25].

[49] Dukane 公司中文官网[Z]. http://www.dukaneias.cn[2022-10-25].

[50] Omnexus. Comprehensive list of transparent polymers[EB/OL]. https://omnexus.specialchem.com/tech-library/article/comprehensive-list-of-transparent-polymers%E3%80%81[2023-01-08].

[51] Plastic Properties Table[EB/OL]. https://www.curbellplastics.com/Research-Solutions/Plastic-Properties[2023-01-08].

[52] The thermal conductivity of unfilled plastics[EB/OL]. https://www.electronics-cooling.com/2001/05/the-thermal-conductivity-of-unfilled-plastics[2023-01-07].

[53] AIP Precision Machining. Understanding the coefficient of linear thermal expansion（CLTE）for a machined polymer[EB/OL]. https://aipprecision.com/understanding-the-coefficient-of-linear-thermal-expansion-clte-for-a-machined-polymer/[2023-01-07].

[54] Mingareev I, Weirauch F, Olowinsky A, et al. Welding of polymers using a 2μm thulium fiber laser[J]. Optics & Laser Technology, 2012, 44 (7) : 2095-2099.

[55] Klein R. Laser Welding of Plastics[M]. Weinheim: Wiley-VCH Verlag GmbH, 2011.

[56] Menges G. Menges Werkstoffkunde Kunststoffe[M]. Munich: Hanser Verlag, 2011.

[57] Kim J U, Lee S, Kang S J, et al. Materials and design of nanostructured broadband light absorbers for advanced light-to-heat conversion[J]. Nanoscale, 2018, 10 (46) : 21555-21574.

[58] Chen M L, Zak G, Bates P J. Effect of carbon black on light transmission in laser welding of thermoplastics[J]. Journal of Materials Processing Technology, 2011, 211 (1) : 43-47.

[59] Haberstroh E, Lützeler R. Influence of carbon black pigmentation on the laser beam welding of plastics micro parts[J]. Journal of Polymer Engineering, 2001, 21 (2-3) : 119-129.

[60] Wang C Y, Bates P J, Aghamirian M, et al. Quantitative morphological analysis of carbon black in polymers used in laser transmission welding[J]. Welding in the World, 2007, 51 (3-4) : 85-90.

[61] Visco A M, Brancato V, Torrisi L, et al. Employment of carbon nanomaterials for welding polyethylene joints with a Nd:YAG laser[J]. International Journal of Polymer Analysis and Characterization, 2014, 19 (6) : 489-499.

[62] Berger S, Oefele F, Schmidt M. Laser transmission welding of carbon fiber reinforced thermoplastic using filler material—A fundamental study[J]. Journal of Laser Applications, 2015, 27 (S2) : S29009.

[63] Dave F, Mahmood Ali M, Mokhtari M, et al. Effect of laser processing parameters and carbon black on morphological and mechanical properties of welded polypropylene[J]. Optics & Laser Technology, 2022, 153: 108216.

[64] Long Q, Qiao H Y, Yu X D, et al. Modeling and experiments of the thermal degradation behavior of PMMA during laser transmission welding process[J]. International Journal of Heat and Mass Transfer, 2022, 194: 123086.

[65] Hartley S, Sallavanti R A. Clearweld laser transmission welding of thermoplastic polymers: Light transmission and color considerations[C]. The 3rd International Symposium on Laser Precision Microfabrication, Osaka, 2003: 63-68.
[66] Sultana T, Georgiev G L, Baird R J, et al. Study of two different thin film coating methods in transmission laser micro-joining of thin Ti-film coated glass and polyimide for biomedical applications[J]. Journal of the Mechanical Behavior of Biomedical Materials, 2009, 2(3): 237-242.
[67] 李晓宇. 透明 PMMA 板激光透射焊接技术研究[D]. 北京：北京工业大学, 2011.
[68] Liu M Q, Ouyang D Q, Zhao J Q, et al. Clear plastic transmission laser welding using a metal absorber[J]. Optics & Laser Technology, 2018, 105: 242-248.
[69] Chen M L, Zak G, Bates P J, et al. Experimental study on gap bridging in contour laser transmission welding of polycarbonate and polyamide[J]. Polymer Engineering & Science, 2011, 51(8): 1626-1635.
[70] Aden M, Roesner A, Olowinsky A. Optical characterization of polycarbonate: Influence of additives on optical properties[J]. Journal of Polymer Science, Part B: Polymer Physics, 2010, 48(4): 451-455.
[71] Aden M, Mamuschkin V, Olowinsky A, et al. Influence of titanium dioxide pigments on the optical properties of polycarbonate and polypropylene for diode laser wavelengths[J]. Journal of Applied Polymer Science, 2014, 131(7): 40073.
[72] Lambiase F, Genna S. Laser-assisted direct joining of AISI304 stainless steel with polycarbonate sheets: Thermal analysis, mechanical characterization, and bonds morphology[J]. Optics & Laser Technology, 2017, 88: 205-214.
[73] Roesner A, Scheik S, Olowinsky A, et al. Laser assisted joining of plastic metal hybrids[J]. Physics Procedia, 2011, 12: 370-377.
[74] Nagatsuka K, Yoshida S, Tsuchiya A, et al. Direct joining of carbon-fiber-reinforced plastic to an aluminum alloy using friction lap joining[J]. Composites, Part B: Engineering, 2015, 73: 82-88.
[75] 陈国纯. 不相容聚合物激光透射连接机理、工艺与数值模拟研究[D]. 镇江：江苏大学, 2016.
[76] Chen Y J, Yue T M, Guo Z N. A new laser joining technology for direct-bonding of metals and plastics[J]. Materials & Design, 2016, 110: 775-781.
[77] 李家锐, 张林, 方静, 等. 汽车轻量化材料的应用研究[J]. 化工管理, 2019,(5): 118-120.
[78] 陈志俊. 金属材料在汽车轻量化中的应用与发展[J]. 中国金属通报, 2021,(3): 9-10.
[79] 李洺君, 王明明, 吕文静. 汽车轻量化材料的应用及现状[J]. 时代汽车, 2020,(8): 31-33.
[80] 裴建杰, 许志华. 汽车轻量化材料的应用[J]. 专用汽车, 2011,(10): 64-65, 68.
[81] 王文革. 金属材料在汽车轻量化中的应用[J]. 世界有色金属, 2021,(4): 205-206.
[82] 蔡辉, 林顺岩. 5182 铝合金材料的研究现状[J]. 铝加工, 2012,(6): 21-26.

[83] 黄绍军, 蒋似梅, 梁小良, 等. 玻纤含量对玻纤增强尼龙66复合材料性能的影响[J]. 工业技术创新, 2020, 7(6): 6-9.
[84] 王立岩, 曲日华, 张龙云, 等. 碳纤维增强尼龙66复合材料的制备及性能[J]. 塑料, 2020, 49(1): 15-18, 22.
[85] Kawahito Y, Niwa Y, Katayama S. Laser direct joining of ceramic and engineering plastic[C]. The 28th International Congress on Laser Materials Processing, Laser Microprocessing and Nanomanufacturing, Orlando, 2009: 208-212.
[86] Tamrin K F, Nukman Y, Sheikh N A. Laser spot welding of thermoplastic and ceramic: An experimental investigation[J]. Materials and Manufacturing Processes, 2015, 30(9): 1138-1145.
[87] Klotzbach U, Franke V, Sonntag F, et al. Requirements and potentialities of packaging for bioreactors with LTCC and polymer[C]. Lasers and Applications in Science and Engineering, San Jose, 2007: 645902.
[88] Sultana T, Newaz G, Georgiev G L, et al. A study of titanium thin films in transmission laser micro-joining of titanium-coated glass to polyimide[J]. Thin Solid Films, 2010, 518(10): 2632-2636.
[89] 刘会霞, 王凯, 李品, 等. 镀钛玻璃与 PET 之间的激光透射连接及其性能[J]. 中国激光, 2012, 39(9): 41-47.
[90] 高阳阳, 刘会霞, 李品, 等. 镀钛氧化铝陶瓷与 PET 激光透射连接的工艺研究[J]. 中国激光, 2013, 40(3): 61-67.
[91] Liu H X, Wang K, Li P, et al. Modeling and prediction of transmission laser bonding process between titanium coated glass and PET based on response surface methodology[J]. Optics and Lasers in Engineering, 2012, 50(3): 440-448.
[92] Haferkamp H, von Busse A, Barcikowski S, et al. Laser transmission welding of polymer and wood composites: Material and joint mechanism related studies[J]. Journal of Laser Applications, 2004, 16(4): 198-205.
[93] Barcikowski S, Koch G, Odermatt J. Characterisation and modification of the heat affected zone during laser material processing of wood and wood composites[J]. Holz als Roh- und Werkstoff, 2006, 64(2): 94-103.
[94] 姜沐晖. 基于铜膜中间层的聚碳酸酯激光透射焊接残余应力与工艺研究[D]. 苏州: 苏州大学, 2020.
[95] 姜宁. 基于三维真实表面形貌的激光透射焊接 PC 工艺研究与数值模拟[D]. 苏州: 苏州大学, 2017.
[96] Yu X D, Long Q, Chen Y N, et al. Laser transmission welding of dissimilar transparent thermoplastics using different metal particle absorbents[J]. Optics & Laser Technology, 2022, 150: 108005.
[97] 龙庆, 于晓东, 王超, 等. 基于锌粉吸收剂的聚芳砜激光透射焊接温度场分析[J]. 应用激

光, 2021, 41(3): 496-504.

[98] Magnier A. Residual Stress Analysis in Polymer Materials Using the Hole Drilling Method—Basic Principles and Applications[M]. Kassel: Kassel University Press, 2018.

[99] 韦宏. 基于模拟的聚合物激光透射焊接工艺参数优化研究[D]. 苏州: 苏州大学, 2012.

[100] 岳贵成, 高健峰, 杨建丰, 等. PA66-GF30 透光率对激光透射焊接性能的影响[J]. 汽车实用技术, 2021, 46(7): 129-132.

[101] Ai Y W, Zheng K, Shin Y C, et al. Analysis of weld geometry and liquid flow in laser transmission welding between polyethylene terephthalate (PET) and Ti_6Al_4V based on numerical simulation[J]. Optics & Laser Technology, 2018, 103: 99-108.

[102] Acherjee B. Laser transmission welding of polymers—A review on welding parameters, quality attributes, process monitoring, and applications[J]. Journal of Manufacturing Processes, 2021, 64: 421-443.

[103] Villar M, Garnier C, Chabert F, et al. In-situ infrared thermography measurements to master transmission laser welding process parameters of PEKK[J]. Optics and Lasers in Engineering, 2018, 106: 94-104.

[104] Meola C, Carlomagno G M. Recent advances in the use of infrared thermography[J]. Measurement Science and Technology, 2004, 15(9): R27-R58.

[105] Schmailzl A, Kasbauer J, Martan J, et al. Measurement of core temperature through semi-transparent polyamide 6 using scanner-integrated pyrometer in laser welding[J]. International Journal of Heat and Mass Transfer, 2020, 146(18): 118814.

[106] Schmitt R, Ackermann P. OCT for process monitoring of laser transmission welding: Inline tracking of weld seams enables monitoring and quality control of polymer welding processes[J]. Laser Technik Journal, 2016, 13(5): 15-18.

[107] Jansson A, Kouvo S, Kujanpää V. Quasi-simultaneous laser welding of polymers—The process and applications for mass-production[C]. International Congress on Applications of Lasers & Electro-Optics, Miami, 2005: 801.

[108] Mayboudi L S, Birk A M, Zak G, et al. Infrared observations of a laser transmission welding process[C]. International Congress on Applications of Lasers & Electro-Optics, Temecula, 2008: 605.

[109] Franz C, Mann S, Kaierle S. Comparison of process monitoring strategies for laser transmission welding of plastics[C]. International Congress on Applications of Lasers & Electro-Optics, Orlando, 2007: 1104.

